高等学校应用型本科系列教材

U0159667

AutoCAD 2020 基础绘图教程

主　编　谢　泳　胡元哲

副主编　黄　翔　杨富强

西安电子科技大学出版社

内 容 简 介

　　本书主要介绍了 AutoCAD 2020 中文版的基本绘图方法，主要内容包括 AutoCAD 2020 的介绍、二维图形的绘制、图形的编辑工具、图形管理与视图显示控制、图块和图案填充、文字与尺寸、三维建模等。书中还编入了大量的实例和上机练习题。本书内容全面，结构清晰，实例丰富，通俗易懂。

　　本书可作为高等学校应用型本科的教学用书，也适合从事 CAD 工作的工程技术人员使用。

图书在版编目(CIP)数据

　AutoCAD 2020 基础绘图教程 / 谢泳，胡元哲主编. —西安：西安电子科技大学出版社，2020.7(2024.8 重印)
　ISBN 978-7-5606-5664-9

　Ⅰ.①A…　Ⅱ.①谢…　②胡…　Ⅲ.①AutoCAD 软件—教材　Ⅳ.①TP391.72

中国版本图书馆 CIP 数据核字(2020)第 070777 号

责任编辑　戚文艳
出版发行　西安电子科技大学出版社(西安市太白南路 2 号)
电　　话　(029)88202421　88201467　　　邮　　编　710071
网　　址　www.xduph.com　　　　　　　电子邮箱　xdupfxb001@163.com
经　　销　新华书店
印刷单位　陕西天意印务有限责任公司
版　　次　2020 年 7 月第 1 版　　2024 年 8 月第 4 次印刷
开　　本　787 毫米×1092 毫米　1/16　印　张　18.5
字　　数　433 千字
定　　价　43.00 元
ISBN 978-7-5606-5664-9
XDUP 5966001-4
如有印装问题可调换

高等学校应用型本科系列教材
编审专家委员会名单

出版说明

本书为西安科技大学高新学院课程建设的最新成果之一。西安科技大学高新学院是经教育部批准，由西安科技大学主办的全日制普通本科独立学院。

学院秉承西安科技大学六十余年厚重的历史文化积淀，充分发挥其优质教育教学资源和学科优势，注重实践教学，突出"产学研"相结合的办学特色，务实进取，开拓创新，取得了丰硕的办学成果。

学院现设有信息与科技工程学院、城市建设学院、经济与管理学院、新传媒学院、国际教育与人文艺术学院五个二级学院，以及公共基础部、体育部、思想政治教学与研究部三个教学部，开设有本、专科专业 47 个，涵盖工、管、文、艺等多个学科门类。

学院现占地 1000 余亩，总建筑面积为 30 万平方米，教学科研仪器设备总值 6000 余万元，现代化的实验室、图书馆、运动场、多媒体教室、学生公寓、学生活动中心等一应俱全。优质的教育教学资源、紧跟行业需求的学科优势、"产学研"相结合的办学特色，为学子提供创新、创业和成长、成才平台。

学院注重教学研究与教学改革，围绕"应用型创新人才"这一培养目标，充分利用合作各方在能源、建筑、机电、文化创意等方面的产业优势，突出以科技引领、产学研相结合的办学特色，加强实践教学，以科研产业带动就业，为学生提供了学习、就业和创业的广阔平台。学院注重国际交流合作和国际化人才培养模式，与美国、加拿大、英国、德国、澳大利亚以及东南亚各国进行深度合作，开展本科双学位、本硕连读、本升硕、专升硕等多个人才培养交流合作项目。

在学院全面、协调发展的同时，学院以人才培养为根本，高度重视以课程设计为基本内容的各项专业建设，以扎扎实实的专业建设，构建学院社会办学的核心竞争力。学院大力推进教学内容和教学方法的变革与创新，努力建设与时俱进、先进实用的课程教学体系，在师资队伍、教学条件、社会实践及教材建设等各个方面，不断增加投入、提高质量，为广大学子打造能够适应时代挑战、实现自我发展的人才培养模式。为此，学院与西安电子科技大学出版社合作，发挥学院办学条件及优势，不断推出反映学院教学改革与创新成果的新教材，以逐步建设学校特色系列教材为又一举措，推动学院人才培养质量不断迈向新的台阶，同时为在全国建设独立本科教学示范体系，服务全国独立本科人才培养，做出有益探索。

西安科技大学高新学院

西安电子科技大学出版社

2019 年 12 月

前　言

　　AutoCAD 是计算机辅助设计领域应用最广的软件，在我国广泛应用于机械、建筑、纺织、航空等行业。为了使学生能够快速、准确地理解和掌握计算机绘图的技能，我们组织编写了这本教材。

　　本书主要介绍使用 AutoCAD 2020 中文版的基本绘图方法，包括二维图形的绘制、图形的编辑工具、图层的控制、尺寸和文本的标注、三维实体模型的绘制等。

　　本书总结了作者多年的教学经验，认真研究了 AutoCAD 的教学规律，除了注重讲清理论概念和基本操作外，还通过典型案例来说明绘图的方法和技巧，既符合初学者的学习特点又便于课堂教学。

　　本书在内容、结构上由浅入深，循序渐进。书中包括了大量的实例，全部采用"同一命令，多种操作，分步解释"的方法逐步讲解，图文并茂，简洁明了，便于学生掌握、巩固所学的内容。

　　本书由西安科技大学工程图学系教师和西安科技大学高新学院教师编写，由谢泳、胡元哲老师担任主编，黄翔、杨富强老师担任副主编。参加编写的有杜金霞(第 1 章)、谢泳(第 2 章及第 8 章的 8.2 节、8.3 节、8.4 节及附录)、黄翔(第 3 章及第 8 章的 8.1 节)、杨富强(第 4 章)、张瑾(第 5 章)、胡元哲(第 6、7 章及第 8 章的 8.5 节)。

　　本书在编写过程中得到了西安科技大学高新学院教务处及西安电子科技大学出版社的大力支持，在此一并表示感谢。

　　由于时间仓促及作者水平有限，本书的疏漏之处在所难免，恳请读者给予批评指正。

作　者

2020 年 3 月

目　　录

1

第 1 章　AutoCAD 2020 的介绍、界面和基本操作

1.1　AutoCAD 2020 的介绍

1.1.1　AutoCAD 的用途

AutoCAD 是一种计算机辅助设计(CAD)软件，建筑师、工程师和建筑专业人员可依靠它来完成以下工作：

(1) 创建精确的 2D 和 3D 图形。

(2) 使用实体、曲面和网格对象绘制和编辑 2D 几何图形及 3D 模型。

(3) 使用文字、标注、引线和表格注释图形。

(4) 使用附加模块和 API (Application Program Interface, API)进行自定义。

1.1.2　AutoCAD 2020 新增工具组合

AutoCAD 2020 软件包含行业专业化工具组合，改进了跨桌面、跨各种设备的工作流以及块选项板等新功能。

(1) Architecture 工具组合：使用包含 8000 多个智能对象和样式的行业专业化工具组合，可加速建筑设计与绘制草图工作。

(2) Electrical 工具组合：借助电气设计行业专业化工具组合，高效地创建、修改和记录电气控制系统。

(3) Map 3D 工具组合：将地理信息系统和 CAD 数据与 GIS 和 3D 地图制作行业专业化工具组合相结合。

(4) Mechanical 工具组合：借助包含 700 000 多个智能零件和功能的机械工程行业专业化工具组合，使用户能够更快完成设计。

(5) Mep 工具组合：使用 MEP(机械、电气和管道)行业专业化工具组合来绘制、设计和记录建筑系统。

(6) Plant 3D 工具组合：使用工厂设计行业专业化工具组合创建和编辑 P&ID、3D 模型以及提取管道正交和等轴测图。

(7) Raster Design 工具组合：借助专业化工具组合中的 Raster Design 工具，可编辑扫描的图形，并将光栅图像转换为 DWG 对象。

1.1.3 AutoCAD 2020 包含内容

(1) AutoCAD 新应用：在计算机上查看、创建和编辑 AutoCAD 图形，无须安装任何软件。

(2) 将 AutoCAD 图形保存到各种设备：通过 iOS、Android 和 Windows 设备查看、创建和编辑 AutoCAD 图形。

(3) 集成工作流：通过桌面和其他多种设备能够顺利开展工作。

(4) 相关存储连接：利用 Autodesk 相关储存服务提供商的服务，在 AutoCAD 中访问任何 DWG 文件。

(5) AutoCAD 灵活访问：在移动设备上创建、编辑和查看 CAD 图形。

(6) 共享视图：在浏览器中发布图形的设计视图，以便对其进行查看和添加注释。

1.1.4 AutoCAD 2020 新增功能

(1) 全新的暗色主题，提供更柔和的视觉和更清晰的视界。

(2) 保存图形只需 0.5 s，比上一代整整快了 1 s。固态硬盘安装时间缩短了 50%。

(3) "快速测量"工具允许通过移动/悬停光标来动态显示对象的尺寸、距离和角度数据。

(4) 增加的新块调色板可以提高查找和插入多个块的效率。

(5) 重新设计的清理工具更实用和人性化。

(6) 在一个窗口中增强了比较图纸 DWG Compare 功能。

(7) 云存储应用程序集成 AutoCAD 2020 支持 Dropbox、OneDrive 和 Box 等多个云平台，这些选项在文件保存和打开的窗口中提供。

1.2 AutoCAD 2020 主要功能

AutoCAD 2020 涵盖了二维图形的绘制和编辑、文本和表格的绘制、尺寸标注、图块与外部参照、辅助绘图、协同绘图、三维绘图和编辑、三维曲面造型与实体操作。

1.2.1 完善的绘图功能

AutoCAD 2020 拥有丰富的绘图命令，可以绘制直线、圆弧、圆、矩形、正多边形、椭圆等基本图线或图形，同时还拥有强大的修改命令。二者结合使用，可以绘制出各类复杂的二维图形，如图 1-1 所示。

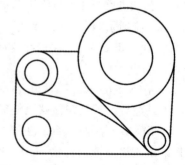

图 1-1 平面图形

1.2.2 强大的图形编辑功能

AutoCAD 2020 提供了强大的图形编辑和修改功能，如移动、旋转、缩放、延长、修剪、倒角、倒圆角、复制、阵列、镜像、删除等，可以灵活地对选定的图形对象进行编辑和修改。

1.2.3 标注功能

　　图形尺寸反映图形所对应实体的真实大小。给图形标注尺寸，是绘图过程中不可缺少的环节。尺寸标注对象可以是二维图形，也可以是三维图形。

　　AutoCAD 2020 包含一套完整的尺寸标注和尺寸编辑命令，利用这些命令可以给图形标注满足工程实际需要的尺寸。

　　AutoCAD 2020 提供了线性、对齐、弧长、半径、直径和角度等基本标注类型，可进行水平、竖直、倾斜、半径、直径、角度等标注。此外，还可以进行引线标注、公差标注以及坐标标注等，如图 1-2 所示。

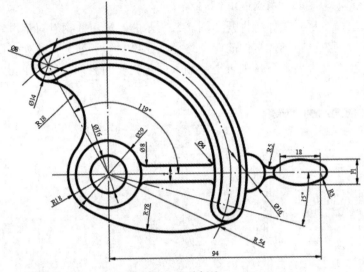

图 1-2　尺寸标注

1.2.4 三维绘图功能

　　AutoCAD 2020 提供了拉伸、旋转，设置标高、厚度等操作，可以方便地将二维图形转换为三维立体图形。使用下拉菜单"绘图"→"建模"命令中的子命令，可以很方便地绘制长方体、圆锥体、球体、圆柱体等基本实体以及三维网格、旋转网格等曲面模型；结合相关修改命令，可以绘制出各种复杂的三维立体图形，如图 1-3 所示。

图 1-3　三维立体图形

1.2.5 良好的设计输出环境

在 AutoCAD 中可以将图形文件输出为其他格式的文件，以便在其他软件中进行编辑处理。例如：要在 Photoshop 中进行编辑，可以将图形输出为 .bmp 格式的文件；要在 CorelDRAW 中进行编辑，则可以将图形输出为 .wmf 格式的文件。

执行"输出"命令有以下三种常用方法。

(1) 选择"文件"→"输出"命令，如图 1-4 所示。

(2) 单击"文档管理器"下拉按钮 A，在弹出的菜单中选择"输出"→"其他格式"命令。

(3) 在命令窗口中执行"EXPORT"命令。

在执行输出命令后，软件将打开如图 1-5 所示的"输出数据"对话框。在该对话框的"保存于"下拉列表框中选择文件的保存路径，在"文件类型"下拉列表框中选择要输出的文件格式；在"文件名"下拉列表框中输入图形文件的名称，然后单击"保存"按钮即可输出图形文件。

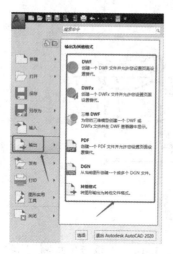

图 1-4 文件输出方法一　　　　　　　　　　图 1-5 文件输出方法二

在 AutoCAD 中，可以将图形输出为以下格式，如表 1-1 所示。

表 1-1 图形输出格式

.bmp	输出为位图文件，几乎可以供所有图像处理软件使用
.wmf	输出为图元文件，几乎可以供所有图像处理软件使用
.dwf	输出为 Windows 图元文件格式
.dxx	输出为 DXX 属性的抽取文件
.dgn	输出为 MicroStation V8 DGN 格式的文件
.dwg	输出为可供其他 AutoCAD 版本使用的图块文件
.stl	输出为三维立体图文件
.sat	输出为 ACIS 文件
.eos	输出为封装的 PostScript 文件

1.3　AutoCAD 2020 中文版的安装和启动

1.3.1　AutoCAD 2020 对计算机系统的要求

AutoCAD 2020 对计算机系统的要求如表 1-2 所示。

表 1-2　AutoCAD 2020 对计算机系统的要求

操作系统	带有更新的 Microsoft Windows 7SP1 KB4019990 (仅限 64 位) Microsoft Windows 8.1(含更新 KB2919355)(仅限 64 位) Microsoft Windows 10(仅限 64 位)(版本 1803 或更高版本)
处理器	基础：2.5 GHz～2.9 GHz 处理器 推荐：3 GHz 以上的处理器 多个处理器：由应用程序支持
内存	基本要求：8 GB 建议：16 GB
显示器分辨率	常规显示器：1920×1080 真彩色 高分辨率和 4K 显示：Windows 10,64 位系统支持高达 3840×2160 的分辨率(带显示卡)
显卡	基本要求：1 GB GPU，具有 29 Gb/s 带宽，与 DirectX 11 兼容 建议：4 GB GPU，具有 106 Gb/s 带宽，与 DirectX 11 兼容
磁盘空间	6.0 GB
浏览器	Google Chrome (适用于 AutoCAD 网络应用)
网络	通过部署向导进行部署 许可服务器以及运行依赖网络许可的应用程序的所有工作站都必须运行 TCP/IP 协议 可以接受 Novell TCP/IP 协议堆栈。工作站上的主登录可以是 Netware 或 Windows 除了应用程序支持的操作系统之外，许可证服务器还将在 Windows Server 2016、Windows Server 2012 和 Windows Server 2012 R2 版本上运行
指针设备	Microsoft 鼠标兼容的指针设备
.NET Framework	.NET Framework 4.7 或更高版本 支持的操作系统推荐使用 DirectX 11

1.3.2 安装 AutoCAD 2020

AutoCAD 2020 安装的具体步骤：

(1) 选中"CAD 2020"压缩包后，鼠标右击"解压到 CAD 2020"选项，如图 1-6 所示。

图 1-6 "解压到 CAD 2020"选项

(2) 双击"AutoCAD 2020"文件夹，如图 1-7 所示。

图 1-7 "AutoCAD 2020"文件夹

(3) 双击"安装包"文件夹，如图 1-8 所示。

图 1-8 "安装包"文件夹

(4) 选中"Setup"可执行文件，鼠标右击"以管理员身份运行"选项，如图 1-9 所示。

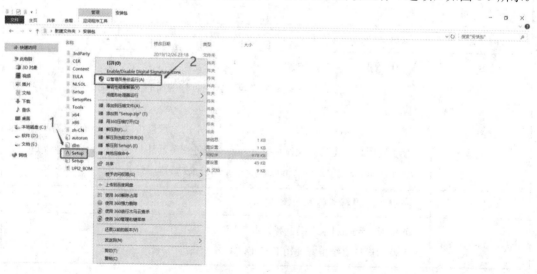

图 1-9 "以管理员身份运行"选项

(5) 单击"安装"选项，如图 1-10 所示。

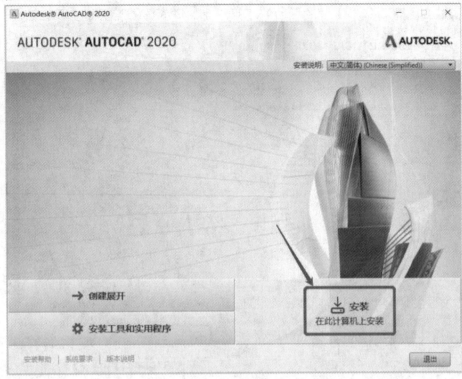

图 1-10　"安装"选项

(6) 选择"我接受"选项，然后单击"下一步"按钮，如图 1-11 所示。

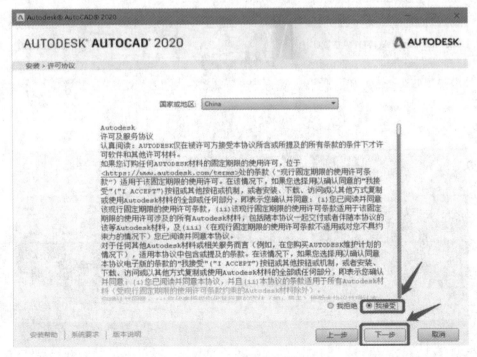

图 1-11　"下一步"按钮

(7) 单击"浏览"更改软件的安装路径，然后单击"安装"按钮，如图 1-12 所示。

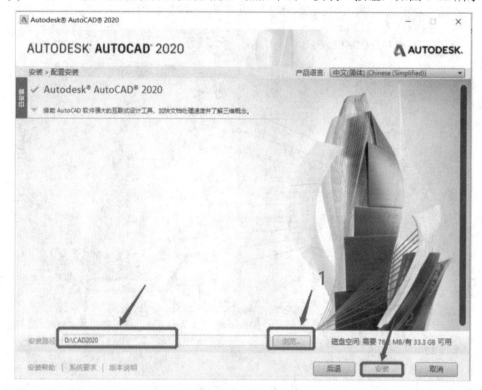

图 1-12　　"安装"按钮

(8) 安装过程大约需要 10 分钟(见图 1-13)。

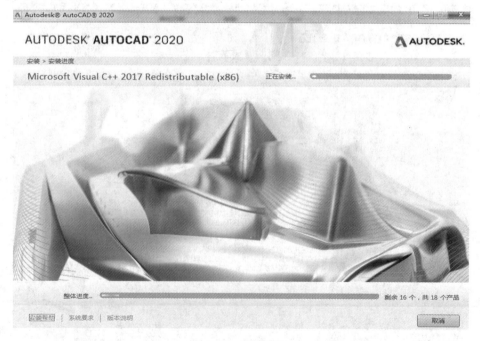

图 1-13　安装过程

(9) 单击"立即启动"按钮，如图 1-14 所示。

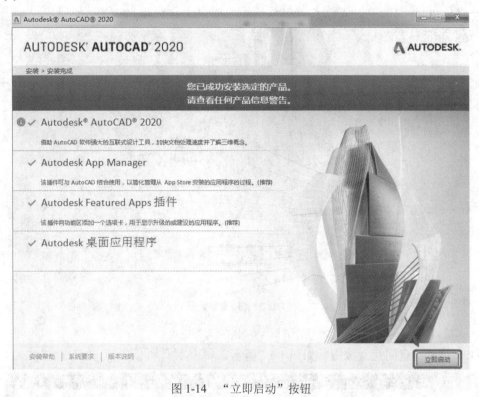

图 1-14　"立即启动"按钮

(10) 单击"OK"按钮，如图 1-15 所示。

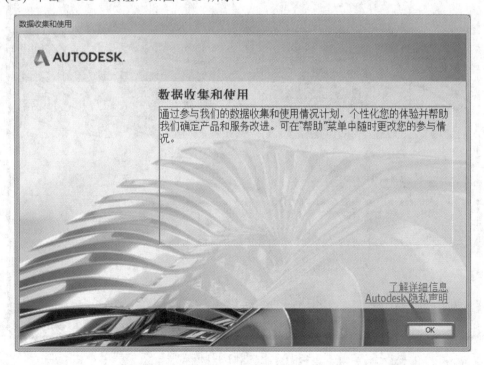

图 1-15　"OK"按钮

(11) 单击"输入序列号"选项，如图 1-16 所示。

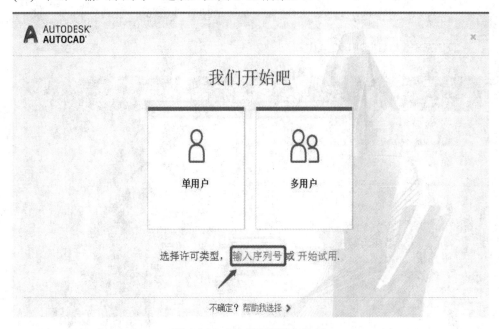

图 1-16　"输入序列号"选项

(12) 单击"我同意"按钮，如图 1-17 所示。

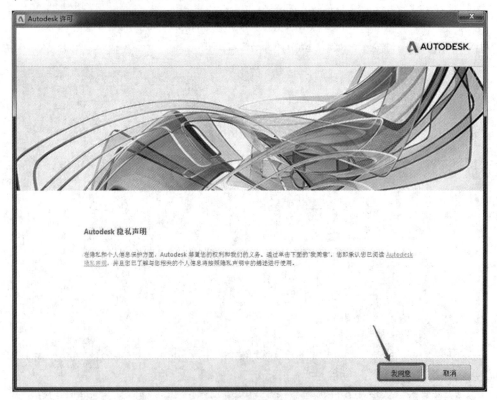

图 1-17　"我同意"按钮

(13) 单击 "激活" 按钮, 如图 1-18 所示。

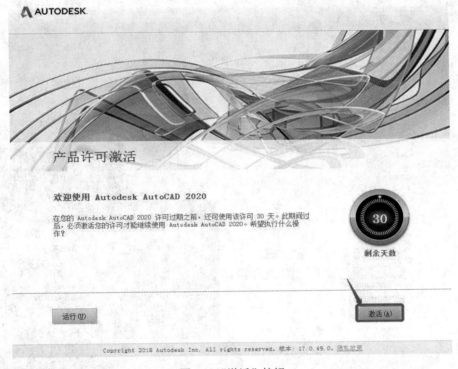

图 1-18 "激活" 按钮

(14) 输入序列号为 "666-69696969"、产品密钥为 "001L1", 然后单击 "下一步" 按钮, 如图 1-19 所示。

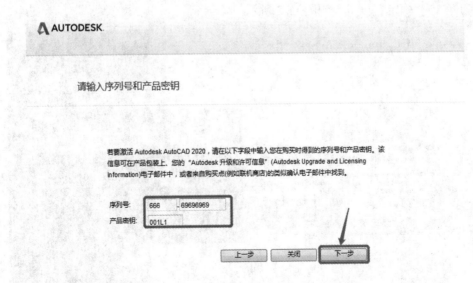

图 1-19　输入序列号和产品密钥

(15) 打开之前解压后的 "CAD2020" 文件夹, 选中 "xf-adesk20" 可执行文件, 鼠标右击 "以管理员身份运行" 选项或者双击 "打开" 选项, 如图 1-20 所示。

图 1-20　　"xf-aesk20"可执行文件

(16) 使用快捷键 Ctrl + C 复制"申请号",在注册机的"Request"处使用快捷键 Ctrl + V 粘贴(记得删除原有的内容),然后单击"Patch"选项,如图 1-21 所示。

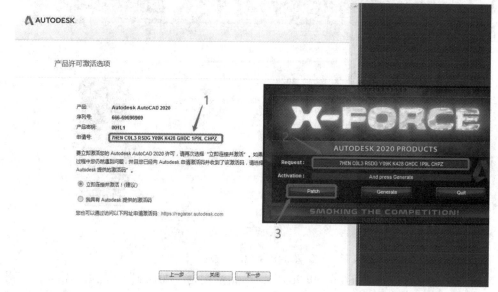

图 1-21　　"Patch"选项

(17) 单击"确定"按钮,如图 1-22 所示。

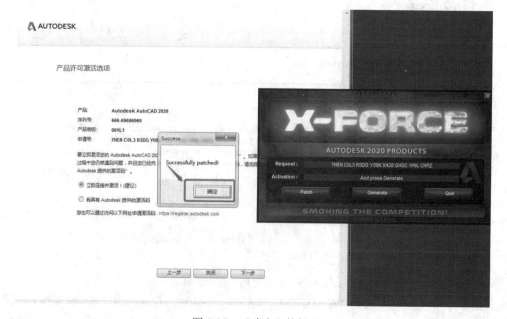

图 1-22　　"确定"按钮

(18) 选择"我具有 Autodesk 提供的激活码"选项，然后单击"Generate"选项；使用快捷键复制注册机中生成的激活码，然后粘贴到软件的激活码输入框中，如图 1-23 所示。

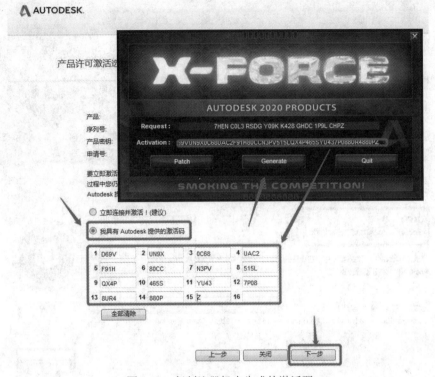

图 1-23　复制注册机中生成的激活码

(19) 单击"下一步"按钮，如图 1-24 所示。

图 1-24　"下一步"按钮

(20) 单击"完成"按钮，激活完成，如图 1-25 所示。

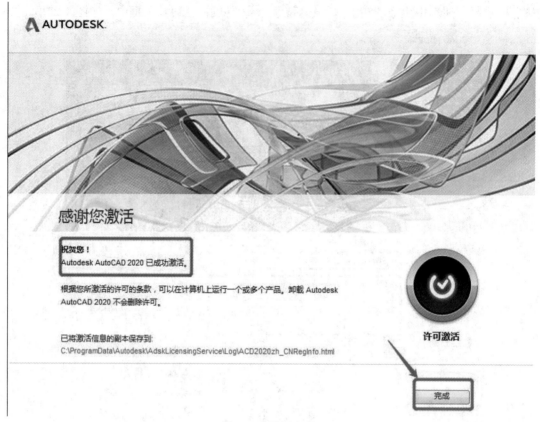

图 1-25　激活完成

(21) 安装完成，打开软件界面如图 1-26 所示。

图 1-26　安装完成

1.3.3　启动 AutoCAD 2020

1. 第一种启动方法

(1) 在桌面上找到 AutoCAD 2020 图标，如图 1-27 所示。

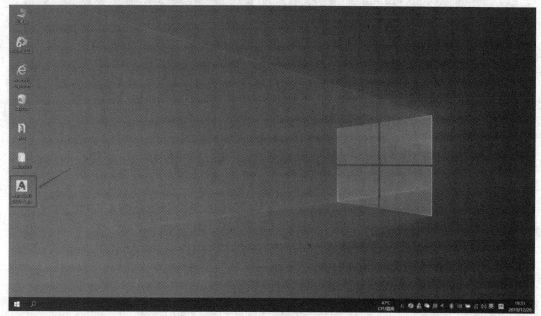

图 1-27　AutoCAD 2020 图标

(2) 右击鼠标，单击"打开"选项，如图 1-28 所示。

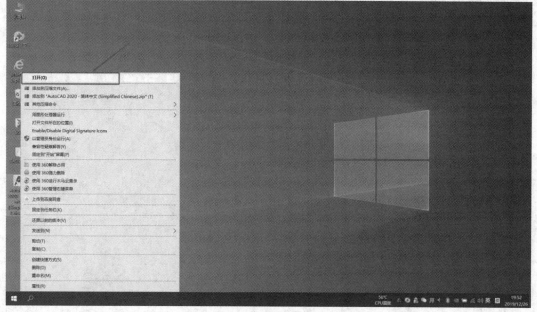

图 1-28　"打开"选项

2. 第二种启动方法

单击"开始"按钮，双击 AutoCAD 2020 版本图标，如图 1-29 所示。

图 1-29   AutoCAD 2020 版本图标

1.4   AutoCAD 2020 经典界面

AutoCAD 2020 版本为用户提供了"二维建模"和"三维建模"两种工作空间模式。AutoCAD 2020 默认的用户界面除了屏幕菜单以外，还包括标题栏、菜单栏、工具栏、功能区、绘图区、命令行窗口、状态栏等元素，如图 1-30 所示。

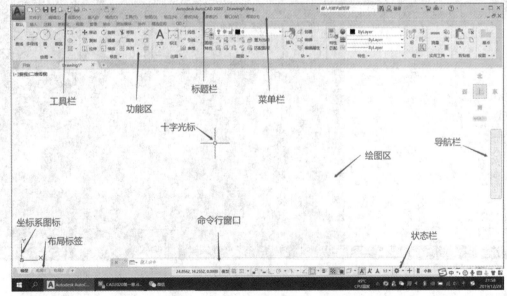

图 1-30   经典界面

1.4.1　标题栏

在标题栏中，显示了系统当前正在运行的应用程序和用户正在使用的图形文件。第一次启动 AutoCAD 2020 时，标题栏中将显示 AutoCAD 2020 启动时创建并打开的图形文件 Drawing1.dwg。

1.4.2　菜单栏

在菜单栏中单击"　▼　"按钮，就会显示如图 1-31 的界面，单击"隐藏菜单栏"可以实现菜单栏的显示和隐藏功能。

图 1-31　下拉菜单

1.4.3　绘图区

绘图区是指在标题栏下方的大片空白区域，用于绘制图形。AutoCAD 的绘图区是绘制和编辑图形以及创建文字和表格的地方，也被称为绘图窗口。绘图区包括控制视图按钮、坐标系图标、十字光标等元素，如图 1-32 所示。

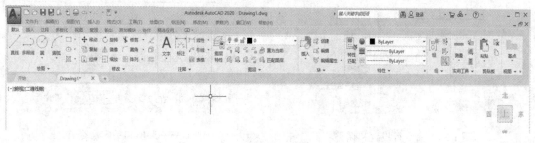

图 1-32　绘图区

1.4.4 工具栏

工具栏是一组按钮工具的集合。单击菜单栏中的"工具(T)"→"工具栏"→"AutoCAD"选项，将弹出 52 种工具选项，如图 1-33 所示。

图 1-33 工具栏

1.4.5 命令行窗口

命令行窗口是输入命令名和显示命令提示的区域，默认命令行窗口在绘图区域下方，由若干个文本行组成。

在命令行窗口中单击"🔧"按钮，弹出如图 1-34 所示界面，实现命令行窗口的设置和调整。单击"▥"按钮可以随意拖动命令行窗口。命令行窗口的设置和调整有以下两种执行方式：

(1) 单击菜单栏中的"工具"→"命令行"选项，可以调出命令行窗口和关闭命令行窗口，如图 1-35 所示。

(2) 使用快捷键"Ctrl + 9"。

图 1-34 命令行设置和调整

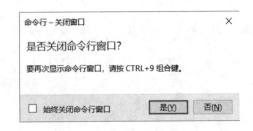

图 1-35 调出和关闭命令行

1.4.6　状态栏

状态栏包括了坐标、模型空间、栅格、捕捉模式、推断约束、动态输入、正交模式、极轴追踪、等轴测草图、对象捕捉追踪、二维对象捕捉、线宽、透明度、选择循环、三维对象捕捉、动态 UCS、选择过滤、小控件、注释可见性、自动缩放、注释比例、切换工作空间、注释监视器、单位、快捷特性、锁定用户界面、隔离对象、硬件加速、全屏显示、自定义 30 个功能按钮(见图 1-36)。单击这些按钮可以实现其相应的功能。在自定义按钮中可选择自己所需要的功能，并将它显示在状态栏中即可。

图 1-36　状态栏

(1) 坐标。显示工作区鼠标放置点的坐标。

(2) 模型空间。在模型空间与布局空间之间进行转换。

(3) 栅格。栅格是覆盖整个坐标系(UCS)XY 平面的直线或点组成的矩形图案。栅格类似于在图形下放置一张坐标纸，利用栅格可以对齐对象并直观显示对象之间的距离。

(4) 捕捉模式。对象捕捉对于在对象上指定精确位置非常重要。不论何时提示输入点，都可以指定对象捕捉。默认情况下，当光标移到对象的对象捕捉位置时，将显示标记和工具提示。

(5) 推断约束。自动对正在创建成编辑的对象与对象捕捉的关联对象或点之间应用约束。

(6) 动态输入。在光标附近显示一个提示框(称之为"工具提示")。工具提示中显示对应的命令提示和光标的当前坐标值。

(7) 正交模式。将光标限制在水平或垂直方向上移动， 便于精确地创建和修改对象。当创建或移动对象时，可以使用正交模式将光标限制在相对于用户坐标系(UCS)的水平或垂直方向上。

(8) 极轴追踪。使用极轴追踪时，光标将按照指定角度进行移动。创建或修改对象时，可以使用极轴追踪来显示由指定的极轴角度所定义的临时对齐路径。

(9) 等轴测草图。通过设定"等轴测捕捉栅格"，可以很容易地沿三个等轴测平面之一对齐对象，尽管等轴测图形看似是三维图形，但它实际上是由二维图形表示的。因此，不能从中提取三维距离和面积也不能从不同视点显示对象或自动消除隐藏线。

(10) 对象捕捉追踪。使用对象捕捉追踪，可以沿着基于对象捕捉点的对齐路径进行追踪，已获取的点将显示一个小加号(+)，一次最多可以获取 7 个追踪点。获取追踪点后，在绘图路径上移动光标，将显示相对于获取点的水平、垂直或极轴对齐路径。例如，可以基于对象端点、中点或者对象的交点，沿着某个路径选择一点。

(11) 二维对象捕捉。使用执行对象捕捉设置(也称为对象捕捉)，可以在对象上的精确位置指定点。选择多个选项后，将应用选定的捕捉模式返回距离靶框中心最近的点。按 T 键则在这些选项之间循环。

(12) 线宽。使用该命令可以分别显示对象在图层中设置的不同宽度。

(13) 透明度。使用该命令可以调整绘图对象显示的明暗程度。

(14) 选择循环。当一个对象与其他对象彼此接近或重叠时，准确地选择某个对象是很困难的，使用选择循环命令，单击鼠标左键，弹出"选择集"列表框，在列表中选择所需的对象即可解决此问题。

(15) 三维对象捕捉。三维对象捕捉与二维对象捕捉的功能类似，不同之处是操作在三维空间中完成。

(16) 动态 UCS。在创建对象时使 UCS 的 XY 平面自动与实体模型上的平面临时对齐。

(17) 选择过滤。根据对象特性或对象类型对选择集进行过滤。当按下过滤图标后，只选择满足指定条件的对象，其他对象将被排除在选择集之外。

(18) 小控件。使用该命令可以帮助用户沿三维轴或平面移动、旋转或缩放一组对象。

(19) 注释可见性。当图标亮显时显示所有比例的注释性对象；当图标变暗时表示仅 显示当前比例的注释性对象。

(20) 自动缩放。注释比例更改时，自动将此比例添加到注释对象中。

(21) 注释比例。单击注释比例右下角小三角符号弹出注释比例列表，可以根据需要选择。

(22) 切换工作空间。使用该命令可以进行工作空间转换。

(23) 注释监视器。使用该命令可以打开仅用于所有事件或模型文档事件的注释监视器。

(24) 单位。使用该命令可以指定尺寸和角度单位的格式和小数位数。

(25) 快捷特性。该命令控制快捷特性面板的使用与禁用。

(26) 锁定用户界面。用该命令可以锁定工具栏、面板和可固定窗口的位置和大小。

(27) 隔离对象。当选择隔离对象时，仅在当前视图中显示选定对象，所有其他对象都隐藏；当选择隐藏对象时，在当前视图中暂时隐藏选定对象，所有其他对象都可见。

(28) 硬件加速。使用该命令可以设定图形卡的驱动程序以及设置硬件加速的选项。

(29) 全屏显示。使用该命令可以清除 Windows 窗口中的标题栏、功能区和选项板等界面元素，使 AutoCAD 的绘图窗口全屏显示。

(30) 自定义。状态栏可以提供重要信息。使用 MODEMACRO 系统变量可将应用程序识别的大多数数据显示在状态栏中。使用该系统变量的计算、判断和编辑功能可以完全按照用户的要求构造状态栏。

1.4.7 模型和布局选项卡

AutoCAD2020 系统默认设定一个"模型"空间和"布局 1""布局 2"两个图样空间布局标签，如图 1-37 所示。下面介绍两个概念：

(1) 布局。布局是系统为绘图设置的一种环境，包括图样大小、尺寸单位、角度设定、数值精确度等，在系统预设的 3 个标签中，这些环境变量都按默认设置。用户可以根据实际需要改变变量的值，也可设置符合自己要求的新标签。

(2) 模型。AutoCAD2020 的空间分为模型空间和图样空间两种。模型空间是通常绘图的环境；而在图样空间中，用户可以创建浮动视口，以不同视图显示所绘图形，还可以调整浮动视口并决定所包含视图的缩放比例。如果用户选择图样空间，可以打印多个视图，也可以打印任意布局的视图。AutoCAD2020 系统默认打开模型空间，用户可以通过单击操作界面下方的布局标签选择需要的布局，如图 1-37 所示。

模型　布局1　布局2　+

图 1-37 "模型"和"布局"选项卡

1.4.8　快捷菜单

在屏幕的不同区域内单击鼠标右键时，可以显示快捷菜单。快捷菜单通常包含以下选项：

(1) 重复执行输入的上一个命令。

(2) 取消当前命令。

(3) 显示用户最近输入的命令的列表。

(4) 剪切、复制以及从剪贴板粘贴。

(5) 选择其他命令选项。

(6) 显示对话框，例如"选项"或"自定义"。

(7) 放弃输入的上一个命令。

可以将单击鼠标右键行为自定义为计时，这样快速单击鼠标右键就相当于按 Enter 键，而使长时间按下鼠标右键则会显示快捷菜单。快捷菜单可以使用自定义(CUIX)文件来自定义。在任何区域，按下鼠标右键，出现如图 1-38 所示的快捷菜单。

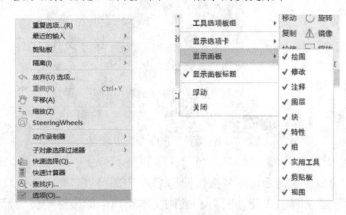

图 1-38　快捷菜单

显示快捷菜单的步骤：

(1) 在图形中的对象或区域、菜单中的按钮或功能区中单击鼠标右键。

(2) 在某些定点设备上，可能需要按住相应的按钮。

(3) 显示与光标位置相关的快捷菜单。

1.4.9　文本窗口

文本窗口中显示了当前工作任务中出现的提示及其响应的完整历史记录。如果命令窗口是固定的或关闭的，可按 F2 键来打开。使用 LIST 命令可在文本窗口中显示所选对象的详细信息，此时，如果命令窗口是固定的或关闭的，文本窗口将会打开。可以采取与浏览命令窗口相同的方式来浏览文本窗口，还可以执行快捷操作(见表 1-3)来浏览文本窗口。

表 1-3　文本框快捷操作

在文本窗口中向后和向前移动	滚动条或鼠标滚轮
移动到文本窗口的开始或结束位置	Home 键和 End 键
选择部分文字	Shift 键 + 箭头键，Shift 键 + Home 键，Shift 键 + End 键

续表

将所有文字复制到剪贴板	COPYHIST 命令
将命令保存到日志文件	LOGFILEON 命令
重复上一个命令序列	选择该序列，然后按 Ctrl + C 组合键。在命令行中，按 Ctrl+V 组合键

　　用户可以显示扩展命令历史记录，而无须打开一个单独的窗口。如果命令窗口未固定，按 F2 键将显示用户在命令行中用于向上或向下扩展的命令和提示的列表。可以采用与浏览文本窗口相同的方式来浏览扩展命令历史记录，如图 1-39 所示。

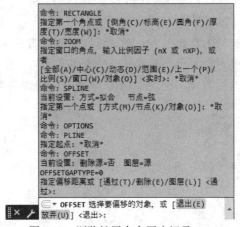

图 1-39　浏览扩展命令历史记录

　　打开一个文本窗口，该窗口将显示当前任务的提示和命令行的历史记录。选择"视图""显示""文本窗口"等命令，或者按快捷键 Ctrl + F2 可以打开文本窗口。如果命令窗口是固定的或闭合的，则按 F2 键可打开和关闭文本窗口。如果整个历史记录不可见，可滚动鼠标滚轮或按上箭头键和下箭头键来查看详细信息，如图 1-40 所示。

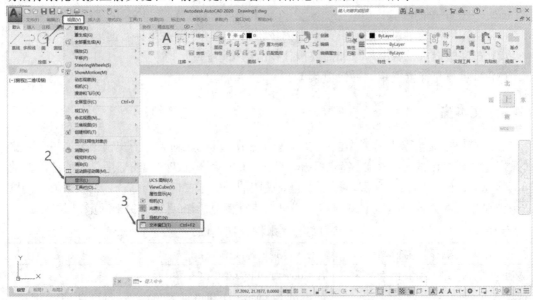

图 1-40　显示文本窗口

在文本窗口中查看图像信息的步骤：

(1) 在命令提示下输入-IMAGE。

(2) 输入 ? (列表).

(3) 按 Enter 键以列出所有图像。

(4) 文本窗口将以列表的形式显示图像信息，如图 1-41 所示。

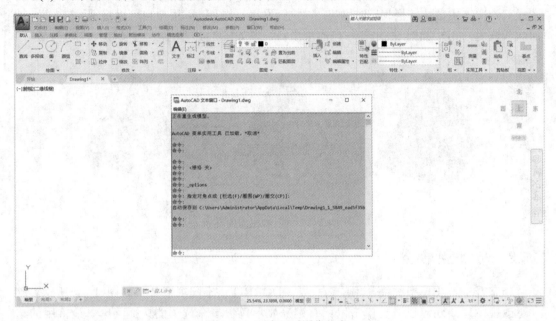

图 1-41　列表显示图像信息

1.5　AutoCAD 2020 三维建模

1.5.1　三维模型的类型

AutoCAD 中提供了多种三维建模类型，每种三维建模技术都具有不同的效果如图 1-42 所示。

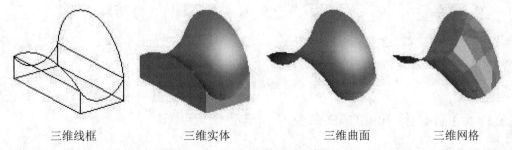

三维线框　　　　　　三维实体　　　　　　三维曲面　　　　　　三维网格

图 1-42　不同三维模型的效果

(1) 线框建模多用于初始设计迭代，可以在参照几何图形时用作三维线框，以方便后续的建模或修改。

(2) 实体建模不但能高效使用且易于合并图元和拉伸轮廓，还能提供质量特性和截面功能。

(3) 曲面建模可精确地控制曲面，从而能精确地操纵和分析。

(4) 网格建模提供了自由形式雕刻、锐化和平滑处理功能。

三维模型中用户可以使用这些技术的组合在不同的模型之间进行转换。例如，可以将图元三维实体棱锥体转换为三维网格，以执行网格平滑处理。用户也可以将网面转换为 3D 曲面或恢复为 3D 实体以利用其各自的塑型特征，如图 1-43 所示。

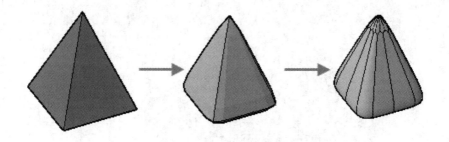

图 1-43　不同三维模型的转换

1.5.2　查看三维模型

动态查看三维模型的最常用的命令是 3DORBIT，不同视图效果如图 1-44 所示。除了更改视图外，还可以通过单击鼠标右键来显示包含多个选项的快捷菜单。最常用的选项包括：

(1) 在不同的视觉样式(如"概念""真实""X 射线")之间切换。

(2) 在平行和透视投影之间切换。

(3) 在不同的标准预设视图(如俯视图、前视图)之间选择。

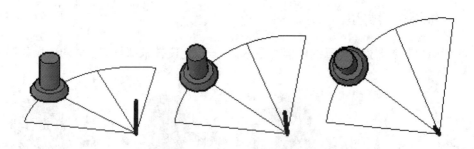

图 1-44　动态查看三维模型

1.5.3　二维和三维 AutoCAD 命令

大多数用于二维操作的 AutoCAD 命令均可应用于三维模型。例如，使用 ROTATE 命令，可以平行于 UCS Z 轴旋转三维实体，如图 1-45 所示。若要围绕着另一个轴方向旋转该模型，则需要更改 UCS Z 轴的方向。

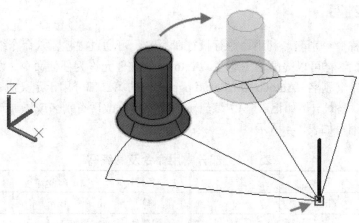

图 1-45　ROTATE 命令旋转三维实体

　　AutoCAD 中有一些命令是专用于三维环境的，如 3DROTATE，使用该命令时系统会显示一些辅助操作的小控件，如图 1-46 所示。

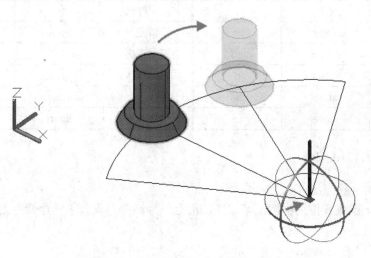

图 1-46　3DROTATE 命令旋转三维实体

1.6　执　行　命　令

1.6.1　命令的执行方式

　　在 AutoCAD 中，有的命令有两种执行方式，即通过对话框或命令行输入命令。如果指定使用命令行方式，应在命令名前加短划线，如-LAYER 表示用命令行方式执行"图层"命令。而如果在命令行输入 LAYER 命令，系统则会打开"图层特性管理器"对话框。

　　另外，有些命令同时存在命令行、菜单栏、工具栏和功能区 4 种执行方式。如果选择菜单栏、工具栏或功能区方式，命令行就会显示该命令，并自动在该命令前面加下划线。例如，通过菜单栏、工具栏或功能区方式执行"直线"命令时，命令行会显示_line。

1.6.2　命令的缩写

命令缩写也称命令别名。利用命令行执行命令时，可通过键盘输入命令缩写，而不用输入命令的全名，这样可以提高绘图速度。AutoCAD 软件允许为任何命令、设备驱动程序命令或外部命令定义别名。AutoCAD 的 acad.pgp 文件的第二部分用于定义命令别名，也可以用 ASCII 文本编辑器(例如记事本)中编辑 acad.pgp，修改现有别名或添加新的别名。部分常用命令及其缩写如表 1-4 所示。

表 1-4　部分常用命令及其缩写

名称	命令	缩写	名称	命令	缩写
圆	circle	c	修剪	trim	tr
圆环	donut	do	创建块	block	b
直线	line	l	正多边形	polygon	pol
矩形	rectang	rec	标注样式	dimstyle	d
删除	erase	e	文字样式	style	st
复制	copy	co	窗口缩放	zoom	z
镜像	mirror	mi	查询距离	dist	di
偏移	offset	o	实时平移	pan	p
阵列	array	ar	特性匹配	matchprop	ma
移动	move	m	插入块	insert	i

1.6.3　重复执行命令

重复命令的两种方法：

(1) 按 Ener 键或者按空格键，可重复调用上一个命令，无论上一个命令是完成了还是被取消了。

(2) 在绘图区右击鼠标，单击"重复"命令，如图 1-47 所示。

图 1-47　右击鼠标后出现"重复"命令

1.6.4　提示与选项

在命令行输入命令名。命令字符可不区分大小写，例如，命令 LINE。执行命令时，在命令行提示中经常出现命令选项。在命令行中输入绘制直线命令 LINE 后，命令行提示与操作，如图 1-48 所示。

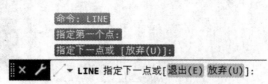

图 1-48　命令 LINE 后续提示与操作

命令行中不带括号的提示为默认选项(如上面的"指定下一点或")，因此可以直接输入直线的起点坐标或在绘图区指定一点，如果要选择其他选项，则应该首先输入该选项的标识字符与"放弃"选项的标识字符"U"，然后按系统提示输入数据即可。在命令选项的后面有时还带有尖括号，尖括号内的数值为默认数值。

1.6.5　终止命令的方法

终止命令的两种方法：

(1) 在命令行中按"Enter"键执行命令，然后用鼠标右键单击"确认"按钮终止命令，如图 1-49 所示。

(2) 在命令行中按"Esc"键终止命令。

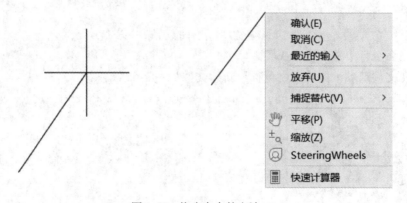

图 1-49　终止命令的方法

1.7　文件管理命令

1.7.1　新建图形文件的方法

新建图形文件的五种方法：

(1) 单击图标"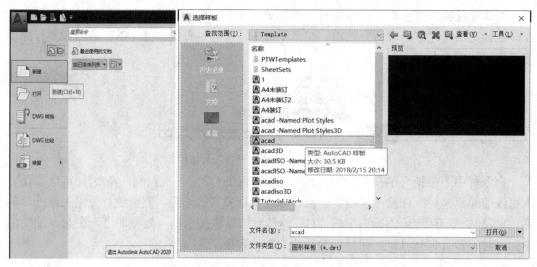"按钮，新建图形文件，输入文件名，选择文件类型，单击"打开"按钮，如图 1-50 所示。

图 1-50　新建图形文件的方法——方法(1)

(2) 使用快捷键"Ctrl+N"新建图形文件。

(3) 直接单击标题显示栏中的""即可新建图形文件，如图 1-51 所示。

图 1-51　新建图形文件的方法——方法(3)

(4) 在命令行中输入"NEW"。

(5) 在文件选项卡区域右击鼠标，新建文件如图 1-52 所示。

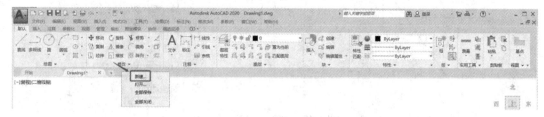

图 1-52　新建图形文件的方法——方法(5)

1.7.2　打开文件的方法

打开文件的三种方法：

(1) 单击图标""按钮，选择"打开""图形"选项，单击"打开"按钮打开图形文件，如图 1-53 所示。

(2) 使用快捷键"Ctrl + O"打开图形文件。

(3) 在文件选项卡区域右击鼠标，打开文件，如图 1-54 所示。

图 1-53　打开文件的方法——方法(1)

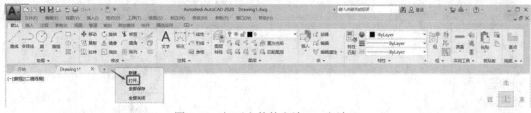

图 1-54　打开文件的方法——方法(3)

1.7.3　保存图形的方法

绘制完图或绘制图的过程中都可以保存文件，有以下五种执行方式：

(1) 命令名：QSAVE (或 SAVE)。

(2) 菜单栏：选择菜单栏中的"文件"→"保存"或者"另存为"命令。

(3) 主菜单：单击主菜单下的"保存"命令。

(4) 工具栏：单击标准工具栏中的"保存"按钮 █ 或单击快速访问工具栏中的"保存"按钮 █ 。

(5) 快捷键："Ctrl + S"键(保存)、"Ctrl + Shift + S"键(另存为)。

执行上述操作后，若文件已命名，则系统自动保存文件；若文件未命名(即为默认名 Drawingl dwg)，则系统打开"图形另存为"对话框，用户可以重新命名并保存。在"保存于"下拉列表框中指定保存文件的路径，在"文件类型"下拉列表框中指定保存文件的类型。

* 提示：若要保存全部文件，可以在文件选项卡区域右击鼠标，全部保存。

1.8　退 出 与 关 闭

1.8.1　退出命令

当一条命令正在执行时，用户想要退出该命令，则按"Esc"键即可。

1.8.2　关闭图形文件的方法

关闭图形文件的三种方法：

(1) 单击图标"![A]"按钮，单击"关闭"按钮即可，如图 1-55 所示。

(2) 单击标题显示栏中的"![×]"关闭图形文件。

(3) 如图 1-56 所示右击鼠标，单击"关闭"按钮。

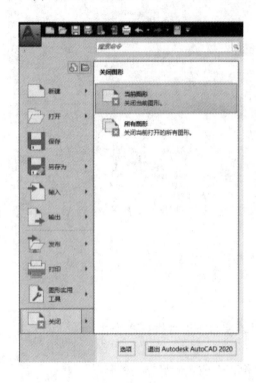

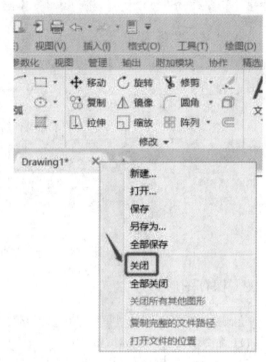

图 1-55　关闭文件的方法——方法(1)　　　　　　图 1-56　关闭文件的方法——方法(3)

1.8.3　退出 AutoCAD

当用户退出 AutoCAD 2020 时，为了避免文件的丢失，应该采取正确的退出方法。

退出 AutoCAD 2020 时，可以采用以下五种方法：

(1) 在用户界面中，单击当前程序标题栏最左边的软件图标，在其窗口下拉菜单中单击退出"Autodesk AutoCAD 2020"如图 1-57 所示。

(2) 在用户界面中，单击当前程序标题栏最右边的"关闭"按钮 ![×] 。

(3) 单击下拉菜单"文件"→"退出"命令，如图 1-58 所示。

(4) 在命令行中输入"quit"或者"close"，并按"Enter"键。

(5) 执行快捷键"Ctrl + Q"。

* 提示：若图形未保存，系统将会提示如图 1-59 所示的警告框。

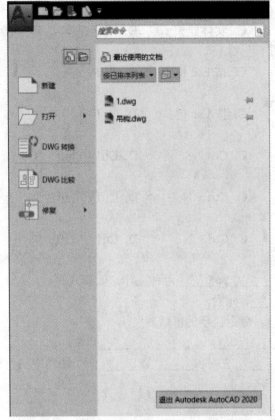

图 1-57   退出软件方法——方法(1)   图 1-58   退出软件方法——方法(3)

图 1-59   图形未保存警告框

思 考 与 练 习

1. 选择题:

(1) 第一次启动 AutoCAD 2020 版本中创建的标准文件后缀名(   )。

A. .dwt   B. .dwg   C. .dwf   D. .dgs

(2) 在 AutoCAD 中,文本窗口打开的快捷键(   )。

A. F1   B. F2   C. F8   D. F9

(3) AutoCAD 进行三维建模的类型有(　　)。

A. 线框建模　　　　　B. 曲面建模　　　C. 实体建模　　　D. 网格建模

(4) 重新执行上一个命令的最快方法是(　　)。

A. 按 Enter 键　　　　B. 按空格键　　　C. 按 Esc 键　　　D. 按 F1 键

(5) 取消命令执行的键是(　　)。

A. 按 Enter 键　　　　B. 按空格键　　　C. 按 Esc 键　　　D. 按 F1 键

(6) 保存图形文件的快捷键是(　　)。

A. Ctrl + N　　　　　B. Ctrl + O　　　C. Ctrl + S　　　D. Ctrl + Shift + S

(7) 新建图形文件的快捷键是(　　)。

A. Ctrl + S　　　　　B. Ctrl + O　　　C. Ctrl + N　　　D. Ctrl + Shift + S

(8) 打开图形文件的快捷键是(　　)。

A. Ctrl + S　　　　　B. Ctrl + O　　　C. Ctrl + N　　　D. Ctrl + Shift + S

2. 填空题:

(1) AutoCAD 2020 版本为用户提供了_____和_____两种工作空间模式。

(2) 绘图区包括_____、_____、_____等元素。

(3) 命令行窗口是_____命令名和_____命令提示的区域。

(4) AutoCAD 中的三维建模包括_____、_____、_____、_____对象。

(5) AutoCAD2020 系统默认设定一个_____空间和_____、_____两个图样空间布局标签。

3. 简答题:

(1) AutoCAD 2020 主要功能是什么?

(2) 写出下列常用命令的缩写:

圆、直线、矩形、镜像、复制、偏移、修剪、删除

第 2 章 二维图形的绘制

任何复杂的图形都可以看成是由直线、圆弧等基本图形组成的，掌握这些基本图形的绘制方法是学习 AutoCAD 的基础。AutoCAD 提供了丰富的绘图命令，使用这些命令可以方便地绘制出各种基本图形，本章主要介绍 AutoCAD 绘制二维图形的功能。

2.1 坐 标

在绘图时，点的位置是由点的坐标确定的，因此，必须首先了解 AutoCAD 的坐标系统。

2.1.1 世界坐标系

在 AutoCAD 绘图窗口的左下角有一个反映当前坐标系的图标。图标中的 X，Y 箭头方向表示 X，Y 轴的正方向。坐标系的原点(0,0,0)位于绘图窗口的左下角，X 轴位于绘图窗口的底部，为水平方向；Y 轴位于绘图窗口的左边，为竖直方向；Z 轴垂直于 XY 平面。

2.1.2 点的坐标表示方式

1. 直角坐标

直角坐标是从原点开始计算的，沿 X 轴向右以及沿 Y 轴向上为正方向。例如，A 点的坐标为(30,15)表示 A 点位于原点向右 30 个单位和向上 15 个单位的位置，如图 2-1 所示。绘图时，在命令行中输入 A 点的形式为

    30,15

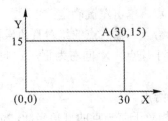

图 2-1 直角坐标

2. 极坐标

用某点到原点的距离以及该点和原点连线与 X 轴正向的夹角来确定该点的位置，距离和角度之间用"<"隔开，这种形式的坐标称为极坐标。例如，如图 2-2 所示，B 点到原点

的距离为 60，B 点和原点的连线与 X 轴正方向的夹角为 30°，那么 B 点的极坐标为

　　　60<30

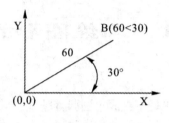

图 2-2　极坐标

3. 相对坐标

相对于某一指定点的坐标称为相对坐标。常用的相对坐标有相对直角坐标和相对极坐标，输入时，要在坐标前加上"@"，表示是相对坐标，例如，如图 2-3 所示，已知 D 点的坐标为(20,10)，此时如果输入相对直角坐标：

　　　@20,20

则相当于输入绝对坐标为(40,30)的 F 点。此时，如果再输入相对极坐标：

　　　@20<180

则相当于输入绝对坐标为(20,30)的 E 点。

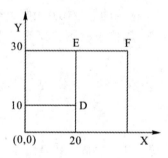

图 2-3　相对坐标

2.1.3　点的基本输入方式

(1) 鼠标单击。移动鼠标选点，单击左键确定。

(2) 输入点的绝对直角坐标给点。输入点的绝对直角坐标(指相对于当前坐标系原点的直角坐标)"X，Y"，表示相对于原点，X 向右为正，Y 向上为正；反之为负。输入后按回车键确定。

(3) 输入点的相对直角坐标给点。

输入点的相对直角坐标(指相对于前一点的直角坐标)"@X，Y"，表示相对于前一点，X 向右为正，Y 向上为正；反之为负。输入后按回车键确定。

(4) 输入直接距离给点。用鼠标导向，从键盘直接输入相对于前一点的距离，按回车键确定。

2.2　基本图形的绘制

本节介绍点(Point)、直线(Line)、构造线(Xline)、圆(Circle)、圆弧(Arc)、椭圆(Ellipse)、矩形(Rectangle)、等边多边形(Ploygon)、多段线(Pline)、样条曲线(Spline)等基本图形的绘制以及有关的操作步骤。

在输入绘图命令时,可利用绘图(Draw)工具栏(如图 2-4 所示)和绘图下拉菜单(如图 2-5 所示)。

图 2-4　绘图工具栏　　　　　图 2-5　绘图下拉菜单

2.2.1　点

1. 绘制点

绘制点的主要目的是在图形中起标记作用,如圆的中心、图形的基点等。在缺省状态下,屏幕上的点就是一个小圆点。

1) 命令输入

(1) 工具栏：单击"点" 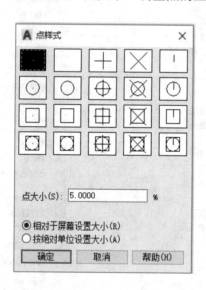 按钮。

(2) 命令行：POINT✓(可简写为"PO✓")。

(3) 下拉菜单："绘图"→"点"→"单点"或"多点"。

2) 操作说明

命令行：POINT✓

当前点模式：PDMODE=0 PDSIZE=0.0000   (显示当前点的特点)

指定点：   (用鼠标单击或键盘输入点的位置)

2. 设置点的式样

AutoCAD 提供了多种不同式样的点，用户可根据自己的需要进行设置。

1) 命令输入

(1) 命令行：DDPTYPE✓。

(2) 下拉菜单："格式"→"点样式"。

2) 操作说明

命令：DDPTYPE✓

AutoCAD 弹出"点样式"对话框，如图 2-6 所示。对话框中列出了点的各种式样，用户可根据自己的需要选取，还可以利用"点大小"调整点的显示尺寸。

图 2-6 点样式对话框

3. 等分点

在指定直线、圆、椭圆、多段线和样条曲线上，按给出的等分段数，设置等分点。

1) 命令输入

(1) 命令行：DIVIDE✓(可简写为"DIV✓")。

(2) 下拉菜单："绘图"→"点"→"定数等分"。

2) 操作说明

　　命令：DIVIDE↙

　　选择要定数等分的对象：　　　　　　　　(指定直线、圆、椭圆、多段线和样条曲线等)

　　输入线段数目或[块(B)]：　　　　　　　　(输入等分的段数，或 B 选项在等分点插入图块)

4. 测量点

在指定线上按给出的分段长度设置测量点。

1) 命令输入

(1) 命令行：MEASURE↙(可简写为"ME↙")。

(2) 下拉菜单："绘图"→"点"→"定距等分"。

2) 操作说明

　　命令：MEASURE↙

　　选择要定距等分的对象：

　　指定线段的长度或[块(B)]：

2.2.2　直线

　　直线是图形中最常见、最简单的实体。直线命令"LINE"用于绘制单独或连续的直线段，每段直线都是一个独立的对象。

1) 命令输入

(1) 工具栏：单击"直线" ╱ 按钮。

(2) 命令行：LINE↙(可简写为"L↙")。

(3) 下拉菜单："绘图"→"直线"。

2) 操作说明

　　命令：LINE↙

　　指定第一点：　　　　　　　　　　　　　(用鼠标或键盘输入起始点位置)

　　指定下一点或[放弃(U)]：　　　　　　　　(输入直线的端点)

　　指定下一点或[退出(E)/放弃(U)]：　　　　(输入下一直线的端点，或输入选项"E"退出，或输入选项"U"放弃，或按回车键结束命令)

　　指定下一点或[关闭(C)/退出(X)/放弃(U)]：(输入下一直线的端点，或输入选项"C"使直线图形闭合，或输入选项"X"退出，或输入选项"U"放弃，或按回车键结束命令)

3) 实例

　　命令：LINE↙

　　指定第一点：30,50↙　　　　　　　　　　(用直角坐标指定 A 点)

　　指定下一点或[放弃(U)]：@40<90↙　　　　(用相对极坐标指定 B 点)

　　指定下一点或[退出(E)/放弃(U)]：@20,-10↙(用相对直角坐标指定 C 点)

　　指定下一点或[关闭(C)/退出(X)/放弃(U)]：@25<0↙(用相对极坐标指定 D 点)

　　指定下一点或[关闭(C)/退出(X)/放弃(U)]：@30<-90↙(用相对极坐标指定 E 点)

　　指定下一点或[关闭(C)/退出(X)/放弃(U)]：C↙(封闭图形)

绘出的直线框图如图 2-7 所示的图形。

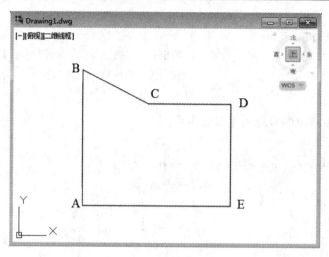

图 2-7　直线段的绘制

2.2.3　构造线

构造线是通过指定点的双向无限长直线。在绘制大而复杂的图形时，用构造线作为辅助线，可以较方便地绘出精确的图形。

1）命令输入

(1) 工具栏：单击"构造线" 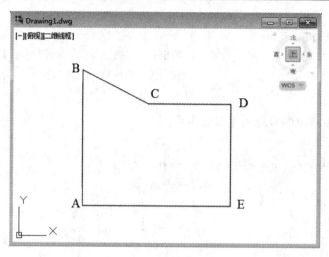按钮。

(2) 下拉菜单："绘图"→"构造线"。

(3) 命令行：XLINE↙(可简写为"XL↙")。

2）操作说明

命令：XLINE↙

指定点或[水平(H)/垂直(V)/角度(A)/二等分(B)/偏移(O)]:

(1) 指定点。指定构造线上第一点，指定后，命令行提示：

指定通过点：

指定构造线上另一点，指定后，则绘制出经过这两点的构造线，同时命令行继续提示：

指定通过点：

在此提示下若再指定一点，则又绘制出过第一点与该点的构造线；若按回车或空格键，则结束命令。

(2) 水平。绘制通过指定点的平行构造线。执行该选项，则命令行提示：

指定通过点：

指定构造线上一点，指定后，便绘制出经过该点的水平构造线，命令行继续提示：

指定通过点：

在此提示下若再指定一点，则又绘制出过该点的水平构造线，这样可绘制出多条水平构造线；若按回车或空格键，则结束命令。

(3) 垂直。绘制垂直构造线，其绘制方法与绘制水平构造线相似。

(4) 角度。绘制与 X 轴正方向成指定角度的构造线。执行该选项，则命令行提示：

输入构造线的角度(0)或[参照(R)]:

输入角度值后，提示：

  指定通过点：

指定后，便绘制出一条通过指定点且与 X 轴正方向成为输入角度的构造线。命令行继续提示：

  指定通过点：

如果在该提示下继续指定点，可继续绘制出通过指定点且与 X 轴正方向成为输入角度的构造线。若按回车或空格键，则结束命令。

  参照是指绘制与指定参考直线成一定角度的构造线。执行该选项，则命令行提示：

  选择直线对象：   （选取参考直线）

  输入构造线的角度<0>：   （输入与参考直线的夹角）

  指定通过点：

此时，绘制出通过该点且与参考直线成输入角度的构造线，命令行继续提示：

  指定通过点：

如果继续指定新的通过点，便可绘制出多条平行构造线，若按回车或空格键，则结束命令。

  (5) 二等分。绘制的构造线是角的平分线。若执行该选项，则命令行提示：

  指定角的顶点：   （用鼠标指定角的顶点）

  指定角的起点：   （指定角一条边上的点）

  指定角的端点：   （指定角另一条边上的点）

指定后，便绘制出过顶点并且平分由指定点所确定的角的构造线。

  (6) 偏移。绘制与指定线平行的构造线。执行该选项，则命令行提示：

  指定偏移距离或 [通过(T)] <默认值>：

指定偏移距离是指输入平行线之间距离的数值；回车，则命令行提示：

  选择直线对象：   （选取一条直线）

  指定向哪侧偏移：

指定要绘制的平行构造线在所选线的哪一侧。用户可用鼠标在所选线的某一侧任意指定一点，便绘制出与所选直线平行且相距为输入值的构造线，此时命令行继续提示：

  选择直线对象：

在此提示下，若继续选取直线，则可绘制更多的构造线；若按回车或空格键，则结束命令。

  通过是指绘制与选取的直线平行且通过指定点的构造线。执行该选项，则命令行提示：

  选择直线对象：   （选取一条直线）

  指定通过点：

此时，AutoCAD 绘出通过指定点且与选取直线平行的构造线，命令行继续提示：

  选择直线对象：

在此提示下，若继续选取直线，则可绘制更多的构造线；若按回车或空格键，则结束命令。

  3) 实例

  如图 2-8 所示，作∠ABC 的平分线。

  命令：XLINE↙

  指定点或[水平(H)/垂直(V)/角度(A)/二等分(B)/偏移(O)]：B↙

  指定角的顶点：   （指定 B 点）

  指定角的起点：   （指定 A 点）

  指定角的端点：   （指定 C 点）

指定角的端点：↙

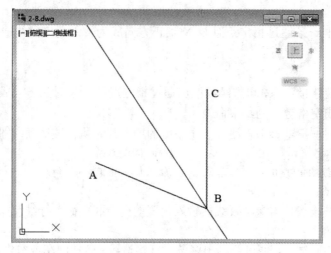

图 2-8　绘制∠ABC 的平分线

2.2.4　圆

绘制圆的命令是"CIRCLE"，可在指定位置绘制圆。AutoCAD 提供了多种绘制圆的方法，下面分别进行介绍。

1. 根据圆心和半径绘制圆

1) 命令输入

(1) 工具栏：单击"圆" ⊘ 按钮。

(2) 命令行：CIRCLE↙(可简写为"C↙")。

(3) 下拉菜单："绘图"→"圆"→"圆心"或"半径"。

2) 操作说明

命令：CIRCLE↙

指定圆的圆心或[三点(3P)/两点(2P)/相切、相切、半径(T)]：　　　(指定圆心)

指定圆的半径或[直径(D)]：(输入半径数值)↙

2. 根据圆心和直径绘制圆

1) 命令输入

(1) 工具栏：单击"圆"按钮。

(2) 命令行：CIRCLE↙。

(3) 下拉菜单："绘图"→"圆"→"圆心"或"直径"。

2) 操作说明

命令：CIRCLE↙

指定圆的圆心或[三点(3P)/两点(2P)/相切、相切、半径(T)]：　　　(指定圆心)

指定圆的半径或[直径(D)]：D↙

指定圆的直径：(输入直径数值)↙

3. 根据直径的两端点绘制圆

1) 命令输入

(1) 工具栏：单击"圆"按钮。

(2) 命令行：CIRCLE✓。

(3) 下拉菜单："绘图"→"圆"→"两点"。

2) 操作说明

命令：CIRCLE✓

指定圆的圆心或[三点(3P)/两点(2P)/相切、相切、半径(T)]：2P✓

指定圆直径的第一个端点：　　　　(指定直径的一个端点)

指定圆直径的第二个端点：　　　　(指定直径的另一个端点)

AutoCAD 便绘制出以这两端点距离为直径的圆。

4. 根据指定的三点绘制圆

1) 命令输入

(1) 工具栏：单击"圆"按钮。

(2) 命令行：CIRCLE✓。

(3) 下拉菜单："绘图"→"圆"→"三点"。

2) 操作说明

命令：CIRCLE✓

指定圆的圆心或[三点(3P)/两点(2P)/相切、相切、半径(T)]：3p

指定圆上的第一点：　　　　　　　(用鼠标单击或键盘输入)

指定圆上的第二点：　　　　　　　(用鼠标单击或键盘输入)

指定圆上的第三点：　　　　　　　(用鼠标单击或键盘输入)

AutoCAD 便绘制出通过这三点的圆。

5. 根据半径和两相切对象绘制圆

1) 命令输入

(1) 工具栏：单击"圆"按钮。

(2) 命令行：CIRCLE✓。

(3) 下拉菜单："绘图"→"圆"→"相切、相切、半径"。

2) 操作说明

命令：CIRCLE✓

指定圆的圆心或[三点(3P)/两点(2P)/相切、相切、半径(T)]：T✓

指定对象与圆的第一个切点：　　　(选择一个相切对象)

指定对象与圆的第二个切点：　　　(选择另一个相切对象)

指定圆的半径<默认值>:(输入圆的半径值)✓

AutoCAD 便绘制出以输入的半径值为半径且与选择的两个对象相切的圆。

6. 根据三个相切对象绘制圆

1) 命令输入

(1) 工具栏：单击"圆"按钮。

(2) 命令行：CIRCLE✓。

(3) 下拉菜单："绘图" → "圆" → "相切、相切、相切"。

2) 操作说明

　　命令：CIRCLE✓

　　指定圆的圆心或[三点(3P)/两点(2P)/相切、相切、半径(T)]：_3P

　　指定圆上的第一点：_TAN 到(用鼠标单击要相切第一个对象)

　　指定圆上的第二点：_TAN 到(用鼠标单击要相切第二个对象)

　　指定圆上的第三点：_TAN 到(用鼠标单击要相切第三个对象)

AutoCAD 便绘制出与选择的三个对象都相切的圆。

7．实例

如图 2-9 所示，绘制半径为 15，且与直线 BA、AC 都相切的圆。

　　命令：CIRCLE✓

　　指定圆的圆心或[三点(3P)/两点(2P)/相切、相切、半径(T)]：T✓

　　指定对象与圆的第一个切点：(选取直线 AC 上任意一点)

　　指定对象与圆的第二个切点：(选取直线 BA 上任意一点)

　　指定圆的半径<默认值>：15✓

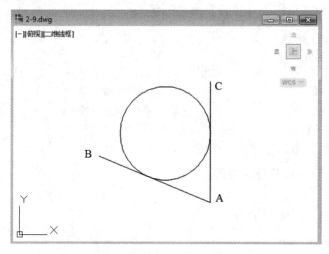

图 2-9　以 TTR 方式绘制圆

2.2.5　圆环

绘制圆环的命令是 "DONUT"，给出圆环的内径、外径，可在指定位置绘制出圆环。

1) 命令输入

(1) 命令行：DONUT✓。

(2) 下拉菜单："绘图" → "圆环"。

2) 操作说明

　　命令：DONUT✓

　　指定圆环的内径<默认值>：(输入圆环内径)✓

　　指定圆环的外径<默认值>：(输入圆环外径)✓

指定圆环的中心点<退出>：(指定圆环的中心点)

AutoCAD 在指定的中心，以给定的内、外径绘制出圆环，并在命令行继续提示：

指定圆环的中心点<退出>：

若继续指定中心点，可得到另一个大小相同的圆环；若按回车键，则结束命令。

　　3) 实例

根据内径、外径和中心点绘制圆环。

命令：DONUT↙

指定圆环的内径<默认值>：30↙

指定圆环的外径<默认值>：40↙

指定圆环的中心点<退出>：(指定圆环的中心点)

指定圆环的中心点<退出>：↙

绘出的圆环如图 2-10 所示。

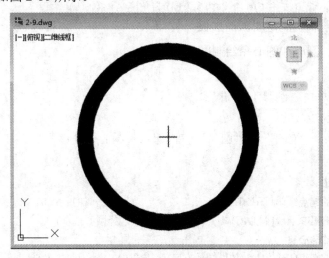

图 2-10　圆环的绘制

2.2.6　圆弧

绘制圆弧的命令是"ARC"，AutoCAD 提供了很多种绘制圆弧的方式，下面介绍几种常用的。

1. 根据三点绘制圆弧

1) 命令输入

(1) 工具栏：单击"圆弧" 按钮。

(2) 命令行：ARC↙(可简写为"A↙")。

(3) 下拉菜单："绘图"→"圆弧"→"三点"。

2) 操作说明

命令：ARC↙

指定圆弧的起点或[圆心(C)]：　　　　　　　　　(指定圆弧的起点)

指定圆弧的第二点或[圆心(C)/端点(E)]：　　　　(指定圆弧上起点和终点之间的任一点)

指定圆弧的端点：　　　　　　　　　　　　　　(指定圆弧的终点)

AutoCAD 便绘出由指定的三点确定的圆弧。

2. 根据起点、圆心和终点绘制圆弧

1) 命令输入

(1) 工具栏：单击"圆弧"按钮。

(2) 命令行：ARC✓。

(3) 下拉菜单："绘图"→"圆弧"→"起点、圆心、端点"。

2) 操作说明

命令：ARC✓

指定圆弧的起点或[圆心(C)]：　　　　　　　　　(指定圆弧的起点)

指定圆弧的第二点或[圆心(C)/端点(E)]：C✓　　(选择圆心选项)

指定圆弧的圆心：

指定圆弧的端点(按住 Ctrl 键以切换方向)或[角度(A)/弦长(L)]：　　　　(指定圆弧的终点)

AutoCAD 便绘制出满足要求的圆弧。

3. 根据起点、圆心和圆心角绘制圆弧

1) 命令输入

(1) 工具栏：单击"圆弧"按钮。

(2) 命令行：ARC✓。

(3) 下拉菜单："绘图"→"圆弧"→"起点、圆心、角度"。

2) 操作说明

命令：ARC✓

指定圆弧的起点或[圆心(C)]：　　　　　　　　　(指定圆弧的起点)

指定圆弧的第二点或[圆心(C)/端点(E)]：C✓　　(选择圆心选项)

指定圆弧的圆心：

指定圆弧的端点(按住 Ctrl 键以切换方向)或[角度(A)/弦长(L)]：A✓　　(选择角度选项)

指定夹角(按住 Ctrl 键以切换方向)：(输入圆弧的圆心角度值)✓

如果输入的角度值为正值，则从起点开始逆时针方向绘制出圆弧；如果输入的角度值为负值，则沿顺时针方向绘制出圆弧。

4. 根据起点、终点和半径绘制圆弧

1) 命令输入

(1) 工具栏：单击"圆弧"按钮。

(2) 命令行：ARC✓。

(3) 下拉菜单："绘图"→"圆弧"→"起点、端点、半径。

2) 操作说明

命令：ARC✓

指定圆弧的起点或[圆心(C)]：　　　　　　　　　(指定圆弧的起点)

指定圆弧的第二点或[圆心(C)/端点(E)]：E✓　　(选择端点选项)

指定圆弧的端点：

指定圆弧的中心点(按住 Ctrl 键以切换方向)或[角度(A)/方向(D)/半径(R)]：R✓

指定圆弧半径(按住 Ctrl 键以切换方向)：(输入圆弧的半径值)✓

5. 实例

根据起点、终点和圆心角绘制圆弧。

  命令：ARC↙

  指定圆弧的起点或[圆心(C)]：(指定 A 点)

  指定圆弧的第二点或[圆心(C)/端点(E)]：E↙   (选择端点选项)

  指定圆弧的端点：

  指定圆弧的中心点(按住 Ctrl 键以切换方向)或 [角度(A)/方向(D)/半径(R)]：A↙

                   (选择角度选项)

    指定夹角(按住 Ctrl 键以切换方向)：150↙

绘制出的圆弧如图 2-11 所示。

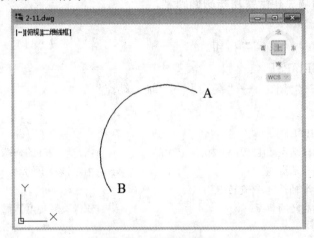

图 2-11　圆弧的绘制

2.2.7　椭圆

绘制椭圆的命令是"ELLIPSE"，下面介绍三种常用的绘制椭圆的方法。

1. 根据轴的两端点和另一轴的半长绘制椭圆

1) 命令输入

(1) 工具栏：单击"椭圆" ⬭ 按钮。

(2) 命令行：ELLIPSE↙。

(3) 下拉菜单："绘图"→"椭圆"→"轴、端点"。

2) 操作说明

  命令：ELLIPSE↙

  指定椭圆的轴端点或[圆弧(A)/中心点(C)]：   (指定椭圆轴的一端点)

  指定轴的另一端点：   (指定该轴上的另一端点)

  指定另一条半轴长度或[旋转(R)]：   (指定另一轴的半长)

2. 根据中心点、轴的一端点和另一轴的半长绘制椭圆

1) 命令输入

(1) 工具栏：单击"椭圆"按钮。

(2) 命令行：ELLIPSE↙。

(3) 下拉菜单："绘图"→"椭圆"→"圆心"。

2) 操作说明

 命令：ELLIPSE↙

 指定椭圆的轴端点或[圆

 弧(A)/中心点(C)]：C↙

 指定椭圆的中心：

 指定轴的端点：

 指定另一条半轴长度或[旋转(R)]：(指定另一轴的半长)

3. 根据轴的两端点和一转角绘制椭圆

1) 命令输入

(1) 工具栏：单击"椭圆"按钮。

(2) 命令行：ELLIPSE↙。

(3) 下拉菜单："绘图"→"椭圆"→"轴、端点"。

2) 操作说明

 命令：ELLIPSE↙

 指定椭圆的轴端点或[圆弧(A)/中心点(C)]：   (指定椭圆轴的一端点)

 指定轴的另一端点：   (指定该轴上的另一端点)

 指定另一条半轴长度或[旋转(R)]：R↙

 指定绕长轴旋转的角度：   (输入旋转角度值)

3) 实例

 命令：ELLIPSE↙

 指定椭圆的轴端点或[圆弧(A)/中心点(C)]：   (指定 C 点)

 指定轴的另一端点：   (指定 D 点)

 指定另一条半轴长度或[旋转(R)]：R↙

 指定绕长轴旋转的角度：50↙

绘制的椭圆如图 2-12 所示。

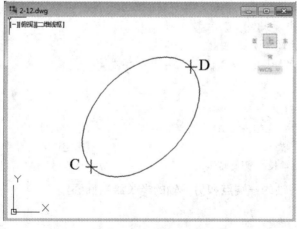

图 2-12　椭圆的绘制

2.2.8　矩形

绘制矩形的命令是"RECTANG"。

1) 命令输入

(1) 工具栏：单击"矩形" □ 按钮。

(2) 命令行：RECTANG↙。

(3) 下拉菜单："绘图"→"矩形"。

2) 操作说明

　命令：RECTANG↙

　指定第一个角点或[倒角(C)/标高(E)/圆角(F)/厚度(T)/宽度(W)]：　(指定矩形的角点 1)

　　指定另一个角点或 [面积(A)/尺寸(D)/旋转(R)]：(指定矩形的另一个角点 2)

AutoCAD 便绘出以指定点为对角顶点的矩形，如图 2-13(a)所示。

3) 选项

选项 C 用于指定倒角距离，绘制带倒角的矩形，如图 2-13(b)所示。

选项 E 用于指定矩形标高(Z 坐标)，即把矩形画在标高为 Z，和 XOY 坐标面平行的平面上。

选项 F 用于指定圆角半径，绘制带圆角的矩形。如图 2-13(c)所示。

选项 T 用于指定矩形的厚度。

选项 W 用于指定线宽。如图 2-13(d)所示。

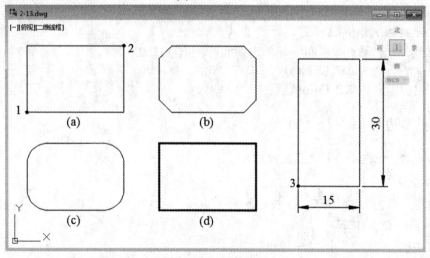

图 2-13　矩形的绘制

4) 根据面积、尺寸和旋转数据绘制矩形

　命令：RECTANG↙

　指定第一个角点或[倒角(C)/标高(E)/圆角(F)/厚度(T)/宽度(W)]：　(指定矩形的角点)

命令行提示：

　指定另一个角点或 [面积(A)/尺寸(D)/旋转(R)]：

(1) 面积。输入"A"，按回车键，则命令行提示：

输入以当前单位计算的矩形面积 <100.0000>：

括号内的数字 100 是默认的矩形面积，如果按回车键，则使用这个面积值。也可以输入另外的矩形面积数字，按回车键，则命令行提示：

计算矩形标注时依据 [长度(L)/宽度(W)] <长度>：

直接回车，则执行默认的"长度"选项，则命令行提示：

输入矩形长度 <10.0000>：

输入矩形的长度值，按回车键，则矩形创建完成。

(2) 尺寸。输入"D"，按回车键，则命令行提示：

指定矩形的长度 <10.0000>：

输入矩形的长度值，按回车键，则命令行提示：

指定矩形的宽度 <10.0000>：

输入矩形的宽度值，按回车键，则命令行提示：

指定另一个角点或 [面积(A)/尺寸(D)/旋转(R)]：

绘图区中显示出矩形，单击鼠标，即可完成矩形的创建。

(3) 旋转。输入"R"，按回车键，则命令行提示：

指定旋转角度或 [拾取点(P)] <0>：

输入旋转矩形要旋转的角度数字，按回车键，则命令行提示：

指定另一个角点或 [面积(A)/尺寸(D)/旋转(R)]：

在绘图区中任意位置单击鼠标，即可创建一个矩形，该矩形与 X 轴正向夹角为输入的角度。

5) 实例

命令：RECTANG↙

指定第一个角点或[倒角(C)/标高(E)/圆角(F)/厚度(T)/宽度(W)]：　(指定矩形的角点 3)

指定另一个角点或 [面积(A)/尺寸(D)/旋转(R)]：@15，30

绘制出的矩形如图 2-13(e)所示。

2.2.9　正多边形

绘制正多边形的命令是"POLYGON"。

1) 命令输入

工具栏：单击"多边形"　⬡　按钮。

命令行：POLYGON↙

下拉菜单："绘图"→"多边形"

2) 操作说明

命令：POLYGON↙

输入侧面数<默认值>：(输入边数)↙

指定正多边形的中心点或[边(E)]：

(1) 指定多边形的中心点。执行该选项，则命令行提示：

输入选项[内接于圆(I)/外切于圆(C)]<I>：

内接于圆是指用内接于圆的方式绘制多边形。执行该选项，则命令行提示：

　　　　指定圆的半径: (输入内接圆半径)↙

此时，AutoCAD 按内接于圆的方式绘出指定边数的正多边形。

外切于圆是指用外切于圆的方式绘制多边形。执行该选项，则命令行提示：

　　　　指定圆的半径: (输入外切于圆的半径)↙

此时，AutoCAD 按外切于圆的方式绘出指定边数的正多边形。

　　(2) 边。根据多边形的边数和多边形上一条边的两端点绘制正多边形。执行该选项，则命令行提示：

　　　　指定边的第一个端点:　　　　　　　　　　　　　(指定多边形某条边上的第一个端点)

　　　　指定边的第二个端点:　　　　　　　　　　　　　(指定第二个端点)

AutoCAD 便以这两个点的连线作为多边形的一条边，并按指定的边数绘制出正多边形。

　　3) 实例

绘制出的六边形如图 2-14 所示的正六边形。

　　　　命令: POLYGON↙

　　　　输入边的数目<默认值>: 6↙

　　　　指定多边形的中心点或[边(E)]: (指定 O 点)↙

　　　　输入选项[内接于圆(I)/外切于圆(C)]<I>: C↙　　　(选外切于圆的方式绘制多边形)

　　　　指定圆的半径: 50↙

图 2-14　正六边形的绘制

2.2.10　多段线

　　绘制多段线的命令是"PLINE"，用它可绘制出由等宽或不等宽的直线及圆弧组成的连续的线。

　　1) 命令输入

　　(1) 工具栏: 单击"多段线" ⊃ 按钮。

　　(2) 命令行: PLINE↙。

　　(3) 下拉菜单: "绘图"→"多段线"。

2) 操作说明

　　命令：PLINE↙

　　指定起点：　　　　　　　　　　(给出多段线的起点)

　　当前线宽为 0.0000

　　指定下一点或[圆弧(A)/半宽(H)/长度(L)/放弃(U)/宽度(W)]：

　　指定下一点或[圆弧(A)/闭合(C)/半宽(H)/长度(L)/放弃(U)/宽度(W)]：

　(1) 指定下一点。指定下一个端点，AutoCAD 便以当前线宽从起点到该点绘制出一条多段线。

　(2) 圆弧。转换为绘制圆弧的方式，并以最后所绘制的直线的端点作为圆弧的起点，绘制圆弧的操作过程和"ARC"命令相同。

　(3) 闭合。绘制了两段线后，选择此项，AutoCAD 从当前点到起始点以当前线宽绘制一条直线，形成一个封闭线框，同时结束"PLINE"命令。

　(4) 半宽。设置多段线的半宽度。

　(5) 长度。设置直线的长度。执行该选项，则命令行提示：

　　指定直线的长度：

　输入直线的长度值，并回车，AutoCAD 便以输入的长度并沿着前一条多段线的方向绘出一条直线。

　(6) 放弃。取消最后一次绘制在多段线上的直线或圆弧。

　(7) 宽度。设置多段线的宽度。执行该选项，则命令行提示：

　　指定起点宽度<0.0000>：(输入起点的宽度)

　　指定端点宽度<0.0000>：(输入末端点的宽度)

3) 实例

　　命令：PLINE↙

　　指定起点：(拾取 A 点)

　　当前线宽为 0.0000

　　指定下一点或[圆弧(A)/半宽(H)/长度(L)/放弃(U)/宽度(W)]：　　　　　　　(拾取 B 点)

　　指定下一点或[圆弧(A)/闭合(C)/半宽(H)/长度(L)/放弃(U)/宽度(W)]：W↙

　　指定起点宽度<0.0000>：↙

　　指定端点宽度<0.0000>：2↙

　　指定下一点或[圆弧(A)/闭合(C)/半宽(H)/长度(L)/放弃(U)/宽度(W)]：A↙

　　指定圆弧的端点(按住 Ctrl 键以切换方向)或

　　[角度(A)/圆心(CE)/闭合(CL)/方向(D)/半宽(H)/直线(L)/半径(R)/第二个点(S)/放弃(U)/宽度(W)]：

　　　　　　　　　　　　　　　　　　　　　　　　　　(拾取 C 点)

　　指定圆弧的端点(按住 Ctrl 键以切换方向)或

　　[角度(A)/圆心(CE)/闭合(CL)/方向(D)/半宽(H)/直线(L)/半径(R)/第二个点(S)/放弃(U)/宽度(W)]：

　　L↙

　　指定下一点或 [圆弧(A)/闭合(C)/半宽(H)/长度(L)/放弃(U)/宽度(W)]：　(拾取 D 点)

　　指定下一点或 [圆弧(A)/闭合(C)/半宽(H)/长度(L)/放弃(U)/宽度(W)]: W↙

　　指定起点宽度 <2.0000>：↙

　　指定端点宽度 <2.0000>: 0↙

　　指定下一点或 [圆弧(A)/闭合(C)/半宽(H)/长度(L)/放弃(U)/宽度(W)]:C↙

绘制的多段线如图 2-15 所示。

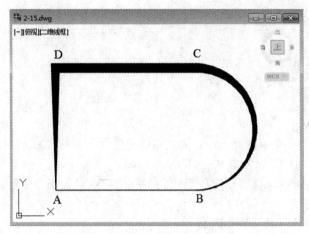

图 2-15 多段线的绘制

2.2.11 样条曲线

绘制样条曲线的命令是"SPLINE"。

1) 命令输入

(1) 工具栏：单击"样条曲线" ⟨ 按钮。

(2) 命令行：SPLINE↙。

(3) 下拉菜单："绘图"→"样条曲线"。

2) 操作说明

> 命令：SPLINE↙
> 当前设置：方式=拟合　节点=弦
> 指定第一个点或 [方式(M)/节点(K)/对象(O)]：
> 输入下一个点或 [起点切向(T)/公差(L)]：
> 输入下一个点或 [端点相切(T)/公差(L)/放弃(U)]：
> 输入下一个点或 [端点相切(T)/公差(L)/放弃(U)/闭合(C)]：
> 输入下一个点或 [端点相切(T)/公差(L)/放弃(U)/闭合(C)]：

(1) 指定下一个点。继续指定样条曲线上的点。

(2) 起点切向。设置样条曲线起点的切线角。执行该选项，则命令行提示：

> 指定起点切向：　　　　　　　（指定起始点处的切线方向）

(3) 公差。设置样条曲线与指定点之间所允许的最大偏移距离值。如果最大偏移距离值设置为 0，则绘制出的样条曲线都通过各输入点。

(4) 闭合。封闭样条曲线。

2.2.12 多线

多线是绘图中常用的一种实体，它由多条相互平行的直线组成，缺省的多线样式为"Standard"。多线式样可以创建和保存。

1. 绘制多线

绘制多线的命令是"MLINE"。

1) 命令输入

(1) 命令行：MLINE✓。

(2) 下拉菜单："绘图"→"多线"。

2) 操作说明

命令：MLINE✓

当前设置：对正=上，比例=20.00，样式=STANDARD

指定起点或[对正(J)/比例(S)/样式(ST)]：

指定起点是指 AutoCAD 将指定的点作为多线的起点，并在命令行继续提示：

指定下一点：

以后的操作过程和 LINE 命令相似。

对正是指设置绘多线的对齐方式。选择该项，则命令行提示：

输入对正类型[上(T)/无(Z)/下(B)]<上>：

(1) 上(T)：从左向右绘多线时，多线最上面的元素与光标对齐；从右向左绘多线时，多线最下面的元素与光标对齐。

(2) 无(Z)：绘制多线时，多线中间的元素与光标对齐。

(3) 下(B)：从左向右绘多线时，多线最下面的元素与光标对齐；从右向左绘多线时，多线最上面的元素与光标对齐。

比例是指设置多线的比例因子，控制多线的宽度和多线各元素之间的距离。选择该项，则命令行提示：

输入多线比例<20.00>：(输入比例因子)✓

指定起点或[对正(J)/比例(S)/样式(ST)]：

样式是指设置绘多线时所用的线型样式，缺省的样式为"STANDARD"。选择该项，则命令行提示：

输入多线样式名或[?]：

如果输入已有的多线样式名，则 AutoCAD 以该样式绘制多线；如果输入"？"，则列表显示已有的多线样式。

2. 多线样式

通过设置多线样式可控制多线中元素的数量及其特性。设置多线样式的方法有：

(1) 使用"格式"菜单中的"多线样式"命令项，弹出如图 2-16 所示的对话框。多线样式对话框中可以命名新的多线样式并指定要用于创建新多线样式的多线样式。

(2) 在对话框中单击"修改"按钮，打开如图 2-17 所示的"修改多线样式"对话框。在该对话框中可以多线样式进行修改。修改完成之后，单击"确定"按钮。

(3) 在多线样式对话框中单击"保存"按钮，将对样式所做的修改保存到 MLN 文件中。最后单击"确定"按钮。

修改多线样式对话框中各选项的含义如下：

说明：为多线样式添加说明。最多可以输入 255 个字符(包括空格)。

封口：控制多线起点和端点封口。

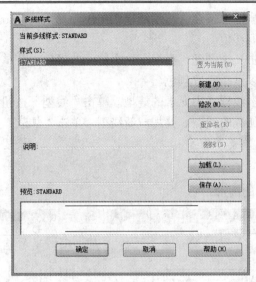

图 2-16　"多线样式"对话框

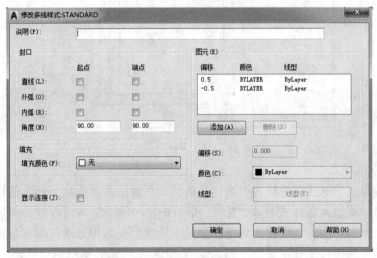

图 2-17　"修改多线样式"对话框

直线：勾选该项的起点和端点时，绘制的线段的端点会显示直线段。

外弧：勾选该项的起点和端点时，绘制的线段端点会显示多线的最外端元素之间的圆弧。

内弧：多线端口显示成对的内部元素之间的圆弧。

角度：指定端点封口的角度。默认情况下为 90°。

填充：控制多线的背景填充。

填充颜色：设置多线的背景填充色。单击"填充颜色"右侧的下拉按钮，将显示选择颜色对话框。

显示连接：控制每条多线线段顶点处连接的显示。多线显示连接和不显示连接的效果。

图元：设置新的和现有的多线元素的元素特性，例如偏移、颜色和线型。

偏移、颜色和线型：显示当前多线样式中的所有元素。样式中的每个元素由其相对于多线的中心、颜色及其线型定义。元素始终按它们的偏移值降序显示。单击"添加"按钮，可将新元素添加到多线样式。只有除 STANDARD 以外的多线样式选择了颜色或线型后，此选项才可用。单击"删除"按钮，从多线样式中删除元素。单击"偏移"按钮，为多线样式中的每个元素指定偏移值。

颜色：在列表中单击一个图元，会显示这个图元的颜色。若单击"颜色"右侧的下拉按钮，在下拉列表中可以重新设置颜色。

线型：显示并设置多线样式中元素的线型。单击"线型"按钮，将显示选择线型对话框，该对话框列出了已加载的线型。要加载新线型，单击"加载"按钮，将显示加载或重载线型对话框。

3. 实例

绘制如图 2-18 所示的图形。

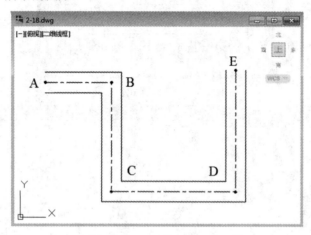

图 2-18　多线图形

1) 设置多线样式

在"多线样式"对话框中单击"新建"按钮，在弹出的"创建新的多线样式"对话框的"新样式名"中输入新样式名称"K"，然后单击"继续"按钮，则弹出"修改多线样式"对话框，单击"添加"按钮；将所添加元素的线型变为中心线，偏移量设为 0；将上下两个图形元素的偏移量分别设为 1 和 −1，如图 2-19 所示。再单击"确定"按钮。

图 2-19　"新建多线样式"对话框

2) 绘制多线

命令：MLINE↙

当前设置：对正=上，比例=20.00，样式=STANDARD

指定起点或[对正(J)/比例(S)/样式(ST)]：ST↙

输入多线样式名或[?]：K↙

当前设置：对正 = 上，比例 = 20.00，样式 = K

指定起点或 [对正(J)/比例(S)/样式(ST)]：S↙

输入多线比例 <20.00>：2↙

当前设置：对正 = 上，比例 = 2.00，样式 =K

指定起点或 [对正(J)/比例(S)/样式(ST)]：J↙

输入对正类型 [上(T)/无(Z)/下(B)] <上>:Z↙

当前设置：对正 = 无，比例 = 2.00，样式 = K

指定起点或[对正(J)/比例(S)/样式(ST)]：(指定 A 点)

指定下一点：(指定 B 点)

指定下一点或[放弃(U)]：(指定 C 点)

指定下一点或[闭合(C)/放弃(U)]：(指定 D 点)

指定下一点或[闭合(C)/放弃(U)]：(指定 E 点)

指定下一点或[闭合(C)/放弃(U)]：↙

2.3　对象捕捉

　　用 AutoCAD 绘图时，经常要找到某些特殊点，如圆心、切点、线的端点、中点和交点等。这些点仅靠视觉是很难找到的，AutoCAD 提供了对象捕捉功能，利用该功能，可迅速、准确地捕捉到这些特殊点，从而能够迅速、准确地绘出图形。

2.3.1　设置对象捕捉模式

1) 命令输入

(1) 命令行：OSNAP↙。

(2) 下拉菜单："工具"→"绘图设置"。

2) 操作说明

命令：OSNAP↙

打开"草图设置"对话框的"对象捕捉"选项卡，如图 2-20 所示。

　　在"对象捕捉模式"选项组中，规定了对象上 14 种特征点的捕捉，并且在每种特征点前都规定了相应的捕捉显示标记，例如中点用小三角表示，圆心用小圆圈表示。选中捕捉模式后，在绘图屏幕上，只要将靶区移至对象特征点附近，单击鼠标左键，即可捕捉到对象上的特征点。各捕捉模式的含义如下：

端点：捕捉直线或圆弧的端点，捕捉时靶区移至直线或圆弧的端点附近。

中点：捕捉直线或圆弧的中点，捕捉时靶区移至直线或圆弧上。

圆心：捕捉圆弧、圆、椭圆弧或椭圆的圆心。

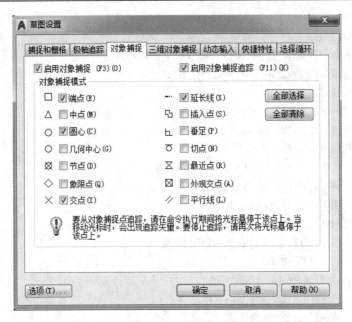

图 2-20　"草图设置"对话框"对象捕捉"选项卡

节点：捕捉靶区内的孤立点。

象限点：圆周上最左、最右、最上、最下的四个点。捕捉时靶区移至圆周上，可捕捉到最近的一个象限点。

交点：捕捉两线段的交点和延伸交点。

延长线：当靶区在一个图形对象的端点处移动时，AutoCAD 显示该对象的延长线，并捕捉正在绘制的图形与该延长线的交点。

插入点：捕捉到图块、图像和文本等的插入点。

垂足：当向一对象画垂线时，把靶区放在对象上，可捕捉对象上的垂足点。

切点：当向一对象画切线时，把靶区放在对象上，可捕捉对象上的切点。

最近点：把靶区放在对象附近拾取，捕捉对象上离靶区中心最近的点。

外观交点：当两对象在空间交叉，而在一个平面上的投影相交时，可从投影交点捕捉到某一对象上的点；或者捕捉两投影延伸相交时的交点。

平行线：捕捉图形对象的平行线。

注意：

(1) 选择了捕捉类型后，这些捕捉设置长期有效，作图时会出现靶框要求捕捉。若要修改，需再次启动"草图设置"对话框；

(2) 为了操作方便，在状态栏中设置有对象捕捉开关，对象捕捉功能可通过状态栏中的"对象捕捉"按钮来控制。

2.3.2　临时捕捉方式

利用对象捕捉光标菜单和工具栏可实现点的临时捕捉，此方式只对当前点有效，对下一个点的输入就无效了。

1. 对象捕捉光标菜单

同时按下"Shift"键和鼠标右键，在屏幕上当前光标处就会出现对象捕捉光标菜单，如图 2-21 所示。

2. "对象捕捉"工具栏

将光标移到界面任一工具栏上，单击鼠标右键，在弹出的工具栏菜单中单击"对象捕捉"，则"对象捕捉"工具栏就会显示在屏幕上，如图 2-22 所示，其在内容上和对象捕捉光标菜单类似。

图 2-21　对象捕捉光标菜单　　　　　图 2-22　"对象捕捉"工具栏

当鼠标指针移至对象捕捉工具栏中的按钮时，会显示这个按钮的名称，各按钮功能如下：

临时追踪点：它属于对象捕捉追踪按钮，必须在对象捕捉按钮启用时使用。单击该按钮后，捕捉并单击一个点，移动指针，捕捉点上会显示出水平或垂直虚线，此时可捕捉虚线上的任意点。

自：它属于对象捕捉追踪按钮，必须在对象捕捉按钮启用时使用，用于创建临时参照点的偏移点。单击该按钮，捕捉并单击一个点作为基点，然后输入这个基点的偏移位置相对坐标值，或直接输入距离值，即可在该位置创建一个点。捕捉自按钮用于确定与已知点偏移一定距离的点。

端点：捕捉圆弧、椭圆弧、直线、多线、多段线线段、样条曲线、面域或射线最近的端点，或实体、三维面域的最近角点。

中点：捕捉圆弧、椭圆、椭圆弧、直线、多线、多段线线段、面域、实体、样条曲线或参照线的中点。

交点：捕捉圆弧、圆、椭圆、椭圆弧、直线、多线、多段线、射线、面域、样条曲线或参照线的交点。

外观交点：捕捉不在同一平面但是在当前视图中可能看起来相交的两个对象的外观交点。

延长线：当光标经过对象的端点时，显示临时延长线或圆弧，以便用户在延长线或圆弧上指定点。

圆心：捕捉圆弧、圆、椭圆或椭圆弧的圆心。

象限点：捕捉圆弧、圆、椭圆或椭圆弧的象限点。

切点：捕捉圆弧、圆、椭圆、椭圆弧或样条曲线的切点。

垂直：捕捉圆弧、圆、椭圆、椭圆弧、直线、多线、多段线、射线、面域、实体、样条曲线或参照线的垂足。当正在绘制的对象需要捕捉多个垂足时，将自动打开"递延垂足"捕捉模式。可以用直线、圆弧、圆、多段线、射线、参照线、多线或三维实体的边作为绘制垂直线的基础对象。可以用"递延垂足"在这些对象之间绘制垂直线。

平行线：无论何时提示用户指定矢量的第二个点时，都要绘制与另一个对象平行的矢量。指定矢量的第一个点后，如果将光标移动到另一个对象的直线段上，即可获得第二个点。如果创建的对象的路径与这条直线段平行，将显示一条对齐路径，可用它创建平行对象。

节点：捕捉点对象、标注定义点或标注文字起点。

插入点：捕捉属性、块、图形或文字的插入点。

最近点：捕捉圆弧、圆、椭圆、椭圆弧、直线、多线、点、多段线、射线、样条曲线或参照线的最近点。

无：单击该按钮，不启用对象捕捉功能。

对象捕捉设置：单击该按钮，打开草图设置对话框。

2.3.3 对象追踪

启用对象捕捉时只能捕捉对象上的点。AutoCAD 还提供了对象追踪捕捉工具，捕捉对象以外空间的一个点，可以沿指定方向(称为对齐路径)按指定角度或与其他对象的指定关系捕捉一个点。捕捉工具栏中的"临时追踪点"按钮和"自"按钮是对象追踪的按钮。当单击其中一个时，只应用于对水平线或垂足线进行捕捉。

使用时单击状态栏中的"对象捕捉"和"极轴追踪"按钮，启用这两项功能。

执行一个绘图命令，例如单击直线按钮，将十字光标移动到一个对象捕捉点处作为临时获取点，当移动十字光标时，将显示相对于获取点的水平、垂直或极轴对齐的路径虚线。

2.3.4 启用栅格和捕捉

栅格是点的矩阵，遍布于整个图形界限内，是一种标定位置的小点，可以作为参考图标。使用栅格类似于在图形下放置一张坐标纸。利用栅格可以对齐对象并直观显示对象之间的距离。放大或缩小图形时，可能需要调整栅格间距，使其更适合新的放大比例。

捕捉模式用于限制十字光标移动的距离，使其按照用户定义的间距移动。当捕捉模式启用时，光标似乎附着或捕捉到不可见的栅格。捕捉模式可以精确地定位点。

在视图中显示栅格和启用捕捉的方法有三种：

(1) 在 AutoCAD 界面的底部状态栏中，单击"显示图形栅格"按钮和"捕捉模式"按钮。

(2) 按键盘中的快捷键 F7 可以显示或隐藏栅格。快捷键 F9 可以启用或关闭捕捉栅格。

(3) 选择菜单命令"工具"→"草图设置"，在打开的对话框的"捕捉和栅格"选项卡上，选择"启用栅格"和"启用捕捉"，如图 2-23 所示。在该对话框中可设置栅格间距和捕捉间距。

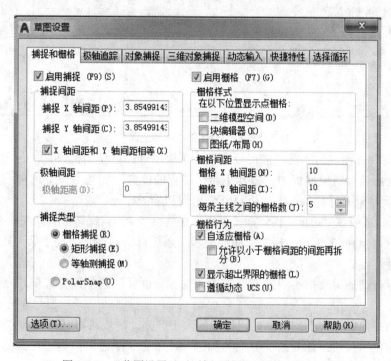

图 2-23 "草图设置"对话框"捕捉和栅格"选项卡

当栅格和捕捉功能都启用时，移动十字光标，十字光标会自动捕捉并移至最近距离的栅格点上，每个栅格点都像有磁性一样，将十字光标吸附在栅格点上，此时就可以从该点位置开始绘制图形了。

2.3.5 自动捕捉

自动捕捉是指当用户把光标放在一个对象上时，系统自动捕捉该对象上所有的符合条件的几何特征点，并显示相应的标记或显示该捕捉的提示，用户在选择之前，可以预览和确认捕捉点。

自动捕捉功能的设置使用"工具"下拉菜单"选项"对话框中的"绘图"选项卡，如图 2-24 所示。

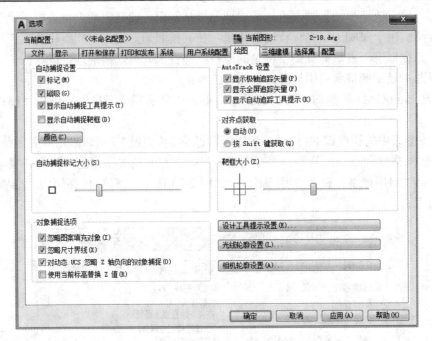

图 2-24　"选项"对话框中的"绘图"选项卡

在"绘图"选项卡的"自动捕捉设置"选项组中进行自动捕捉设置，各项设置如下：

(1) 标记：表示对象捕捉的类型和指示捕捉点的位置。如选中该复选框，当鼠标经过某对象时，该对象上符合条件的捕捉点就会出现相应的标记。

(2) 磁吸：选中该复选框，将鼠标靶框锁定在捕捉点上，鼠标靶框只能在捕捉点间跳动。

(3) 显示自动捕捉工具栏提示：捕捉提示是系统自动捕捉到捕捉点后，显示出该捕捉点的文字说明。

(4) 显示自动捕捉靶框：用来打开或关闭鼠标靶框。如选中该复选框，则在光标的中心显示靶框。

(5) 自动捕捉标记大小：控制捕捉标记的大小，拖动滑块可以任意增大或减小标记。

(6) "颜色"按钮：如要改变标记的颜色，可单击"颜色"按钮，在弹出的对话框中选择一种颜色。

2.4　修改背景颜色

绘图窗口中模型选项卡默认背景颜色是黑色，而布局选项卡中背景是白色，用户可以根据需要设置任意一种颜色，下面介绍具体操作方法。

(1) 选择菜单命令"工具"→"选项"，在打开的"选项"对话框中，单击"显示"选项卡，在其下面的"窗口元素"窗格中单击"颜色"按钮，如图 2-25 所示。

(2) 此时打开"图形窗口颜色"对话框，单击颜色项目下的按钮 ▼，在下拉列表中选择白色，此时会看到预览窗口中显示为白色，如图 2-26 所示。

(3) 单击"应用并关闭"按钮，在选项对话框中单击"确定"按钮，完成颜色设置。

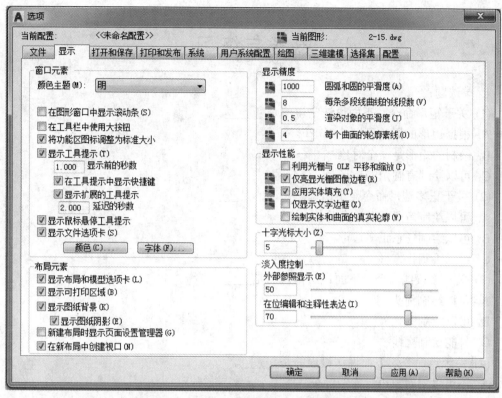

图 2-25 "选项"对话框中的"显示"选项卡

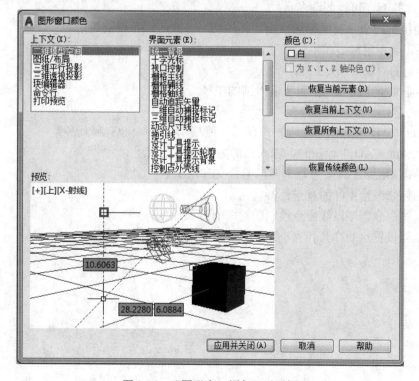

图 2-26 "图形窗口颜色"对话框

思考与练习

1. 单选题：

(1) 关于矩形命令，下面说法错误的是_____。

A. 根据矩形的周长可以绘制矩形

B. 绘制的矩形是一个对象

C. 可以绘制有圆角的矩形

(2) 关于正多边形命令，下面说法错误的是_____。

A. 可以绘制等腰直角三角形

B. 可以绘制任意正多边形

C. 可以绘制正方形

(3) 关于多段线命令，下面说法错误的是_____。

A. 可以绘制箭头

B. 可以绘制圆弧

C. 只能绘制直线

(4) 关于点命令，下面说法错误的是_____。

A. 不可以对对象进行定距等分

B. 一次执行，仅可绘制一个点

C. 一次执行，可绘制许多点

(5) 使用画圆命令的"相切、相切、相切"方式时，正确的说法是_____。

A. 不需要指定圆心和半径

B. 相切的对象必须是直线

C. 不需要指定圆心，但需要输入圆的半径

2. 思考题：

(1) AutoCAD 中的坐标表达方式有哪几种?基本绘图命令有哪几种?

(2) 在 AutoCAD 中绘图时，输入点的方式有哪几种?

(3) 熟悉 Draw 工具条中每个图标的含义和用法。

(4) 如何修改绘图区的背景色?

(5) 直线命令、多段线命令绘制的对象有什么不同?

(6) 如何设置点的样式和大小?

第 3 章　图形的编辑工具

图形的编辑是指对已有的图形进行修改、复制、移动和删除等操作。经过编辑，得到最终符合要求的图形。因此，对图形进行编辑加工是用户绘图过程中必不可少的工作。Auto2020 提供了丰富的图形编辑工具，使用这些工具不仅可以修改、编辑各种各样的图形，还可以节约绘图时间、提高设计效率。

3.1　选　择　对　象

在进行图形编辑时，必须要选取被编辑的图形对象。每当输入一个图形编辑命令时，AutoCAD 2020 会提示：

　　　选择对象：

此时要求用户从图形中选取将要进行编辑操作的图形对象。这时图形区内的十字光标变成了小方框，称之为拾取框，如图 3-1 所示。AutoCAD 2020 提供了多种选择图形对象的方法，下面我们介绍各种选择图形对象的方法。

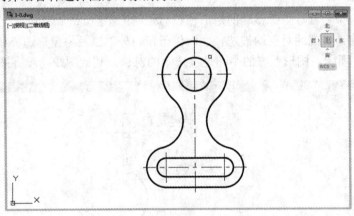

图 3-1　选择图形对象的拾取框

3.1.1　点选方式

最简单的选择方法就是将拾取框直接移动到对象的上面，然后单击鼠标左键。该对象会变成虚像显示的形式，表示它已经被选中，命令窗口中也同时提示：

　　　选择对象：找到 1 个

如图 3-2 所示，选中了上方的小圆。对象选择结束后，可以单击鼠标的右键或按回车键，结束对象选择，然后对这个对象进行编辑操作。

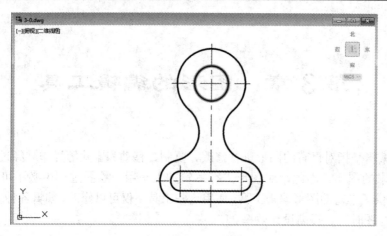

图 3-2　点选方式选择对象

3.1.2　窗选方式

　　当要选择的对象数量较多，且又比较分散时，可以使用窗选方式来进行选择。窗选方式提供了以下 9 种操作方法。

1. 默认窗口方式

　　当出现"选择对象："提示时，在图形对象以外的位置单击"A"点，AutoCAD 2020 将提示：

　　　　选择对象：指定对角点：

　　此时出现一个随鼠标指针移动的矩形窗口。如果矩形窗口是从左向右定义的，单击"B"点，那么位于窗口内部的对象均被选择，而位于窗口外部以及与窗口边界相交的对象没有选中。如图 3-3 所示，图形上方的小圆是被选中的对象，其他图线均没有被选中。

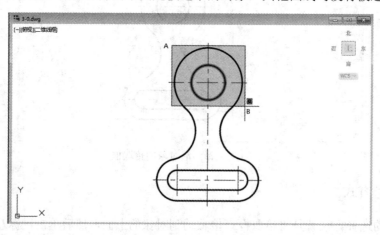

图 3-3　矩形窗口选择对象

　　如果矩形窗口是从右向左定义的，先单击"A"点，再单击"B"点，那么窗口内部和与窗口边界相交的对象都被选中。如图 3-4 所示，上方的大圆和小圆以及横竖两条点画线均被选中。

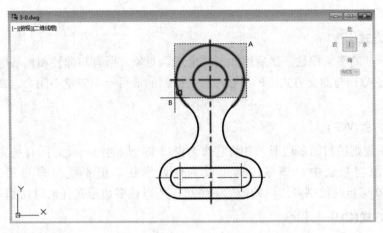

图 3-4　矩形窗口选择对象

2. 指定窗口方式(W)

在"选择对象："提示下，键入"W"并回车，AutoCAD 2020 要求输入矩形窗口的两个对角点：

　　　　　指定第一个角点：　　　　　　　　　　　　　　(确定窗口的第一对角点位置)

　　　　　指定对角点：　　　　　　　　　　　　　　　　(确定窗口的第二对角点位置)

此时，由这两个对角点所确定的矩形窗口之内的所有对象被选中，而与窗口边界相交的对象不被选中。

3. 交叉窗口方式(C)

在"选择对象："提示下，键入"C"并回车，AutoCAD 2020 要求输入矩形窗口的两个对角点：

　　　　　指定第一个角点：　　　　　　　　　　　　　　(确定窗口的第一对角点位置)

　　　　　指定对角点：　　　　　　　　　　　　　　　　(确定窗口的第二对角点位置)

此时，所选对象既包含矩形窗口内的图形，也包含与窗口边界相交的所有图形。

4. 最后方式(L)

在"选择对象："提示下，键入"L"并回车，AutoCAD 2020 自动选取最后绘出的那一个图形对象。

5. 全部方式(ALL)

在"选择对象："提示下，键入"ALL"并回车，AutoCAD 2020 将选取不在已关闭、锁定或已冻结层上的所有图形对象。

6. 框选方式(BOX)

在"选择对象："提示下，键入"BOX"并回车，AutoCAD 2020 要求输入矩形窗口的两个对角点：

　　　　　指定第一个角点：　　　　　　　　　　　　　　(确定窗口的第一对角点位置)

　　　　　指定对角点：　　　　　　　　　　　　　　　　(确定窗口的第二对角点位置)

此时，是把指定窗口方式(W)和交叉窗口方式(C)组合成一个单独的选项。从左到右选取窗口的两个角点，则执行指定窗口方式(W)；从右到左选取窗口的两个角点，则执行交叉窗口方式(C)。

7. 栏选方式(F)

画一个开放的多点栅栏，然后用此栅栏来选取对象。所有与栅栏相接触的对象均会被选中。栏选方式(F)与圈交方式(CP)相似，只是栅栏的最后一个矢量不闭合，并且栅栏可以与自身相交。

8. 圈围方式(WP)

画一个不规则的封闭多边形，并将它作为窗口来选取对象，此时所有被完全包围在多边形中的对象将被选中。该多边形可以为任意形状，但不能与自身相交或相切。AutoCAD2020 可自动绘制多边形的最后一条边，所以该多边形在任何时候都是闭合的。

9. 圈交方式(CP)

画一个不规则的封闭多边形，并将它作为窗口来选取对象，此时所有在多边形内或者与多边形相交的对象将被选中。该多边形可以为任意形状，但不能与自身相交或相切。AutoCAD2020 可自动绘制多边形的最后一条边，所以该多边形在任何时候都是闭合的。

3.2　编辑命令

AutoCAD 2020 具有强大的图形编辑功能，提供了丰富的图形编辑命令；绘图时可以交替使用绘图命令和编辑命令，花较少的绘图时间，获得更为复杂的图形。编辑命令的使用可以在命令行输入相应的命令，也可以单击相应的编辑按钮，编辑命令按钮主要在以下4个位置：

(1) "修改"(Modify)工具栏，如图 3-5 所示。
(2) "修改"下拉菜单，如图 3-6 所示。

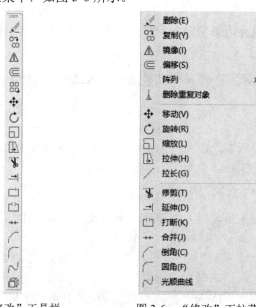

图 3-5　"修改"工具栏　　　　图 3-6　"修改"下拉菜单

(3) 标准(Standard)工具栏中的编辑内容，如图 3-7 所示。

(4) "修改"面板，如图 3-8 所示。

图 3-7 标准工具栏中的编辑内容   图 3-8   "修改"面板

3.2.1 删除命令(ERASE)

在绘制复杂图形的过程中，经常要删除多余的一些图线。删除命令可用来删除指定的图形对象实体。

1. 命令输入

命令输入可以选用以下的 4 种方法：

(1) 面板按钮：单击"修改"面板中的"删除"按钮 。

(2) 工具按钮：单击"修改"工具栏中的"删除"按钮 。

(3) 键盘输入：输入 ERASE 或 E↙。

(4) 下拉菜单："修改"→"删除"。

2. 操作步骤

命令：ERASE↙

选择对象：   (选取需要删除的对象)

选择对象：↙   (结束选择)

此时，所选取的对象即被删除。

下面举例说明删除命令的使用方法。

如图 3-9、图 3-10 所示，选取图形上方的小圆，要将它删除，方法如下：

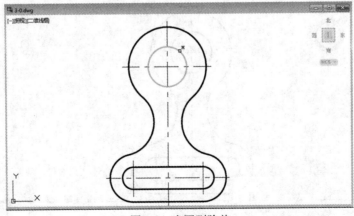

图 3-9 小圆删除前

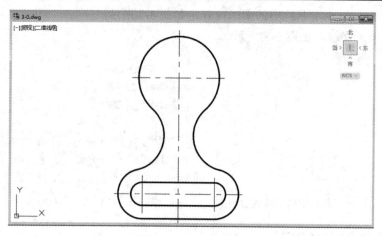

图 3-10   小圆删除后

命令：ERASE✓

选择对象：   (点取小圆)

选择对象：✓   (结束选择)

此时，选取的小圆被删除。

3.2.2　恢复命令(OOPS)

恢复命令的作用是恢复上一次被删除命令(ERASE)删除的对象。

1. 命令输入

键盘输入：输入 OOPS✓。

2. 操作步骤

命令：OOPS✓   (命令结束)

使用恢复命令后，刚才被删除的小圆又显示出来，如图 3-11 所示。需要注意的是，恢复命令只能恢复最后一个被删除命令删除的对象，如果想要后退得更远一些，可以使用 AutoCAD 2020 的"放弃命令"。

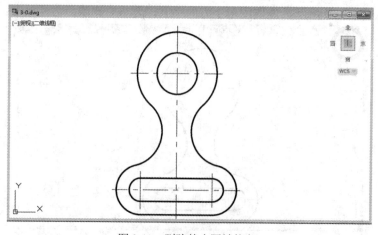

图 3-11   删除的小圆被恢复

3.2.3　复制命令(COPY)

使用复制命令可以在不改变图形大小和方向的前提下，在指定位置重新生成一个或多个与源对象一模一样的图形。

1. 命令输入

命令输入的方法有以下的 4 种：

(1) 面板按钮：单击"修改"面板中的"复制"按钮 。

(2) 工具按钮：单击"修改"工具栏中的"复制"按钮 。

(3) 键盘输入：输入 COPY 或 CO↙。

(4) 下拉菜单："修改"→"复制"。

2. 操作步骤

命令：COPY↙

选择对象：　　　　　　　　　　　　　　　　　(选取要复制的对象)

选择对象：↙　　　　　　　　　　　　　　　　(回车确认，也可以继续选取对象)

指定基点或 [位移(D)/模式(O)]<位移>：

以上提示含有多种选项，分别说明如下：

(1) 指定基点。该选项可由基点向指定点复制。如果在上述提示下直接输入一点的位置，既执行默认项，AutoCAD 2020 提示：

指定第二个点或[阵列(A)] <使用第一个点作为位移>：

在此提示下若再输入一点，则 AutoCAD 2020 将所选取的目标从基点复制到这一点，然后提示：

指定第二个点或 [阵列(A)/退出(E)/放弃(U)] <退出>：

在此提示下若再输入一点，则 AutoCAD 2020 将重复以上步骤，进行多重复制，直到回车或单击鼠标右键结束多重复制。

(2) 位移(D)。该选项可按位移量复制。如果在上述提示下输入相对于当前点的位移量@x，y，z，则 AutoCAD 2020 将选定的目标按指定的位移量复制。

(3) 模式(O)。该选项可输入复制模式选项 [单个(S)/多个(M)]。如果在上述提示下输入"S"并回车，这时 AutoCAD 2020 提示：

指定基点或 [位移(D)/模式(O)/多个(M)]<位移>：

只做单一复制，命令执行完毕后，复制结束。如果在上述提示下输入"M"并回车，则 AutoCAD 2020 提示：

指定基点或 [位移(D)/模式(O)]<位移>：　　　　　(选取基点)

指定第二个点或[阵列(A)] <使用第一个点作为位移>：　(输入另一点)

指定第二个点或 [阵列(A)退出(E)/放弃(U)] <退出>：　(再输另一点)

指定第二个点或 [阵列(A)退出(E)/放弃(U)] <退出>：　(再输另一点)

指定第二个点或 [阵列(A)退出(E)/放弃(U)] <退出>：↙　(结束复制)

这时，将所选的目标从基点向其他各点做多重复制。

(4) 阵列(A)。该选项可快速复制对象以呈现出指定项目数的效果。

下面举例说明复制命令的使用方法。

如图 3-12、图 3-13 所示，根据最上方的一个小圆复制出左、右和下方的三个小圆。操作过程如下：

命令：COPY↙

选择对象：   (选取小圆)

选择对象：↙   (结束选择)

指定基点或 [位移(D)/模式(O)] <位移>：   (点取 A 点)

指定第二个点或[阵列(A)] <使用第一个点作为位移>：   (点取 B 点)

指定第二个点或 [阵列(A)退出(E)/放弃(U)] <退出>：   (点取 C 点)

指定第二个点或 [阵列(A)退出(E)/放弃(U)] <退出>：   (点取 D 点)

指定第二个点或 [阵列(A)退出(E)/放弃(U)] <退出>：↙   (结束复制)

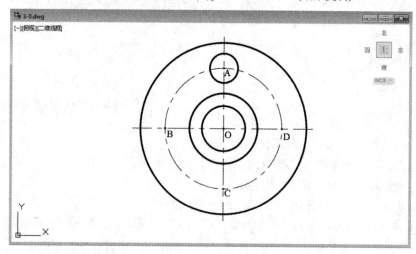

图 3-12   小圆复制前

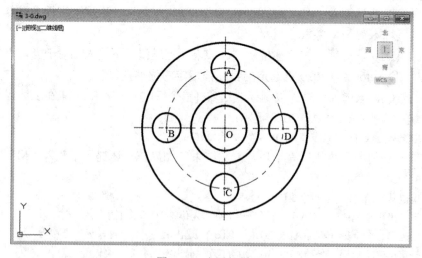

图 3-13   小圆复制后

3.2.4   镜像命令(MIRROR)

镜像命令是将指定的对象按给定的镜像线做镜像图像(大小相同，方向相反)。在工程实际中，经常用来绘制对称的图形，如果绘制了对称图形的一半，就可以利用镜像命令迅速得到另一半图形。

1. 命令输入

命令输入的方法有以下的 4 种：

(1) 面板按钮：单击"修改"面板中的"镜像"按钮 ⚖ 。

(2) 工具按钮：单击"修改"工具栏中的"镜像"按钮 ⚖ 。

(3) 键盘输入：输入 MIRROR 或 MI↙。

(4) 下拉菜单："修改"→"镜像"。

2. 操作步骤

命令：MIRROR↙

选择对象：   (选取要镜像的对象)

选择对象：↙   (回车确认，也可以继续选取对象)

指定镜像线的第一点：   (确定镜像线上的第一点)

指定镜像线的第二点：   (确定镜像线上的第二点)

要删除源对象吗？[是(Y)/否(N)]<N>：

若直接按回车键，将绘出所选对象的镜像，并保留原来的对象。若输入"Y"后再按回车键，则所选对象的镜像出现时，原来的对象将被删除。下面举例说明镜像命令的使用方法。

如图 3-14、图 3-15 所示，对称图形绘制了一半，使用镜像命令完成了全图。操作过程如下：

命令：MIRROR↙

选择对象：   (点取全部图形)

选择对象：↙   (结束选择)

指定镜像线的第一点：   (单击镜像线上的 A 点)

指定镜像线的第二点：   (单击镜像线上的 B 点)

要删除源对象吗？[是(Y)/否(N)]<N>：↙   (保留源对象，命令结束)

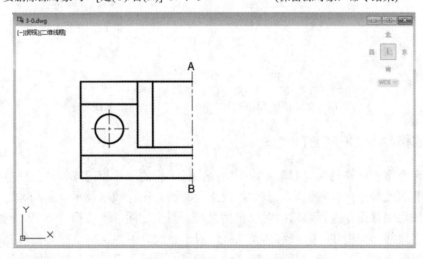

图 3-14　图形对象做镜像前

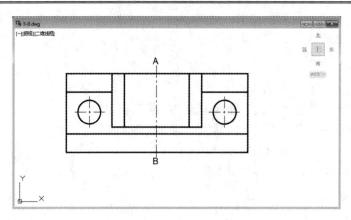

图 3-15　图形对象做镜像后

　　当文字属于镜像的范围时，可以有两种结果：一种是文字完全镜像，显然这不是我们所希望的结果。另一种是文字可读镜像，即文字的外框做镜像，文字在框中的书写格式依然是可读的。这两种状态是由系统变量"MIRRTEXT"来控制的。当系统变量"MIRRTEXT"的值为"1"时，文字做完全镜像。当系统变量"MIRRTEXT"的值为"0"时，文字按可读方式镜像。系统变量"MIRRTEXT"的初始值为"0"，因此要对文字做不可读方式的镜像，必须将该变量设置为"1"。方法如下：

　　　　命令：MIRRTEXT✓

　　　　输入 MIRRTEXT 的新值 <0>：1✓　　　　　　　　　（选择输入"1"，文字完全镜像）

文字的两种镜像结果如图 3-16 所示。

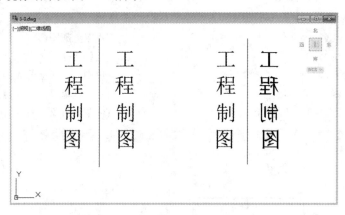

图 3-16　文字镜像 MIRRTEXT=0　文字镜像 MIRRTEXT=1

3.2.5　偏移命令(OFFSET)

　　偏移命令用于创建与选定对象相距一定距离且平行的形状相同或相似的新对象，常用来绘制平行线或等距离分布图形。例如，建立同心圆、平行线以及平行曲线等。

　　可以使用偏移命令进行编辑的对象包括直线、圆弧、圆、多边形、矩形、椭圆、椭圆弧、二维多段线、构造线、射线和样条曲线。对于直线、射线、构造线等偏移复制时，线段的长度保持不变；对于圆、椭圆、椭圆弧等偏移复制时，将同心复制，即偏移前后的实体将同心。

1. 命令输入

命令输入的方法有以下的 4 种:

(1) 面板按钮: 单击"修改"面板中的"偏移"按钮 ⊆ 。

(2) 工具按钮: 单击"修改"工具栏中的"偏移"按钮 ⊆ 。

(3) 键盘输入: 输入 OFFSET 或 O✓。

(4) 下拉菜单: "修改"→"偏移"。

2. 操作步骤

命令: OFFSET✓

当前设置: 删除源=否　图层=源　OFFSETGAPTYPE=0

指定偏移距离或 [通过(T)/删除(E)/图层(L)] <通过>:

以上提示含有四种选项, 分别说明如下:

(1) 指定偏移距离。该选项可给出一个从源对象到新对象之间的等距偏移量。可以直接输入数值或单击两点来定义, 然后将显示:

选择要偏移的对象, 或 [退出(E)/放弃(U)] <退出>:

(选择要等距偏移的源对象)

指定要偏移的那一侧上的点, 或 [退出(E)/多个(M)/放弃(U)] <退出>:

(选择等距偏移对象放在哪一侧)

在源对象的一侧单击一点来确定新对象的放置位置, 则会在源对象的一侧建立等距偏移的新对象。AutoCAD 2020 将重复这两个提示, 以便建立多个等距偏移的对象。

(2) 通过(T)。该选项可通过指定点来建立新的对象。输入"T"后回车, 将显示:

选择要偏移的对象, 或 [退出(E)/放弃(U)] <退出>:　(选择要等距偏移的对象)

指定通过点或 [退出(E)/多个(M)/放弃(U)] <退出>:　(单击通过的某一点)

通过这一点来建立等距偏移的对象, AutoCAD 2020 也将重复这两个提示, 以便建立多个等距偏移的对象。

(3) 删除(E)。新的偏移对象建立后, 删除被偏移的源对象。输入"E"后回车, 将显示:

要在偏移后删除源对象吗? [是(Y)/否(N)] <否>:　(是否删除源对象, 选择"Y")

指定偏移距离或 [通过(T)/删除(E)/图层(L)] <通过>:

以后的做法同(1), 最后源对象被删除

(4) 图层(L)。该选项可确定将偏移对象创建在当前图层上还是源对象所在的图层上。输入"L"后回车, 将显示:

输入偏移对象的图层选项 [当前(C)/源(S)] <当前>:　　　　(输入选项)

指定偏移距离或 [通过(T)/删除(E)/图层(L)] <通过>:　　(以后的做法同①)

下面举例说明偏移命令的使用方法。

如图 3-17 所示, 使用指定距离的方法来做平行线。

命令: OFFSET✓

当前设置: 删除源=否　图层=源　OFFSETGAPTYPE=0

指定偏移距离或 [通过(T)/删除(E)/图层(L)] <通过>: 30✓ (输入偏移距离)

选择要偏移的对象, 或 [退出(E)/放弃(U)] <退出>:　　　(单击源对象正六边形)

指定要偏移的那一侧上的点, 或 [退出(E)/多个(M)/放弃(U)] <退出>: (单击正六边形的内侧)

选择要偏移的对象, 或 [退出(E)/放弃(U)] <退出>: ✓　　　　　(结束)

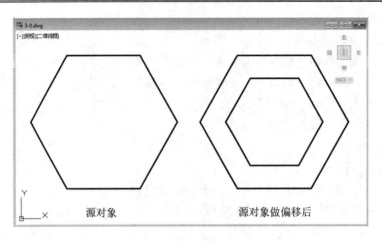

图 3-17   指定距离作偏移

如图 3-18 所示,用指定点的方法来做平行线。操作过程如下:

命令:OFFSET↙

当前设置:删除源=否   图层=源   OFFSETGAPTYPE=0

指定偏移距离或 [通过(T)/删除(E)/图层(L)] <通过>:T↙   (选择通过某一点方式)

选择要偏移的对象,或 [退出(E)/放弃(U)] <退出>:   (单击 A 处的直线)

指定通过点或 [退出(E)/多个(M)/放弃(U)] <退出>:   (单击 B 点)

选择要偏移的对象,或 [退出(E)/放弃(U)] <退出>:↙   (结束)

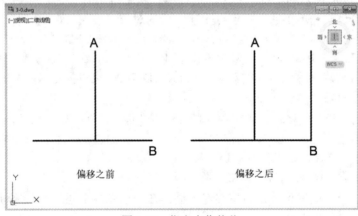

图 3-18   指定点作偏移

3.2.6   阵列命令(ARRAY)

阵列命令可以将某一对象一次复制多个,并使其呈矩形、环形或沿指定路径排列。而且阵列中的新对象与原始对象具有相同的图层、颜色和线型。如果在构造阵列时选择了多个对象,则 AutoCAD2020 在复制和排列过程中将把这些对象视为一个整体进行处理。阵列操作包括矩形阵列、路径阵列和环形阵列三种方式。

1. 矩形阵列

1) 命令输入

命令输入的方法有以下的 4 种:

(1) 面板按钮：单击"修改"面板中的"阵列"多选按钮 ▦ ▾，选择"矩形阵列"按钮 ▦。

(2) 工具按钮：长按"修改"工具栏中的"阵列"按钮 ▦，选择"矩形阵列"按钮 ▦。

(3) 键盘输入：输入 ARRAYRECT↙。

(4) 下拉菜单："修改"→"阵列"→"矩形阵列"。

2) 操作步骤

  命令：ARRAYRECT↙

  选择对象：   (选取要阵列的对象)

  选择对象：↙   (回车确认，也可以继续选取对象)

  类型=矩形　关联=是

  选择夹点以编辑阵列或[关联(AS)/基点(B)/计数(COU)/间距(S)/列数(COL)/行数(R)/层数(L)/退出(X)] <退出>：

以上提示含有多种选项，分别说明如下：

(1) 选择夹点以编辑阵列。该选项可直接用鼠标单击蓝色夹点做矩形阵列。

(2) 关联(AS)。阵列关联性可以快速修改整个阵列中的对象，阵列可以分为关联和非关联。

 ① 关联：单个阵列对象类似于块。编辑阵列对象(例如间距或对象数目)，不影响阵列对象之间的关系，编辑源对象可以更改阵列中的所有对象。阵列默认为关联。

 ② 非关联：阵列中的对象各自独立，更改一个对象不会影响其他对象。在命令行中输入"AS"，程序提示：

  创建关联阵列[是(Y)/否(N)]<是>：N↙   (选择非关联)

(3) 基点(B)：该选项可定义阵列基点和基点夹点的位置。

(4) 计数(COU)：该选项可指定行数和列数，用户在移动光标时可以动态观察结果(一种比"行"和"列"选项更快捷的方法)。

(5) 间距(S)：该选项可指定行间距和列间距，用户在移动光标时可以动态观察结果。

(6) 列数(COL)：该选项可编辑列数和列间距。

(7) 行数(R)：该选项可指定阵列中的行数、它们之间的距离，以及行之间的增量标高。

(8) 层数(L)：该选项可指定三维阵列的层数和层间距。

(9) 退出(X)：该选项。该选项可退出矩形阵列命令。

下面举例说明矩形阵列命令的使用方法。

如图 3-19、图 3-20 所示，将一个零件图形做成 2 行 4 列的 8 个相同零件，其中行间距是 40，列间距是 50。操作过程如下：

  命令：ARRAYRECT↙

  选择对象：   (选取左下角图形)

  选择对象：↙   (结束选择对象)

  类型=矩形　关联=是

  选择夹点以编辑阵列或[关联(AS)/基点(B)/计数(COU)/间距(S)/列数(COL)/行数(R)/层数(L)/退出(X)] <退出>：COU↙   (选择计数选项)

  输入列数数或[表达式(E)] <4>：4↙   (输入列数 4)

  输入行数数或[表达式(E)] <3>：2↙   (输入行数 2)

选择夹点以编辑阵列或[关联(AS)/基点(B)/计数(COU)/间距(S)/列数(COL)/行数(R)/层数(L)/退出(X)] <退出>：S✓　　　　　　　　　　　　　　（选择间距选项）

指定列之间的距离或[单位单元(U)] <52.5468>：50✓　（输入列间距 50）

指定行之间的距离<40.840>：40✓　　　　　　　（输入行间距 40）

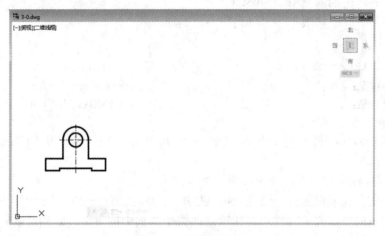

图 3-19　矩形阵列前

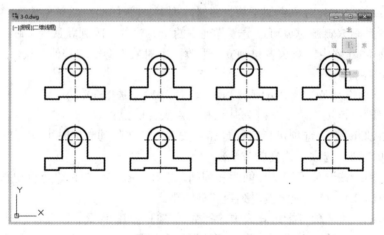

图 3-20　矩形阵列后

2. 路径阵列

1) 命令输入

命令输入的方法有以下的 4 种：

(1) 面板按钮：单击"修改"面板中的"阵列"多选按钮 ▦ ▾，选择"路径阵列"按钮 ◟◦◦。

(2) 工具按钮：长按"修改"工具栏中的"阵列"按钮 ▦，选择"路径阵列"按钮 ◟◦◦。

(3) 键盘输入：输入 ARRAYPATH✓。

(4) 下拉菜单："修改"→"阵列"→"路径阵列"。

2) 操作步骤

命令：ARRAYPATH✓

选择对象：　　　　　　　　　　　　　　　　（选取要阵列的对象）

　　　　选择对象：↙　　　　　　　　　　　　　　　(回车确认，也可以继续选取对象)

　　　　类型=矩形　关联=是

　　　　选择路径曲线：　　　　　　　　　　　　　(单击选取路径曲线)

　　　　选择夹点以编辑阵列或[关联(AS)/方法(M)/基点(B)/切向(T)/项目(I)/行(R)/层(L)对齐项目(A)/z方向(Z)/退出(X)]<退出>：

以上提示含有多种选项，分别说明如下：

(1) 选择夹点以编辑阵列：该选项可直接用鼠标单击蓝色夹点进行路径阵列。

(2) 关联(AS)：阵列关联性可以快速修改整个阵列中的对象，阵列可以分为关联和非关联。

(3) 方法(M)：该选项控制如何沿路径分布项目，包括定数等分(D)和定距等分(M)。

(4) 基点(B)：该选项可定义阵列的基点。路径阵列中的项目相对于基点放置。

(5) 切向(T)：该选项指定阵列中的项目如何相对于路径的起始方向对齐。

(6) 项目(I)：该选项指定项目数或项目之间的距离。

(7) 行(R)：该选项可指定阵列中的行数、它们之间的距离，以及行之间的增量标高。

(8) 层(L)：该选项可指定三维阵列的层数和层间距。

(9) 对齐项目(A)：该选项指定是否对齐每个项目以与路径的方向相切，对齐相对于第一个项目的方向。

(10) z方向(Z)。该选项控制是否保持项目的原始Z方向，或者沿三维路径自然倾斜项目。

下面举例说明路径阵列命令的使用方法。

如图 3-21、图 3-22 所示，将一个圆沿指定的曲线路径做 8 个相同的圆，其中圆之间的间距为 60，一共有 8 个圆沿曲线分布。操作过程如下：

　　　　命令：ARRAYPATH↙

　　　　选择对象：　　　　　　　　　　　　　　　(选取圆)

　　　　选择对象：↙　　　　　　　　　　　　　　　(回车确认，结束选择)

　　　　类型=矩形　关联=是

　　　　选择路径曲线：　　　　　　　　　　　　　(单击选取路径曲线)

　　　　选择夹点以编辑阵列或[关联(AS)/方法(M)/基点(B)/切向(T)/项目(I)/行(R)/层(L)对齐项目(A)/z方向(Z)/退出(X)]<退出>：I↙　　　　(选取项目 I)

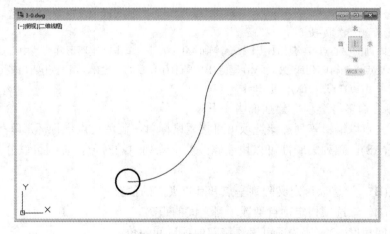

图 3-21　圆和阵列路径

指定沿路径的项目之间的距离或[表达式(E)] <75>：60↙　　　（输入小圆之间的距离 60）

指定项目数或[填写完整路径(F)/表达式(E)] <7>：8↙　　　（输入小圆做路径阵列的数量 8）

选择夹点以编辑阵列或[关联(AS)/方法(M)/基点(B)/切向(T)/项目(I)/行(R)/层(L)对齐项目(A)/z方向(Z)/退出(X)] <退出>：↙　　　　　　　　　（路径阵列结束）

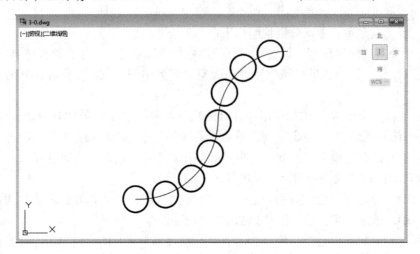

图 3-22　圆的路径阵列结果

3. 环形阵列

1）命令输入

命令输入的方法有以下的 4 种：

面板按钮：单击"修改"面板中的"阵列"多选按钮 ，选择"环形阵列"按钮 。

工具按钮：长按"修改"工具栏中的"阵列"按钮 ，选择"环形阵列"按钮 。

键盘输入：输入 ARRAYPOLAR↙。

下拉菜单："修改"→"阵列"→"环形阵列"。

2）操作步骤

命令：ARRAYPOLAR↙

选择对象：　　　　　　　　　　　　　　　（选取要阵列的对象）

选择对象：↙　　　　　　　　　　　　　　（回车确认，也可以继续选取对象）

类型=矩形　关联=是

指定阵列的中心点或[基点(B)/计数旋转轴(A)]：　　　（单击确定环形阵列的中心点）

选择夹点以编辑阵列或[关联(AS)/基点(B)/项目(I)/项目间角度(A)/填充角度(F)/行(ROW)/层(L)/旋转项目(ROT)/退出(X)] <退出>：

以上提示含有多种选项，分别说明如下：

(1) 选择夹点以编辑阵列：该选项可直接用鼠标单击蓝色夹点进行环形阵列。

(2) 关联(AS)，阵列关联性可以快速修改整个阵列中的对象，阵列可以分为关联和非关联。

(3) 基点(B)。该选项可定义阵列基点和基点夹点的位置。

(4) 项目(I)。该选项指定项目数或项目之间的距离。

(5) 项目间角度(A)。该选项可设置相邻的项目间的角度。

(6) 填充角度(F)。该选项可使对象做环形阵列的总角度。

(7) 行(ROW)。该选项可指定阵列中的行数、它们之间的距离，以及行之间的增量标高。

(8) 层(L)。该选项可指定三维阵列的层数和层间距。

(9) 旋转项目(ROT)。该选项可控制做环形阵列时是否旋转对象。

(10) 退出(X)。该选项可退出环形阵列命令。

下面举例说明环形阵列命令的使用方法。

如图 3-23、图 3-24 所示，将图中上方的小圆及它的外切四边形绕大圆中心做环形阵列，一共做 3 个，需要旋转阵列项目。操作过程如下：

命令：ARRAYPOLAR↙

选择对象：　　　　　　　　　　　　　　　　(选取上方的小圆及外切四边形)

选择对象：↙　　　　　　　　　　　　　　　(回车确认，)

类型=矩形　关联=是

指定阵列的中心点或[基点(B)/计数旋转轴(A)]：　　(单击大圆的圆心)

选择夹点以编辑阵列或[关联(AS)/基点(B)/项目(I)/项目间角度(A)/填充角度(F)/行(ROW)/层(L)/旋转项目(ROT)/退出(X)] <退出>：I↙　　　　　(选择项目选项)

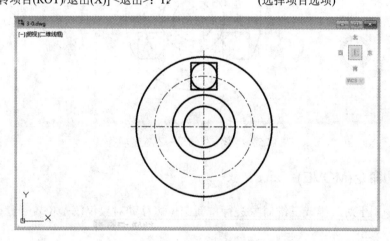

图 3-23　环形阵列前

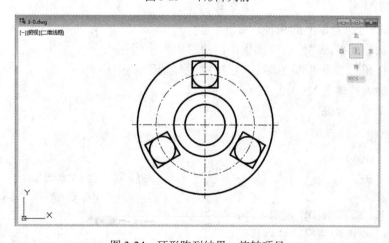

图 3-24　环形阵列结果—旋转项目

输入阵列中的项目数或[表达式(E)] <6>：3✓　　　　　(输入项目数 3)

选择夹点以编辑阵列或[关联(AS)/基点(B)/项目(I)/项目间角度(A)/填充角度(F)/行(ROW)/层(L)/

旋转项目(ROT)/退出(X)] <退出>：✓　　　　　(回车确认完成环形阵列)

环形阵列在默认状态下，都是旋转项目。如果项目不做旋转，可以在下面这个提示下输入 ROT，更改项目的旋转状态。结果如图 3-25 所示。

选择夹点以编辑阵列或[关联(AS)/基点(B)/项目(I)/项目间角度(A)/填充角度(F)/行(ROW)/层(L)/

旋转项目(ROT)/退出(X)] <退出>：ROT✓(更改项目的旋转状态)

是否旋转阵列项目？[是(Y)/否(N)] <是>：N✓　　　　　(改为不旋转项目)

选择夹点以编辑阵列或[关联(AS)/基点(B)/项目(I)/项目间角度(A)/填充角度(F)/行(ROW)/层(L)/

旋转项目(ROT)/退出(X)] <退出>：✓　　　　　(回车确认完成环形阵列)

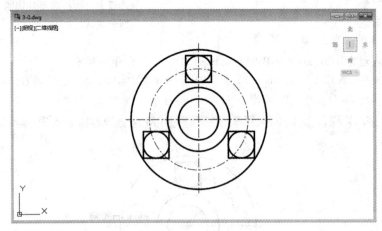

图 3-25　环形阵列结果—不旋转项目

3.2.7　移动命令(MOVE)

移动命令用于对二维或三维对象进行重新定位。移动对象仅仅是位置平移，而不改变对象的方向和大小。

1. 命令输入

命令输入的方法有以下的 4 种：

(1) 面板按钮：单击"修改"面板中的"移动"按钮✛。

(2) 工具按钮：单击"修改"工具栏中的"移动"按钮✛。

(3) 键盘输入：输入 MOVE 或M✓。

(4) 下拉菜单："修改"→"移动"。

2. 操作步骤

命令：MOVE✓

选择对象：　　　　　　　　　　　　　　　(选取要做移动的对象)

选择对象：✓　　　　　　　　　　　　　　(回车确认，也可以继续选取对象)

指定基点或 [位移(D)] <位移>：

上面的提示有两种情况，分别说明如下：

(1) 指定基点。该选项可直接输入一点，则 AutoCAD 2020 继续提示：

　　　　指定第二个点或 <使用第一个点作为位移>：　　　　　　　（确定另一点）

　　结果将所选取的对象从第一点移向第二点。也可以在此输入第二点相对于第一点的相对坐标(@X,Y)，这样就以相对坐标的方式把对象移到了第二点。

　　(2) 位移(D)。该选项可输入位移增量。输入"D"并回车，则 AutoCAD 2020 继续提示：

　　　　指定位移 <-300.0000, 0.0000, 0.0000>：　　　　　（输入相对于基准点的位移量@X,Y）

　　则将所选择的对象从当前位置按指定的位移量移动。

　　下面举例说明移动命令的使用方法。

　　如图 3-26、图 3-27 所示，将正方形和它里面的小圆从 A 点移动到 B 点。操作过程如下：

　　　　命令：MOVE↙

　　　　选择对象：　　　　　　　　　　　　　　（选中 A 点处的"正方形和小圆"）

　　　　选择对象：↙　　　　　　　　　　　　　（选择对象结束）

　　　　指定基点或 [位移(D)] <位移>：　　　　　（单击 A 点）

　　　　指定第二个点或 <使用第一个点作为位移>：　（单击 B 点）

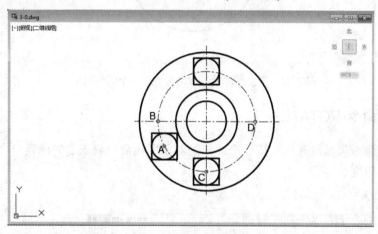

图 3-26　移动命令使用前

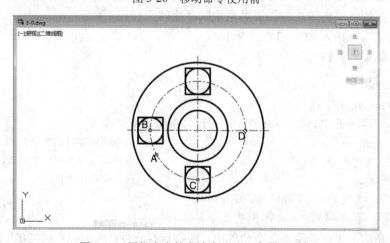

图 3-27　用指定点的方法来移动一个图形对象

　　图 3-28 是用位移增量的方法来移动一个图形对象的例子。一个"正方形和小圆"从"C"点移动到"D"点。操作过程如下：

命令：MOVE↙

选择对象：　　　　　　　　　　　　　　　　　（选中 C 点处的"正方形和小圆"）

选择对象：↙　　　　　　　　　　　　　　　　（选择目标结束）

指定基点或 [位移(D)] <位移>：D↙　　　　　　（输入位移选项"D"）

指定位移 <300.0000, -200.0000, 0.0000>：@150,150↙　　（向右 150，向上 150 移动对象）

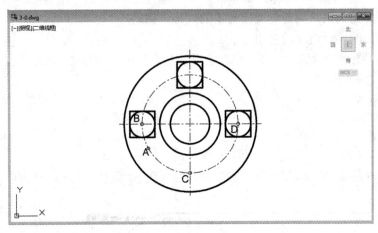

图 3-28　用位移增量的方法来移动一个图形对象

3.2.8　旋转命令(ROTATE)

使用旋转命令可以精确地旋转一个或一组对象。该命令要求首先确定一个基点，然后输入要旋转的角度。

1. 命令输入

命令输入的方法有以下的 4 种：

(1) 面板按钮：单击"修改"面板中的"旋转"按钮 ↻ 。

(2) 工具按钮：单击"修改"工具栏中的"旋转"按钮 ↻ 。

(3) 键盘输入：输入 ROTATE 或 RO↙。

(4) 下拉菜单："修改"→"旋转"。

2. 操作步骤

命令：ROTATE↙

UCS 当前的正角方向：　ANGDIR=逆时针　ANGBASE=0

选择对象：　　　　　　　　　　　　　　　　（选取要做旋转的对象）

选择对象：↙　　　　　　　　　　　　　　　（回车确认，也可以继续选取对象）

指定基点：　　　　　　　　　　　　　　　　（确定旋转中心）

指定旋转角度，或 [复制(C)/参照(R)] <0>：

上面的提示有三种情况，分别说明如下：

(1) 旋转角度。若直接输入一个角度值，即执行默认项，AutoCAD 2020 将所选对象绕指定的中心点转动该角度值；并且，角度值为正时做逆时针旋转，角度值为负时做顺时针旋转。另外，也可以用拖动的方式来确定角度值，在上述提示下拖动鼠标，从中心点到光标位置会引出一条橡皮筋线，该线的方向与水平向右方向之间的夹角即为要转动的角度，同时所选对象会按此角度动态地转动，确定位置后，单击鼠标左键，即可将对象旋转。

(2) 复制(C)，该选项可创建要旋转的选定对象的副本。原来的对象继续保留。键入"C"并回车，AutoCAD 2020 提示：

指定旋转角度，或 [复制(C)/参照(R)] <270>：　　　　　　(输入旋转的角度值)

(3) 参照(R)，该选项表示将所选目标以参考方式旋转。键入"R"并回车，AutoCAD 2020 提示：

指定参照角 <0>：　　　　　　　　　　　　　　　(输入源对象的角度值)

指定新角度或 [点(P)] <0>：　　　　　　　　　　(输入对象旋转后的角度值)

下面分别举例说明旋转命令的 3 种使用方法。

如图 3-29、图 3-30 所示，使用了第一种方法，把图形对象逆时针旋转了 90°。操作过程如下：

命令：ROTATE↙

UCS 当前的正角方向：ANGDIR=逆时针　　ANGBASE=0

选择对象：　　　　　　　　　　　　　　　(选取图形对象)

选择对象：↙　　　　　　　　　　　　　　(回车确认，结束选择)

指定基点：　　　　　　　　　　　　　　　(单击"A"点)

指定旋转角度，或 [复制(C)/参照(R)] <0>：　90↙　(输入逆时针旋转 90 度)

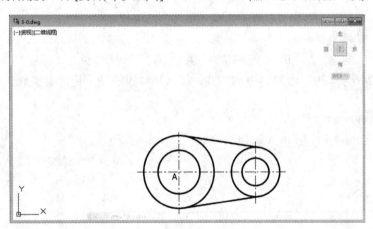

图 3-29　旋转命令前的原图形

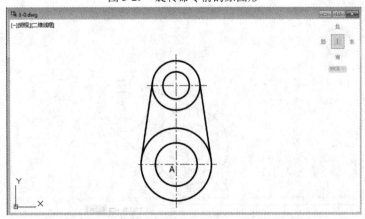

图 3-30　指定旋转角度方式下的旋转命令后

如图 3-31 所示，将图形逆时针旋转 135°，同时保留了原图形。操作过程如下：

命令：ROTATE↙

UCS 当前的正角方向：ANGDIR=逆时针　ANGBASE=0

选择对象：　　　　　　　　　　　　　　　（选取图形对象）

选择对象：↙　　　　　　　　　　　　　　（回车确认，结束选择）

指定基点：　　　　　　　　　　　　　　　（单击"A"点）

指定旋转角度，或 [复制(C)/参照(R)] <270>：C↙　　（输入选项"复制"）

指定旋转角度，或 [复制(C)/参照(R)] <270>：135↙　（输入逆时针旋转 135 度）

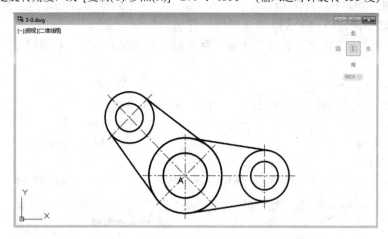

图 3-31　保留源对象方式下的旋转命令后

如图 3-32 所示，采用参照角度的方式，把水平放置的图形逆时针旋转了 30°。操作过程如下：

命令：ROTATE↙

UCS 当前的正角方向：ANGDIR=逆时针　ANGBASE=0

选择对象：　　　　　　　　　　　　　　　（选取图形对象）

选择对象：↙　　　　　　　　　　　　　　（回车确认，结束选择）

指定基点：　　　　　　　　　　　　　　　（单击"A"点）

指定旋转角度，或 [复制(C)/参照(R)] <300>：R↙　　（输入选项"参照"）

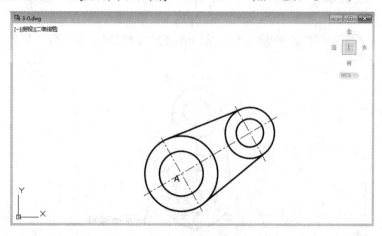

图 3-32　参照方式下的旋转命令后

指定参照角 <0>：0↙   (输入原对象的角度值)
指定新角度或 [点(P)]<0>：30↙   (输入对象旋转后的角度值)

3.2.9 缩放命令(SCALE)

使用缩放命令可以使被选择的对象按指定的比例因子相对于指定的基点放大或缩小，但不改变它的结构比例。

1. 命令输入

命令输入的方法有以下的 4 种：

(1) 面板按钮：单击"修改"面板中的"缩放"按钮 ⊡。

(2) 工具按钮：单击"修改"工具栏中的"缩放"按钮 ⊡。

(3) 键盘输入：输入 SCALE 或 SC↙。

(4) 下拉菜单："修改" → "缩放"。

2. 操作步骤

命令：SCALE↙
选择对象：   (选取要做比例缩放的对象)
选择对象：↙   (回车确认，也可以继续选取对象)
指定基点：   (确定基点)
指定比例因子或 [复制(C)/参照(R)] <1.0000>：

上述提示有三种选择，分别说明如下：

(1) 比例因子。若直接输入一个比例因子，即执行默认项。AutoCAD 2020 将把所选的对象按该比例因子相对于基点进行缩放；如果比例因子大于 1，则放大选定的对象，如果比例因子介于 0 和 1 之间，则缩小选定的对象。

(2) 复制(C)。该选项可创建要缩放的选定对象的副本。保留原来的对象。键入"C"并回车，AutoCAD 2020 提示：

指定比例因子或 [复制(C)/参照(R)] <2.0000>：   (输入一个比例因子)

(3) 参照(R)。该选项可按参照长度和指定的新长度缩放所选对象。键入"R"并回车，AutoCAD 2020 提示如下：

指定参照长度 <1.0000>：   (输入参考长度值)
指定新的长度或 [点(P)] <1.0000>：   (输入新的长度值)

这时，AutoCAD 2020 会根据参考长度值与新长度值自动计算缩放系数，然后进行缩放操作。如果新长度大于参照长度，则所选对象被放大；反之，则缩小。

下面分别举例说明缩放命令的三种使用方法。

如图 3-33 所示，为指定比例因子方式下的缩放命令作图结果，将原图形放大了 1.5 倍。操作过程如下：

命令：SCALE↙
选择对象：   (选取图形对象)
选择对象：↙   (回车确认，结束选择)
指定基点：   (单击"A"点)
指定比例因子或 [复制(C)/参照(R)] <1.0000>：1.5↙ (缩放比例 1.5，命令结束)

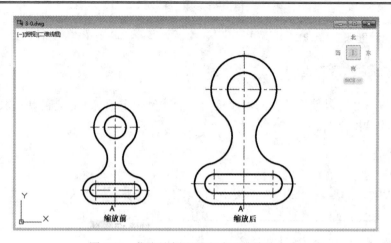

图 3-33   指定比例因子方式下的缩放命令

　　如图 3-34 所示，为保留源对象方式下的缩放命令作图结果，同样放大了 1.5 倍。操作过程如下：

命令：SCALE↙	
选择对象：	(选取图形对象)
选择对象：↙	(回车确认，结束选择)
指定基点：	(单击"A"点)
指定比例因子或 [复制(C)/参照(R)] <1.0000>：C↙	(输入选项"复制")
指定比例因子或 [复制(C)/参照(R)] <2.0000>：1.5↙	(缩放比例 1.5，命令结束)

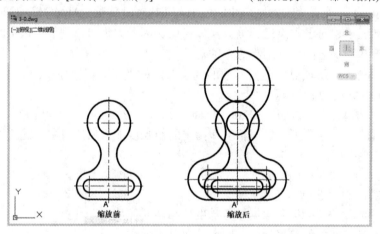

图 3-34   保留源对象方式下的缩放命令

　　如图 3-35 所示，为参照方式下的缩放命令作图结果，图形被缩小了一半。操作过程如下：

命令：SCALE↙	
选择对象：	(选取图形对象)
选择对象：↙	(回车确认，结束选择)
指定基点：	(单击"A"点)
指定比例因子或 [复制(C)/参照(R)] <1.0000>：R↙	(输入选项"参照")
指定参照长度 <2.0000>：2↙	(参照长度为2)
指定新的长度或 [点(P)] <1.0000>：1↙	(新的长度为1，命令结束)

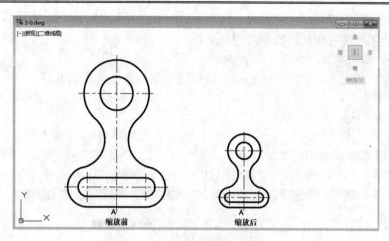

图 3-35　参照方式下的缩放命令

3.2.10　拉伸命令(STRETCH)

使用拉伸命令可以在一个方向上按照指定的尺寸将图形对象拉伸或移动，可以拉长或缩短对象，并改变它的形状。拉伸的结果依赖于所选取的对象的类型及所选取的方式。该命令可以拉伸直线、圆弧、实体、轨迹线、多段线以及三维曲面。对于可拉伸的对象而言，如果使用交叉窗口进行拉伸，则位于交叉窗口内的端点将会被移动，而位于窗口外的端点将保持不动。对于文字、块、椭圆和圆，当它们的主定义点位于窗口内时可移动，否则它们不会被移动，这几类对象均不可被拉伸。

1．命令输入

命令输入的方法有以下的 4 种：

(1) 面板按钮：单击"修改"面板中的"拉伸"按钮 。

(2) 工具按钮：单击"修改"工具栏中的"拉伸"按钮 。

(3) 键盘输入：输入 STRETCH 或 S✓。

(4) 下拉菜单："修改"→"拉伸"。

2．操作步骤

命令：STRETCH✓

以交叉窗口或交叉多边形选择要拉伸的对象...

选择对象：　　　　　　　　　　　　　　　(选取拉伸对象)

选择对象：✓　　　　　　　　　　　　　(回车确认，也可以继续选取对象)

指定基点或 [位移(D)] <位移>：　　　　　(确定拉伸的基点)

指定第二个点或 <使用第一个点作为位移>：

拉伸命令的提示与移动命令的提示相似，这里不再详述。拉伸命令与移动命令的区别是：移动命令可移动所有被选择的对象，而拉伸命令只移动完全在选择窗口内的对象，与选择窗口交叉的目标则发生延长或缩短变形。执行该命令，只能用交叉窗口(C)或圈交(CP)方式选择要拉伸的对象。该命令只对选中的对象进行处理，对窗口之外的对象不作处理。

下面举例说明拉伸命令的使用方法。

如图 3-36、图 3-37 所示，拉伸命令使用后，选中的图形对象从"C"点位置移到了"D"点位置，其他图形没有变化。操作过程如下：

命令：STRETCH↙

以交叉窗口或交叉多边形方式选择要拉伸的对象，操作过程如下：

选择对象：   (先单击"A"点，再单击"B"点从右向

左选取目标)

选择对象：↙   (回车确认，结束选择)

指定基点或 [位移(D)] <位移>：   (单击"C"点，即选取"基点")

指定第二个点或 <使用第一个点作为位移>：   (单击"D"点，命令结束)

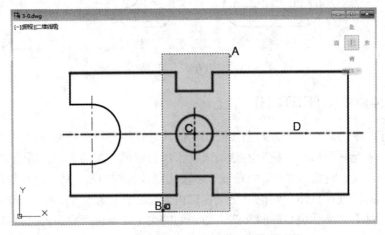

图 3-36   窗口选择拉伸对象和指定基点

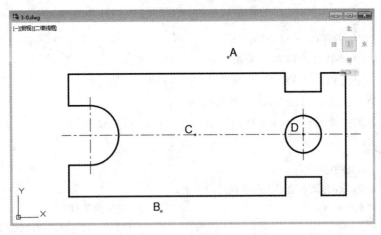

图 3-37   拉伸命令移动局部图形

如图 3-38、图 3-39 所示，使用拉伸命令可以改变选中图形对象的形状。操作过程如下：

命令：STRETCH↙

以交叉窗口或交叉多边形选择要拉伸的对象…

选择对象：   (先单击"A"点，再单击"B"点从右向

左选取目标)

选择对象：↙   (回车确认，结束选择)

指定基点或 [位移(D)] <位移>：   (单击"C"点，即选取"基点")

指定第二个点或 <使用第一个点作为位移>:　　　　　　　(单击"D"点，命令结束)

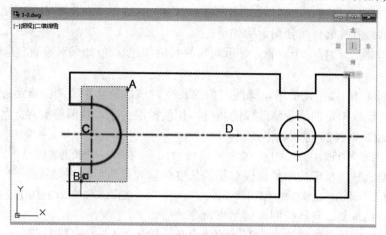

图 3-38　窗口选择拉伸对象和指定基点

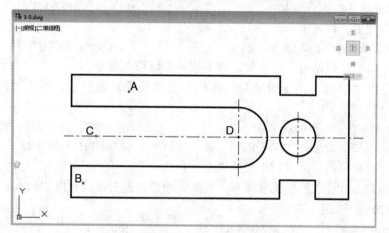

图 3-39　拉伸命令改变局部图形的形状

3.2.11　拉长命令(LENGTHEN)

使用拉长命令可以修改开放的直线、圆弧、多段线、椭圆弧和样条曲线的长度，可用于修改圆弧的包含角和某些对象的长度。使用时可以给定一个合法的数值，该数值可以是总长度或角度的百分比，以及绝对长度。也可以通过动态拖动来确定对象的长度。

1. 命令输入

命令输入的方法有以下的 4 种：

(1) 面板按钮：单击"修改"面板中的"拉长"多选按钮　，选择"修剪"按钮　。

(2) 工具按钮：单击"修改"工具栏中的"拉长"按钮　。

(3) 键盘输入：输入 LENGTHEN 或 LEN↙。

(4) 下拉菜单："修改"→"拉长"。

2. 操作步骤

命令：LENGTHEN↙

　　选择对象或 [增量(DE)/百分数(P)/全部(T)/动态(DY)]:　　　(选取要做拉长的对象)
　　选择对象或 [增量(DE)/百分数(P)/全部(T)/动态(DY)]:　　　(回车确认, 也可以继续选取目标)

上述提示有五种选择, 分别说明如下:

(1) 选择对象。选择一个对象, 显示对象的长度和包含角(如果对象有包含角), 或按回车键结束命令。

(2) 增量(DE)。以指定的增量修改对象的长度, 该增量从距离选择点最近的端点处开始测量。差值还以指定的增量修改弧的角度, 正值扩展对象, 负值修剪对象。键入"DE"并回车, AutoCAD 2020 提示如下:

　　输入长度差值或 [角度(A)] <当前>:　　　　　(输入一个长度差值)

其中, 长度差值是以指定的增量修改对象的长度。输入差值后, 将显示:

　　选择要修改的对象或 [放弃(U)]:　　　　　(选取要做拉长的对象)

提示将一直重复, 直到按回车键结束命令。

角度是以指定的角度修改选定圆弧的包含角。输入"A"后, 将显示:

　　输入角度差值 <当前角度>:　　　　　(输入一个角度差值)

输入角度值后, 将显示:

　　选择要修改的对象或 [放弃(U)]:　　　　　(选取要做拉长的对象)

选择一个对象, 提示将一直重复, 直到按回车键结束命令。

(3) 百分数(P)。通过指定对象总长度的百分数设置对象长度。输入"P"并回车, AutoCAD 2020 提示如下:

　　输入长度百分数 <100.0000>:　　　　　(输入非零正值或按回车键)
　　选择要修改的对象或 [放弃(U)]:　　　　　(选取要做拉长的对象)

提示将一直重复, 直到按回车键结束命令。

(4) 全部(T)。以输入的新长度或新角度来修改原来的长度或角度。输入"T"并回车, AutoCAD 2020 提示如下:

　　指定总长度或 [角度(A)] <1.0000>:　　　　　(指定长度)

总长度是将对象从离选择点最近的端点拉长到指定值。输入长度后, 提示:

　　选择要修改的对象或 [放弃(U)]:　　　　　(选择对象)

提示将一直重复, 直到按回车键结束命令。

另外, 角度是设置选定圆弧的包含角。输入"A"并回车, 提示:

　　指定总角度 <当前>:　　　　　(指定角度或按回车键)

提示将一直重复, 直到按回车键结束命令。

(5) 动态(DY)。该选项可打开动态拖动模式。通过拖动选定对象的一个端点来改变其长度。其他端点保持不变。输入"DY"并回车, AutoCAD 2020 提示如下:

　　选择要修改的对象或 [放弃(U)]:　　　　　(选择一个对象)

提示将一直重复, 直到按回车键结束命令。

下面举例说明拉长命令的使用方法。

如图 3-40 所示, 使用拉长命令把上面的直线向右拉长 100。操作过程如下:

　　命令: LENGTHEN↙
　　选择对象或 [增量(DE)/百分数(P)/全部(T)/动态(DY)]: DE↙　　(选择增量选项"DE")
　　输入长度增量或 [角度(A)] <200.0000>: 100↙　　(输入一个长度差值 100)

选择要修改的对象或 [放弃(U)]:　　　　　　　　　　　　(单击上面直线的"A"处)

选择要修改的对象或 [放弃(U)]:✓　　　　　　　　　　(结束命令，向右拉长 100)

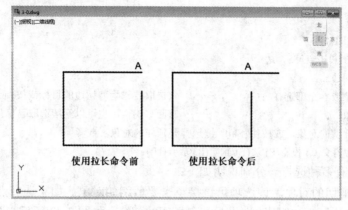

图 3-40　使用拉长命令拉长直线

如图 3-41 所示，使用拉长命令把上面的圆弧拉长 90°。操作过程如下：

命令：LENGTHEN✓

选择对象或 [增量(DE)/百分数(P)/全部(T)/动态(DY)]：DE✓　　(选择增量选项"DE")

输入长度增量或 [角度(A)] <200.0000>：A✓　　　　　　(选取角度选项"A")

输入角度增量 <90>：90✓　　　　　　　　　　　　　　(输入一个角度差值 90 度)

选择要修改的对象或 [放弃(U)]:　　　　　　　　　　　　(单击圆弧上的"A"处)

选择要修改的对象或 [放弃(U)]: ✓　　　　　　　　　　(结束命令，圆弧被拉长 90 度)

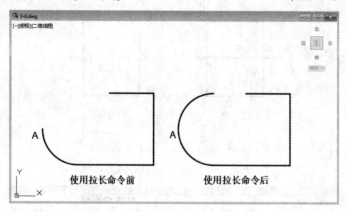

图 3-41　使用拉长命令拉长圆弧

3.2.12　修剪命令(TRIM)

使用修剪命令可以选择剪切边，把剪切边作为参考对象，然后根据它来修剪其他对象。剪切边可以是直线、圆弧、圆、多段线、椭圆、样条曲线、参照线、射线和文字等。

1. 命令输入

命令输入的方法有以下的 4 种：

(1) 面板按钮：单击"修改"面板中的"修剪"多选按钮 ✂▾，选择"修剪"按钮 ✂。

(2) 工具按钮：单击"修改"工具栏中的"修剪"按钮 ✂。

(3) 键盘输入：输入 TRIM 或 TR↙。

(4) 下拉菜单："修改"→"修剪"。

2. 操作步骤

命令：TRIM↙

当前设置:投影=UCS，边=无

选择剪切边...

选择对象或 <全部选择>：　　　　　　　　　(选取要作为剪切边的目标或按"回车"键全部选择)

选择对象：↙　　　　　　　　　　　　　　(回车确认，也可以继续选取目标作为剪切边)

选择要修剪的对象，或按住 Shift 键选择要延伸的对象，或者

[栏选(F)/窗交(C)/投影(P)/边(E)/删除(R)/放弃(U)]：

上述提示含有多种选择，分别说明如下：

(1) 选择要剪切的对象。该选项可直接单击要剪切的对象。如果选择点位于对象的端点与剪切边的交点之间，则删除端点与交点之间的部分；如图 3-42 所示，图中只有"AB"是剪切边，"E"点是剪切点，水平线是修剪对象。如果选择点位于对象与切割边的两个交点之间，则两个交点之间的部分被删除，而两个交点之外的部分仍保留；如图 3-43 所示，图中"AB""CD"都是剪切边，"E"点是剪切点，水平线是修剪对象。上面的提示将反复出现，直到按回车键确认结束。

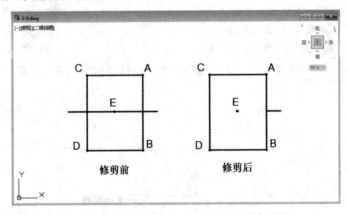

图 3-42　删除端点和交点之间的直线

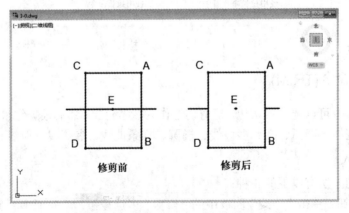

图 3-43　删除两交点之间的直线

(2) 按住 Shift 键选择要延伸的对象。如果在选择对象的同时按住 Shift 键，可将对象延伸到最近的边界，而不修剪它。对象延伸的方向和选择点的位置有关，一般来说，对象从靠近选择点的一端开始延伸。

(3) 栏选(F)。该选项可选择与选择栏相交的所有对象。选择栏是一系列临时线段，它们是由两个或多个栏选点指定的。选择栏不构成闭合环。输入"F"并回车，AutoCAD 2020 提示如下：

指定第一个栏选点：	(指定选择栏的起点)
指定下一个栏选点或 [放弃(U)]：	(指定选择栏的下一个点)
指定下一个栏选点或 [放弃(U)]：	(指定选择栏的下一个点或按回车键)

(4) 窗交(C)。该选项可选择矩形区域(由两点确定)内部或与之相交的对象。输入"C"并回车，AutoCAD 2020 提示如下：

指定第一个角点：	(指定第一个对角点)
指定对角点：	(指定第二个对角点)

(5) 投影(P)。该选项可指定修剪对象时使用的投影方法。输入"P"并回车，AutoCAD 2020 提示：

　　　　输入投影选项 [无(N)/UCS(U)/视图(V)] <当前>：

① 无(N)：指定无投影。该命令只修剪与三维空间中的剪切边相交的对象；

② UCS(U)：指定在当前用户坐标系 XY 平面上的投影。该命令将修剪不与三维空间中的剪切边相交的对象；

③ 视图(V)：指定沿当前视图方向的投影。该命令将修剪与当前视图中的边界相交的对象。

(6) 边(E)。该选项确定的是对象在另一对象的延长边处进行修剪，还是仅在三维空间中与该对象相交的对象处进行修剪。输入"E"并回车，AutoCAD 2020 提示：

　　　　输入隐含边延伸模式[延伸(E)/不延伸(N)]<当前>：

① 延伸：沿自身自然路径延伸剪切边使它与三维空间中的对象相交。

② 不延伸：指定对象只在三维空间中与其相交的剪切边处修剪。

(7) 删除(R)。该选项可删除选定的对象。此选项提供了一种用来删除不需要的对象的简便方法，而无须退出"修剪(TRIM)" 命令。输入"R"并回车，AutoCAD 2020 提示：

选择要删除的对象或 <退出>：	(使用对象选择方法并按回车键返回到上一个提示)

(8) 放弃(U)。该选项可撤销上一次操作。

下面举例说明修剪命令的使用方法。

如图 3-44、图 3-45 所示，5 个直径相同的圆交于一点，使用修剪命令把外围的 5 段圆弧修剪掉。操作过程如下：

　　　　命令：TRIM↙
　　　　当前设置:投影=UCS，边=无
　　　　选择剪切边...

选择对象或 <全部选择>：	(直接按"回车"键，全部选择)

　　　　选择要修剪的对象，或按住 Shift 键选择要延伸的对象，或者

[栏选(F)/窗交(C)/投影(P)/边(E)/删除(R)/]：	(单击"A""B""C""D""E"五处的圆弧)

选择要修剪的对象，或按住 Shift 键选择要延伸的对象，或

[栏选(F)/窗交(C)/投影(P)/边(E)/删除(R)/放弃(U)]：↙（命令结束）

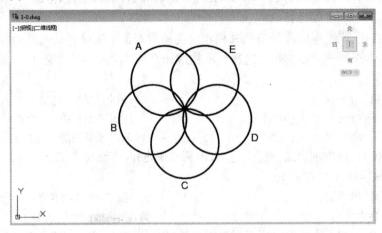

图 3-44　图形对象修剪前

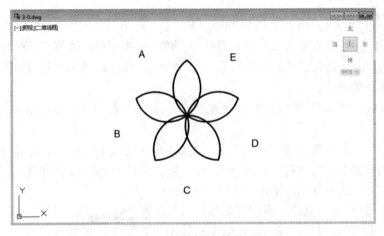

图 3-45　图形对象修剪后

3.2.13　延伸命令(EXTEND)

使用延伸命令可以将对象精确地延伸到由其他对象定义的边界。延伸边界对象包括多段线、圆、椭圆、直线、射线、区域、样条曲线、文本和构造线。所选取的对象既可以被看作边界边，又可以被看作是有待延伸的对象，待延伸的对象上的拾取点确定了所应延伸的一端。

1. 命令输入

命令输入的方法有以下的 4 种：

(1) 面板按钮：单击"修改"面板中的"修剪"多选按钮 ✂ ▾，选择"延伸"按钮 ⇥|。

(2) 工具按钮：单击"修改"工具栏中的"延伸"按钮 ⇥|。

(3) 键盘输入：输入 EXTEND 或 EX↙。

(4) 下拉菜单："修改"→"延伸"。

2. 操作步骤

命令：EXTEND↙

当前设置:投影=UCS，边=无

选择边界的边...

选择对象或 <全部选择>：　　　　　　　　　　(选取作为边界的对象或按"回车"全部选择)

选择对象：↙　　　　　　　　　　　　　　　(回车确认，也可以继续选取目标作为边界线)

选择要延伸的对象，或按住 Shift 键选择要修剪的对象，或

[栏选(F)/窗交(C)/投影(P)/边(E)/放弃(U)]：

上述提示含有多种选择,分别说明如下：

(1) 选择要延伸的对象。该选项可直接单击要延伸的对象。AutoCAD 2020 会把该对象延长到指定的边界线。上面的提示将反复出现，直到按回车键确认结束。

(2) 按住 Shift 键选择要修剪的对象。将选定对象修剪到最近的边界而不是将其延伸。这是在修剪和延伸之间切换的简便方法。

(3) 栏选(F)。该选项可选择与选择栏相交的所有对象。选择栏是一系列临时线段，它们是由两个或多个栏选点指定的。 选择栏不构成闭合环。输入"F"并回车，AutoCAD 2020 提示如下：

指定第一个栏选点：　　　　　　　　　　　(指定选择栏的起点)

指定下一个栏选点或 [放弃(U)]：　　　　　(指定选择栏的下一个点)

指定下一个栏选点或 [放弃(U)]：　　　　　(指定选择栏的下一个点或按回车键)

(4) 窗交(C)。该选项可选择矩形区域(由两点确定)内部或与之相交的对象。输入"C"并回车，AutoCAD 2020 提示如下：

指定第一个角点：　　　　　　　　　　　　(指定第一个对角点)

指定对角点：　　　　　　　　　　　　　　(指定第二个对角点)

(5) 投影(P)。该选项可指定延伸对象时使用的投影方法。输入"P"并回车，AutoCAD 2020 提示：

输入投影选项 [无(N)/UCS(U)/视图(V)] <当前>：

① 无(N)：指定无投影。只延伸与三维空间中的边界相交的对象。

② UCS(U)：指定到当前用户坐标系 (UCS) XY 平面的投影。延伸未与三维空间中的边界对象相交的对象；

③ 视图(V)：指定沿当前视图方向的投影。

(6) 边(E)。该选项可将对象延伸到另一个对象的隐含边，或仅延伸到三维空间中与其实际相交的对象。输入"E"并回车，AutoCAD 2020 提示：

输入隐含边延伸模式[延伸(E)/不延伸(N)]<当前>：

① 延伸(E)：沿其自然路径延伸边界对象以和三维空间中另一对象或其隐含边相交。

② 不延伸(N)：指定对象只延伸到在三维空间中与其实际相交的边界对象。

(7) 放弃(U)。该选项可撤销上一次操作。

下面举例说明延伸命令的使用方法。

如图 3-46、图 3-47 所示，圆内的 4 条直线都被延伸到了外面的圆上。操作过程如下：

命令：EXTEND↙

当前设置：投影=UCS，边=无

选择边界的边...

选择对象或 <全部选择>：✓　　　　　　　　　　　　(按"回车"键全部选择)

选择要延伸的对象，或按住 Shift 键选择要修剪的对象，或

[栏选(F)/窗交(C)/投影(P)/边(E)/放弃(U)]：　　　　　(点取 4 条直线的 8 个端点附近)

选择要延伸的对象，或按住 Shift 键选择要修剪的对象，或

[栏选(F)/窗交(C)/投影(P)/边(E)/放弃(U)]：✓　　　　(按"回车"键结束)

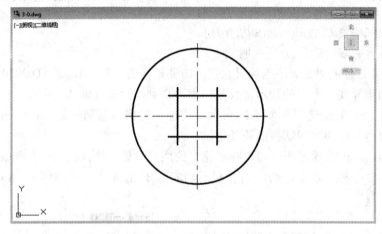

图 3-46　延伸命令使用前

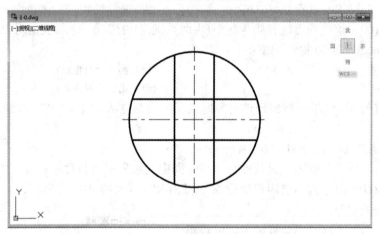

图 3-47　延伸命令使用后

3.2.14　打断于点命令

使用打断于点命令可以将一个对象打断为两个对象，这两个对象之间没有间隙。它是后面"打断命令"的特例，它只指定一个打断点，在该点处将对象一分为二。

1. 命令输入

(1) 面板按钮：单击"修改"面板中的"打断于点"按钮□。

(2) 工具按钮：单击"修改"工具栏中的"打断于点"按钮□。

2. 操作步骤

单击"修改"工具栏中的"打断于点"按钮后，显示：

命令：_break 选择对象： (选择对象)
指定第二个打断点 或 [第一点(F)]：_f
指定第一个打断点： (确定打断位置)
指定第二个打断点：@ (结束)

如图 3-48 所示，一条直线在"A"点处被打断，直线被分成了左右两段。单击"修改"工具栏中的"打断于点"按钮后，显示：

命令：_break 选择对象： (选择直线)
指定第二个打断点 或 [第一点(F)]：_f
指定第一个打断点： (确定打断位置"A"点)
指定第二个打断点：@ (结束)

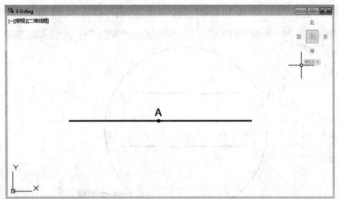

图 3-48　一条直线被打断于"A"点

3.2.15　打断命令(BREAK)

使用打断命令可以删除对象上两个指定点之间的部分。

1. 命令输入

命令输入的方法有以下的 4 种：

(1) 面板按钮：单击"修改"面板中的"打断"按钮。
(2) 工具按钮：单击"修改"工具栏中的"打断"按钮。
(3) 键盘输入：输入 BREAK 或 BR✓。
(4) 下拉菜单："修改"→"打断"。

2. 操作步骤

命令：BREAK✓
选择对象： (选取线段上一点)
指定第二个打断点或[第一点(F)]： (选取第二个打断点)

上述提示含有多种选择，分别说明如下：

(1) 若直接点取线段上的另一点，则将目标上所点取的两个点之间的线段删除，对于圆，该命令从第一点到第二点按逆时针方向开始删除，从而使圆变成圆弧。

(2) 若键入"@"，则将目标在选取点处一分为二，相当于前面的"打断于点"。

(3) 若在线段端点以外处点取一点，则把两个点之间的线段全部删除。

(4) 若键入"F"并回车，则显示：

        指定第一个打断点：

此时，再重新开始点取第一点，而原先输入的第一点仅做选取目标用，然后又显示：

        指定第二个打断点：

再输入第二点即可。

以上各种情况，举例如图 3-49、图 3-50 所示，将直线或圆上面的"A"点和"B"之间打断。操作过程如下：

        命令：BREAK↙

        选择对象：   （选取线段上的"A"点）

        指定第二个打断点或[第一点(F)]：   （选取线段上的"B"点）

上面的步骤再重复两次，"A"点和"B"点之间的直线或圆弧都被打断。

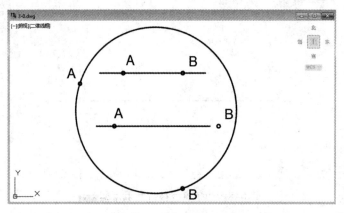

图 3-49　使用打断命令之前

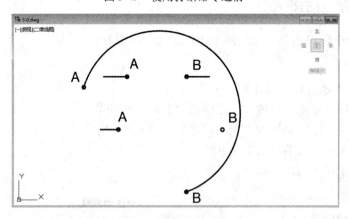

图 3-50　使用打断命令之后

下面是重新选择第一个打断点的例子，直线在"B"点和"C"点之间被打断，如图 3-51 所示。操作过程如下：

        命令：BREAK↙

        选择对象：   （点取线段上的"A"点）

指定第二个打断点或[第一点(F)]：F↙
指定第一个打断点：　　　　　　　　　　　　　(点取线段上"B"点)
指定第二个打断点：　　　　　　　　　　　　　(点取"C"点，命令结束)

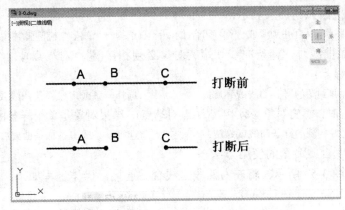

图 3-51　打断命令的重新选择第一个打断点

3.2.16　合并命令(JOIN)

使用合并命令可以将相似的对象合并为一个对象，也可以使用圆弧和椭圆弧创建完整的圆和椭圆。可以合并的对象包括圆弧、椭圆弧、直线、多段线、样条曲线。要将相似的对象与之合并的对象称为源对象。要合并的对象必须位于相同的平面上。

1. 命令输入

命令输入的方法有以下的 4 种：

(1) 面板按钮：单击"修改"面板中的"合并"按钮 ➡。

(2) 工具按钮：单击"修改"工具栏中的"合并"按钮 ➡。

(3) 键盘输入：输入 JOIN 或 J↙。

(4) 下拉菜单："修改"→"合并"。

2. 操作步骤

命令：JOIN↙
选择源对象：　　　　　　　　　　　(选择一条直线、多段线、圆弧、椭圆弧、样条曲线或螺旋)
根据选定的源对象，显示以下提示之一：

(1) 选择直线时，直线对象必须共线(位于同一无限长的直线上)，但是它们之间可以有间隙。然后显示：
选择要合并到源的直线：　　　　　　　　　　　(选择一条或多条直线并按回车键)

(2) 选择多段线时，对象可以是直线、多段线或圆弧。对象之间不能有间隙，并且必须位于与 UCS 的 XY 平面平行的同一平面上。然后显示：
选择要合并到源的对象：　　　　　　　　　　　(选择一个或多个对象并按回车键)

(3) 选择圆弧时，圆弧对象必须位于同一假想的圆上，它们之间可以有间隙。"闭合"选项可将源圆弧转换成圆。注意，合并两条或多条圆弧时，将从源对象开始按逆时针方向合并圆弧。然后显示：

选择圆弧，以合并到源的或进行 [闭合(L)]:　　　　(选择一个或多个圆弧并按回车键，或输入 L)

(4) 选择椭圆弧时，椭圆弧必须位于同一椭圆上，它们之间可以有间隙。"闭合"选项可将源椭圆弧闭合成完整的椭圆。注意，合并两条或多条椭圆弧时，将从源对象开始按逆时针方向合并椭圆弧。然后显示：

选择椭圆弧，以合并到源或进行 [闭合(L)]:　　　　(选择一个或多个椭圆弧并按回车键，或输入 L)

(5) 选择样条曲线时，样条曲线和螺旋对象必须相接(端点对端点)。 结果对象是单个样条曲线。然后显示：

选择要合并到源的样条曲线或螺旋：　　　　(选择一条或多条样条曲线或螺旋并按回车键)

(6) 选择螺旋时，螺旋对象必须相接(端点对端点)，结果对象是单个样条曲线。然后显示：

选择要合并到源的样条曲线或螺旋：　　　　(选择一条或多条样条曲线或螺旋并按回车键)

下面举例说明合并命令的使用方法。

如图 3-52、图 3-53 所示，将左右两段直线合并连接。操作过程如下：

命令：JOIN✓

选择源对象：　　　　　　　　　　　　　　(选择左边的直线)

选择要合并到源的直线：　　　　　　　　　　(选择右边的直线)

选择要合并到源的直线：✓　　　　　　　　　(命令结束)

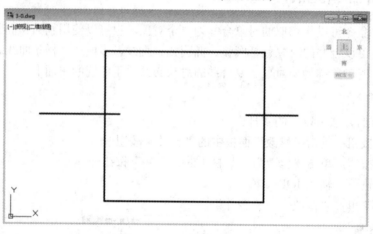

图 3-52　合并命令使用前

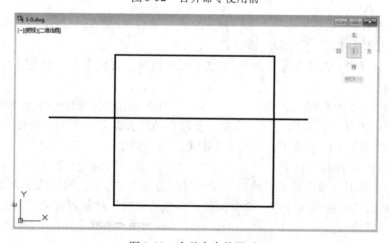

图 3-53　合并命令使用后

3.2.17　倒角命令(CHAMFER)

倒角命令用于对两条相互不平行的对象做倒角处理。可进行倒角的对象包括直线、多段线和射线等。倒角可由每条线段的距离或一条线段的距离和角度来确定。

1. 命令输入

命令输入的方法有以下的 4 种：

(1) 面板按钮：单击"修改"面板中的"圆角"多选按钮 ，选择"倒角"按钮 。

(2) 工具按钮：单击"修改"工具栏中的"倒角"按钮 。

(3) 键盘输入：输入 CHAMFER 或 CHA✓。

(4) 下拉菜单："修改"→"倒角"。

2. 操作步骤

命令：CHAMFER✓

("修剪"模式) 当前倒角距离 1 = 0.0000，距离 2 = 0.0000

选择第一条直线或 [放弃(U)/多段线(P)/距离(D)/角度(A)/修剪(T)/方式(E)/多个(M)]：

以上各选项的含义分别解释如下：

(1) 选择第一条直线。该选项可直接点取第一条直线，则提示：

选择第二条直线，或按住 Shift 键选择要应用角点的直线：(使用对象选择方法，或按住 SHIFT 键并选择对象，以创建一个锐角)

在此提示下，选取另外一条线，AutoCAD 2020 就会对这两条线进行倒角，其中，第一条线的倒角距离为第一倒角距离，第二条线的倒角距离为第二倒角距离。倒角距离由下面的选项(4)来确定。选择对象时可以按住 Shite 键，用 0 值替代当前的倒角距离。

(2) 放弃(U)。该选项可恢复在命令中执行的上一个操作。

(3) 多段线(P)。该选项可按照当前倒角的大小对整条多段线倒角。输入"P"并回车，则显示：

选择二维多段线：

选取多段线后，就会在多段线的各个顶点处倒角。

(4) 距离(D)。该选项可用来确定倒角时的倒角距离。输入"D"并回车，则提示：

指定第一个倒角距离<10.0000>：　　　　　　　(输入第一条边的倒角距离值)

指定第二个倒角距离<同第一倒角距离>：　　　　(输入第二条边的倒角距离值)

选择第一条直线或 [放弃(U)/多段线(P)/距离(D)/角度(A)/修剪(T)/方式(E)/多个(M)]：

　　　　　　　　　　　　　　　　　　　　(单击第一条边)

选择第二条直线，或按住 Shift 键选择要应用角点的直线：(单击第二条边)

(5) 角度(A)。该选项可根据第一条边的倒角距离和一个角度值进行倒角。输入"A"并回车，则提示：

指定第一条直线的倒角长度<20.0000>：　　　　(输入第一条边的倒角距离)

指定第一条直线的倒角角度<0>：　　　　　　　(输入一个角度值)

选择第一条直线或[放弃(U)/多段线(P)/距离(D)/角度(A)/修剪(T)/方式(E)/多个(M)]：

选择第二条直线，或按住 Shift 键选择要应用角点的直线：

(6) 修剪(T)。该选项可确定倒角时是否对相应的倒角边进行修剪。输入"T"并回车，则提示：

    输入修剪模式选项[修剪(T)/不修剪(N)]<修剪>：

    选择第一条直线或 [放弃(U)/多段线(P)/距离(D)/角度(A)/修剪(T)/方式(E)/多个(M)]：

    选择第二条直线，或按住 Shift 键选择要应用角点的直线：

① 选择"修剪"，表示倒角后对倒角边进行修剪；

② 选择"不修剪"，表示倒角后对倒角边不进行修剪。默认项为"修剪"。

(7) 方式(E)。该选项可确定按什么方式进行倒角。输入"E"并回车，则提示：

    输入修剪方法[距离(D)/角度(A)]<角度>：

    选择第一条直线或 [放弃(U)/多段线(P)/距离(D)/角度(A)/修剪(T)/方式(E)/多个(M)]：

    选择第二条直线，或按住 Shift 键选择要应用角点的直线：

② 距离：输入"D"并回车，按已确定的两条边的倒角距离进行倒角；

② 角度：输入"A"并回车，按已确定的一条边的倒角距离和一个角度值进行倒角

(8) 多个(M)。该选项可对多个对象进行倒角。输入"M"并回车，则提示：

    选择第一条直线或 [放弃(U)/多段线(P)/距离(D)/角度(A)/修剪(T)/方式(E)/多个(M)]：

    选择第二条直线，或按住 Shift 键选择要应用角点的直线：

以上的提示反复出现，直到按回车键结束。

  在操作倒角的过程中，需要先设置倒角距离。如果倒角的距离太大，则不倒角；如果倒角的距离为零，也不产生倒角，或者是将不相交的对象延长相交。

  下面举例说明倒角命令的使用方法。

  如图 3-54、图 3-55 所示，在第一条直线和第二条直线之间作倒角。倒角距离为 20。操作过程如下：

    命令：CHAMFER↙

    （"修剪"模式)当前倒角距离 1=10.0000，距离 2=10.0000

    选择第一条直线或[放弃(U)/多段线(P)/距离(D)/角度(A)/修剪(T)/方式(E)/多个(M)]：D↙

                       （设置倒角距)

    指定第一个倒角距离：<10.0000>：20↙   （输入第一条边的倒角距离值20)

    指定第二个倒角距离：<60.0000>：20↙   （输入第二条边的倒角距离值20)

    选择第一条直线或 [放弃(U)/多段线(P)/距离(D)/角度(A)/修剪(T)/方式(E)/多个(M)]：

                       （选取第一条直线)

    选择第二条直线，或按住 Shift 键选择要应用角点的直线：(选取第二条直线，命令结束)

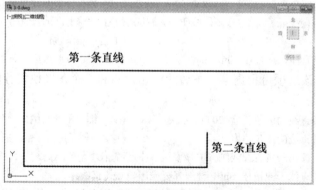

图 3-54 倒角命令使用前

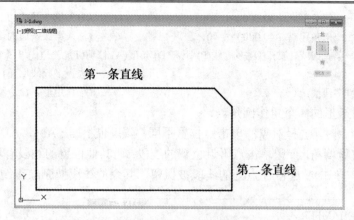

图 3-55　倒角命令使用后

如图 3-56、图 3-57 所示，对矩形的 4 个边角作倒角，倒角距离为 40。操作过程如下：

命令：CHAMFER↙

（"修剪"模式）当前倒角距离　1 = 60.0000，距离 2 = 60.0000

选择第一条直线或 [放弃(U)/多段线(P)/距离(D)/角度(A)/修剪(T)/方式(E)/多个(M)]：D↙

(设置倒角距)

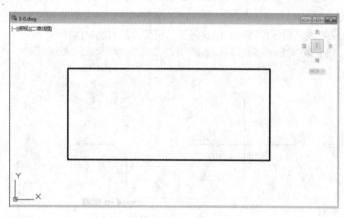

图 3-56　矩形作倒角前

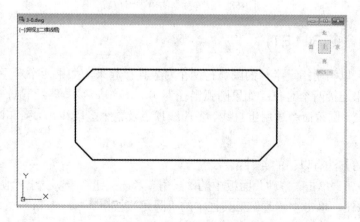

图 3-57　矩形作倒角后

指定第一个倒角距离 <60.0000>：40↙　　　　　　　（输入第一条边的倒角距离值 40）
指定第二个倒角距离 <40.0000>：40↙　　　　　　　（输入第二条边的倒角距离值 40）
选择第一条直线或 [放弃(U)/多段线(P)/距离(D)/角度(A)/修剪(T)/方式(E)/多个(M)]：P↙
　　　　　　　　　　　　　　　　　　　　　　（选择多段线倒角）
选择二维多段线：　　　　　　　　　　　　　　　（选择矩形，命令结束）

即可同时对矩形的 4 个角作倒角。

使用倒角命令时，选择对象的单击点位置不同，效果也不同。AutoCAD2020 总是在单击点附近的位置做倒角，保留单击点附近位置的线段；而其他位置的线段有可能会被删除。如图 3-58 所示，单击 A 点和 B 点处的线段被保留，其余的线段被删除，倒角距离为 30。操作过程如下：

命令：CHAMFER↙
（"修剪"模式)当前倒角距离 1=10.0000，距离 2=10.0000
选择第一条直线或[放弃(U)/多段线(P)/距离(D)/角度(A)/修剪(T)/方式(E)/多个(M)]：D↙
　　　　　　　　　　　　　　　　　　　　　　（设置倒角距）
指定第一个倒角距离：<10.0000>：30↙　　　　　　（输入第一条边的倒角距离值 30）
指定第二个倒角距离：<60.0000>：30↙　　　　　　（输入第二条边的倒角距离值 30）
选择第一条直线或 [放弃(U)/多段线(P)/距离(D)/角度(A)/修剪(T)/方式(E)/多个(M)]：
　　　　　　　　　　　　　　　　　　　　　　（单击 A 点）
选择第二条直线，或按住 Shift 键选择要应用角点的直线：(单击 B 点)

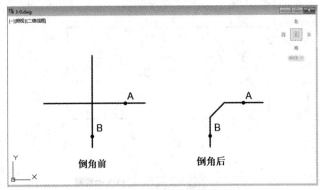

图 3-58　倒角命令的单击点位置

3.2.18　圆角命令(FILLET)

圆角命令可以利用指定半径的圆弧把两个对象连接起来。如果两个对象不相交的话，该命令可以用来连接两个对象；如果圆弧半径为 0，该命令将不产生圆弧，而是将两个对象拉伸直至相交。圆角命令适用于直线、多段线顶点及整个多段线、圆弧和圆等各种对象。

1. 命令输入

命令输入的方法有以下的 4 种：
(1) 面板按钮：单击"修改"面板中的"圆角"多选按钮，选择"圆角"按钮。
(2) 工具按钮：单击"修改"工具栏中的"圆角"按钮。
(3) 键盘输入：输入 FILLET 或 F↙。

(4) 下拉菜单："修改"→"圆角"。

2. 操作步骤

命令：FILLET↙

当前模式：模式=修剪，半径=0

选择第一个对象或 [放弃(U)/多段线(P)/半径(R)/修剪(T)/多个(M)]:

上述提示含有多种选择，分别说明如下：

(1) 选择第一个对象。该选项可直接点取第一条线，则提示：

选择第二个对象：

在此提示下，选取另外一条线，AutoCAD 2020 就会按指定的圆弧半径值对这两条线做圆角。其中，圆弧半径值由下面的选项(4)来完成。

(2) 放弃(U)。该选项可恢复在命令中执行的上一个操作。

(3) 多段线(P)。该选项可按照当前圆角半径的大小对整条多段线做圆角。输入"P"并回车，则显示：

选择二维多段线：

选取多段线后，就会在多段线的各个顶点处做圆角。

(4) 半径(R)。该选项可用来确定做圆角的圆弧半径值。输入"R"并回车，则提示：

指定圆角半径 <0.0000>:　　　　　　　　　　　　　　(输入圆角半径值)

选择第一个对象或 [放弃(U)/多段线(P)/半径(R)/修剪(T)/多个(M)]:

选择第二个对象，或按住 Shift 键选择要应用角点的对象：

(5) 修剪(T)。该选项可确定做圆角时是否对相应的圆角边进行修剪。输入"T"并回车，则提示：

输入修剪模式选项[修剪(T)/不修剪(N)]<修剪>:

① 选择"修剪"，表示做圆角后对圆角边进行修剪。

② 选择"不修剪"，表示做圆角后对圆角边不进行修剪。默认项为"修剪"。

(6) 多个(M)。该选项可对多个对象做圆角。输入"M"并回车，则提示：

选择第一个对象或 [放弃(U)/多段线(P)/半径(R)/修剪(T)/多个(M)]:

选择第二个对象，或按住 Shift 键选择要应用角点的对象：

以上的提示反复出现，直到按回车键结束。

圆角命令的操作和倒角命令基本相同，两者不同的是圆角命令不仅可以设置半径，而且还可以对两条平行直线进行圆角处理，圆角的半径就是两条平行线之间距离的一半。

下面举例说明圆角命令的使用方法。

如图 3-59、图 3-60 所示，在第一条直线和第二条直线之间作圆角，圆角半径是 30。操作过程如下：

命令：FILLET↙

当前设置：模式 = 修剪，半径 = 0.0000

选择第一个对象或 [放弃(U)/多段线(P)/半径(R)/修剪(T)/多个(M)]: R↙　　(选择半径选项)

指定圆角半径 <0.0000>:　30↙　　　　　　　　　　　(输入圆角半径值)

选择第一个对象或 [放弃(U)/多段线(P)/半径(R)/修剪(T)/多个(M)]:　　(点取第一条直线)

选择第二个对象，或按住 Shift 键选择要应用角点的对象：当前模式：

(点取第二条直线，命令结束)

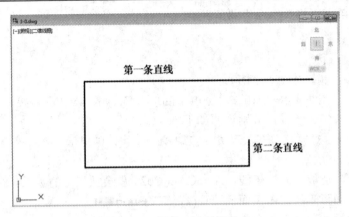

图 3-59　圆角命令使用前

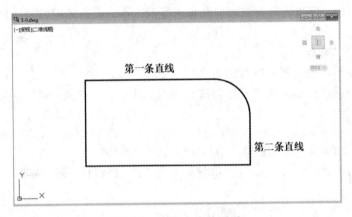

图 3-60　圆角命令使用后

　　如图 3-61、图 3-62 所示，对一个矩形的四个顶角作圆角，圆角半径为 20。操作过程如下：

命令：FILLET✓
当前设置：模式 = 修剪，半径 = 0.0000
选择第一个对象或 [放弃(U)/多段线(P)/半径(R)/修剪(T)/多个(M)]：R✓　　　　(选择半径选项)
指定圆角半径 <0.0000>：20✓　　　　　　　　　　　　　　　　　　　　(输入圆角半径值)

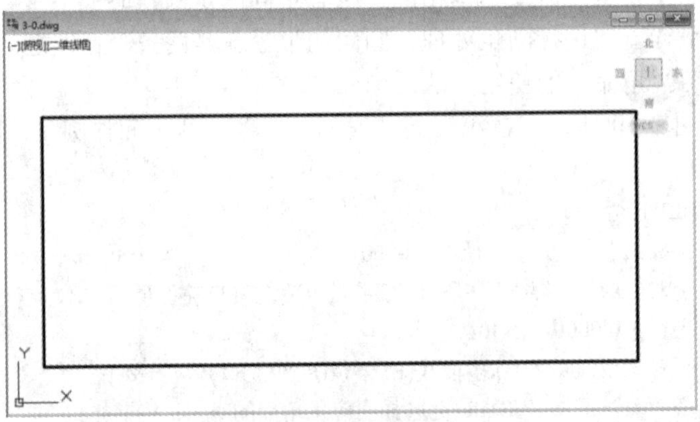

图 3-61　矩形做圆角前

选择第一个对象或 [放弃(U)/多段线(P)/半径(R)/修剪(T)/多个(M)]：P↙　　　　（选择多段线圆角）

选择二维多段线：　　　　　　　　　　　　　　　　　　　　　　　　（选择矩形，命令结束）

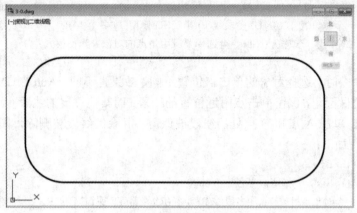

图 3-62　矩形做圆角后

如图 3-63、图 3-64 所示，在两条平行直线的右端做圆角，两条平行直线之间的距离是 60，圆角半径是 30。操作过程如下：

命令：FILLET↙

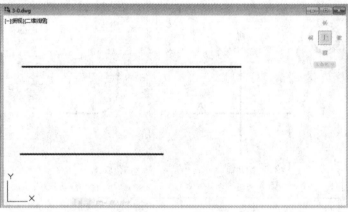

图 3-63　平行直线做圆角前

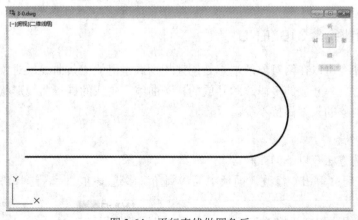

图 3-64　平行直线做圆角后

当前设置：模式 = 修剪，半径 = 0.0000
选择第一个对象或 [放弃(U)/多段线(P)/半径(R)/修剪(T)/多个(M)]：R↙　　　　（选择半径选项）
指定圆角半径 <0.0000>：30↙　　　　　　　　　　　　　　　　　　　　（输入圆角半径值）
选择第一个对象或 [放弃(U)/多段线(P)/半径(R)/修剪(T)/多个(M)]：　　　　（点取第一条直线）
选择第二个对象，或按住 Shift 键选择要应用角点的对象：当前模式：

（点取第二条直线，命令结束）

　　使用圆角命令时，选择对象的单击点位置不同，效果也不同。AutoCAD2020 总是在单击点附近的位置做圆角，保留单击点附近位置的线段；而其他位置的线段有可能会被删除。如图 3-65 所示，单击 A 点和 B 点处的线段被保留，其余的线段被删除，图中的圆角半径为 30。操作过程如下：

命令：FILLET↙
当前设置：模式 = 修剪，半径 = 0.0000
选择第一个对象或 [放弃(U)/多段线(P)/半径(R)/修剪(T)/多个(M)]：R↙　　　　（选择半径选项）
指定圆角半径 <0.0000>：30↙　　　　　　　　　　　　　　　　　　　　（输入圆角半径值）
选择第一个对象或 [放弃(U)/多段线(P)/半径(R)/修剪(T)/多个(M)]：　　　　（单击 A 点）
选择第二个对象，或按住 Shift 键选择要应用角点的对象：

（单击 B 点，命令结束）

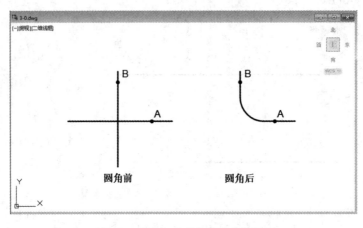

图 3-65　圆角命令的单击点位置

3.2.19　光顺曲线命令(BLEND)

　　光顺曲线命令可以在两对象的端点处创建相切或平滑的样条曲线，对象包括直线、圆弧、椭圆弧、螺旋、开放的多段线和开放的样条曲线。生成的样条曲线形状取决于指定的连续性，选定对象的长度保持不变。

1. 命令输入

命令输入的方法有以下的 4 种：
(1) 面板按钮：单击"修改"面板中的"圆角"多选按钮 ⌐ ，选择"光顺曲线"按钮 ∿ 。
(2) 工具按钮：单击"修改"工具栏中的"光顺曲线"按钮 ∿ 。

(3) 键盘输入：输入 BLEND 或 BLE↙。

(4) 下拉菜单："修改"→"光顺曲线"。

2. 操作步骤

命令：BLEND↙

选择第一个对象或[连续性(CON)]：　　　　　　　　　　　　(选择第一个对象的端点或选项)

选择第二个点：　　　　　　　　　　　　　　　　　　(选择要连接的对象端点)

如果选择"连续性(CON)"选项，系统提示：

输入连续性[相切(T)/平滑(S)]<相切>：

如果选择"相切"，将会创建一条三阶样条曲线，在连接处具有相切连续性；如果选择"平滑"，则会创建一条五阶样条曲线，在连接处具有曲率连续性。

下面举例说明光顺曲线命令的使用方法

如图 3-66、图 3-67 所示，将"A"点和"B"点所在的线段光滑连接起来。操作过程如下：

命令：BLEND↙

选择第一个对象或[连续性(CON)]：　　　　　　　　　　　　(选择对象端点 A)

选择第二个点：　　　　　　　　　　　　　　　　　　(选择要连接的对象端点 B,命令结束)

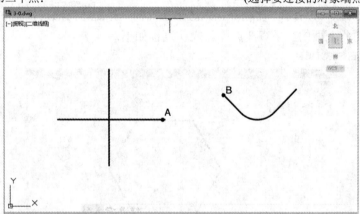

图 3-66　光滑连接前

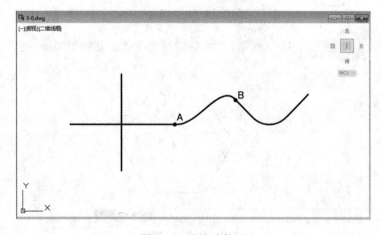

图 3-67　光滑连接后

3.2.20　分解命令(EXPLODE)

使用分解命令可以将合成对象分解成部件对象，对于矩形和规则多边形(例如等边三角形、正方形、五边形、六边形等)，可以使用分解命令将多段线对象转换为直线。

1．命令输入

命令输入的方法有以下的 4 种：

(1) 面板按钮：单击"修改"面板中的"分解"按钮 🔲 。

(2) 工具按钮：单击"修改"工具栏中的"分解"按钮 🔲 。

(3) 键盘输入：输入 EXPLODE 或 X↙。

(4) 下拉菜单："修改"→"分解"。

2．操作步骤

命令：EXPLODE↙

选择对象：　　　　　　　　　　　　　　　　　　　(选取要分解的对象)

选择对象：↙　　　　　　　　　　　　　　　　　　　(结束)

下面举例说明分解命令的使用方法。

如图 3-68、图 3-69 所示，要删除正六边形上面的一条边，无法直接删除，先将它分解为六条直线，再将上面的一条直线删除。操作过程如下：

命令：EXPLODE↙

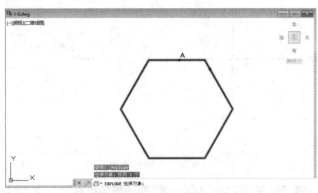

图 3-68　正六边形被选中分解

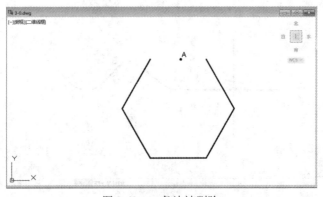

图 3-69　一条边被删除

选择对象：	(选取正六边形)
选择对象：✓	(结束)
命令：ERASE✓	(使用删除命令)
选择对象：	(单击"A"点)
选择对象：✓	(结束)

3.2.21　放弃命令(UNDO)

使用放弃命令可以取消上一个操作。

1. 命令输入

命令输入的方法有以下的 3 种：

(1) 工具按钮：单击"标准(Standard)"工具栏中的"放弃"按钮 ⇦ 。

(2) 键盘输入：输入 UNDO 或 U✓ 。

(3) 下拉菜单："编辑"→"放弃"。

2. 操作步骤

命令：UNDO✓

这时，前一次的操作即被放弃。可以根据需要多次输入放弃命令，每输入一次放弃命令，则取消前面一条命令，直到满意为止。

使用放弃命令时，应注意以下两点：

(1) 使用放弃命令可以取消绘图工具命令，如栅格、单位、正交、捕捉等，但从图形上看不出什么变化。

(2) 放弃命令和恢复命令都可以在执行删除命令后立即恢复被删除的图形。但是，恢复命令可以在删除图形之后任意时间使用(只要在这期间没有执行另外一个删除命令)，而放弃命令则按照已执行的步骤一步一步地反向执行。

3.2.22　重做命令(REDO)

使用重做命令可以撤销前一个刚刚执行的放弃命令，重做被其取消掉的命令。

1. 命令输入

命令输入的方法有以下的 3 种：

(1) 工具按钮：单击"标准(Standard)"工具栏中的"重做"按钮 ⇨ 。

(2) 键盘输入：输入 REDO 或 R✓ 。

(3) 下拉菜单："编辑"→"重做"。

2. 操作步骤

命令：REDO✓

在重做命令之后，再使用放弃命令，又可以重做前面的放弃命令。所以将重做命令和放弃命令配合使用，可以控制放弃命令的范围。

3.3　使用夹点编辑图形

前面介绍了 AutoCAD 2020 的一些基本编辑命令，例如图形的复制、移动和旋转等。除了以上各种方法以外，AutoCAD 2020 还提供了夹点编辑功能，它可以很方便地对图形进行移动、镜像、旋转、缩放和拉伸等操作。

在使用 AutoCAD 2020 进行图形编辑时，可以先输入编辑命令，然后选择执行该命令的图形对象；也可以先选择图形目标，然后再执行命令。在后一种方式中，当选择了图形对象以后，被选择的图形对象将变成虚像显示的形式，并且沿着线框出现一些带有颜色的小方框。这些小方框是图形对象的特征点，我们称之为夹点，夹点就是对象上的控制点。可以拖动这些夹点快速地拉伸、移动、旋转、缩放或镜像对象，如图 3-70 所示。

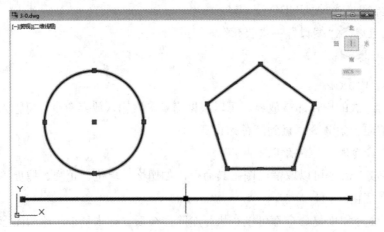

图 3-70　图线上的夹点

图形对象的夹点具有两种状态：冷态夹点和热态夹点。冷态夹点是指未被激活的夹点；热态夹点是指被激活的夹点，我们可以对热态夹点进行夹点的编辑操作。选择一个图形对象后，图形线框上将出现若干个小方框，并且颜色(例如"蓝色")相同，这就是冷夹点。如果用鼠标的左键来单击这些冷夹点中的某一个，则该夹点转变为热夹点，并且以高亮的另外一种颜色(例如"红色")表示出来，以便区别于冷夹点。默认状态下，未选中的夹点(冷夹点)是蓝色的，选中的夹点(热夹点)是红色的，悬停夹点(鼠标停留在夹点上)是绿色的。

1. 命令输入

(1) 键盘输入：输入 OPTIONS✓。

(2) 下拉菜单："工具"→"选项"。

2. 操作步骤

命令：OPTIONS✓

将弹出"选项"对话框，选中"选择集"选项卡，如图 3-71 所示。

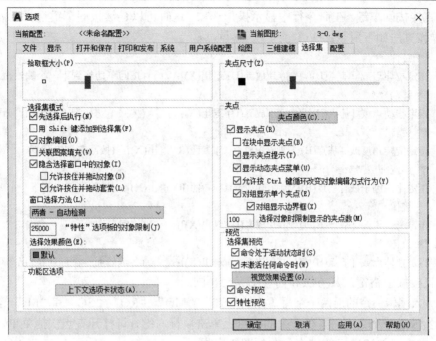

图 3-71　"选项"对话框中的"选择集"选项卡

该对话框的各项功能说明如下：

(1) 设置夹点的显示方式。

选中"显示夹点"复选框，表示在选择图形对象时，图形上显示出夹点；否则，如果没有选中这个复选框，图形上将不显示夹点。

选中"在块中显示夹点"复选框，表示在选取带图块的图形时，组成这个图块的所有图形的夹点和图块的插入点都将被显示出来。如果没有选中这个复选框，那么只显示该图块的插入点。

(2) 设置冷、热、悬停夹点的颜色。

如果选择"夹点颜色"选项，AutoCAD 2020 将打开"夹点颜色"对话框，可以从中选择需要的颜色，如图 3-72 所示。用鼠标选中一个图形对象，使其显示出冷夹点(如蓝色的点)，单击某一冷夹点，该夹点就变为热夹点(如红色的点)，然后就可以进行编辑操作了。AutoCAD 2020 提供了四种方式来进行编辑操作。

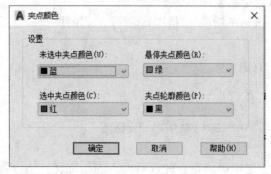

图 3-72　"夹点颜色"对话框

① 直接按回车键。在命令行中显示操作选项，这时可以连续按回车键选择所需的编辑命令，操作方法如下所示：

　　** 拉伸 **
　　指定拉伸点或 [基点(B)/复制(C)/放弃(U)/退出(X)]：　　　(按回车切换到下一个编辑命令)
　　** 移动 **
　　指定移动点或 [基点(B)/复制(C)/放弃(U)/退出(X)]：　　　(按回车切换到下一个编辑命令)
　　** 旋转 **
　　指定旋转角度或 [基点(B)/复制(C)/放弃(U)/参照(R)/退出(X)]：(按回车切换到下一个编辑命令)
　　** 比例缩放 **
　　指定比例因子或 [基点(B)/复制(C)/放弃(U)/参照(R)/退出(X)]：(按回车切换到下一个编辑命令)
　　** 镜像 **
　　指定第二点或 [基点(B)/复制(C)/放弃(U)/退出(X)]：　　　(按回车切换到下一个编辑命令)
　　** 拉伸 **
　　指定拉伸点或 [基点(B)/复制(C)/放弃(U)/退出(X)]：　　　(各编辑命令循环切换，已循环了一周)

② 直接按空格键，其方法和内容①完全相同。

③ 输入编辑命令的前两个字母，比如"ST""MO""RO""SC"和"MI"等。

④ 当激活一个夹点时，在选中的夹点上单击鼠标右键，将打开夹点快捷菜单，此菜单列出了选中夹点能够进行的操作项，如图 3-73 所示。

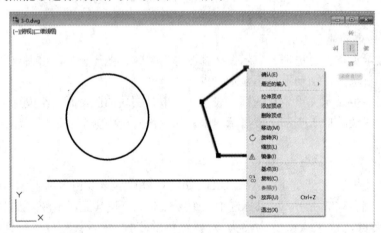

图 3-73　夹点编辑快捷菜单

下面介绍夹点编辑命令的操作方法：

当激活一个夹点并按回车键(或空格键)选择了所需的编辑命令后，就可以进行编辑操作了。

1) 拉伸命令(STRETCH)

选择拉伸命令后，提示如下：

　　拉伸
　　指定拉伸点或[基点(B)/复制(C)/放弃(U)/退出(X)]：

各个选项的内容分别解释如下：

(1) 指定拉伸点。该选项可确定拉伸以后夹点的新位置，该位置可以直接使用鼠标或输入新的坐标值来确定。

(2) 基点(B)。该选项可确定新的基点，可以重新确定新的基点，而不是原来所指定的夹点。

(3) 复制(C)。该选项可进行拉伸复制，允许进行多次拉伸复制。拉伸复制是指原来选中的并且带有热夹点的图形大小保持不变，在此基础上复制多个相同的图形，并且这些图形都被拉伸。

(4) 放弃(U)。该选项可取消上一次的"基点"或"复制"操作。

(5) 退出(X)。该选项可退出拉伸命令方式。

并非所有的图形都能进行拉伸编辑。当选择不支持拉伸操作的夹点(如直线的中点、圆心、文本和图块的插入点)时，往往不是拉伸操作，而是移动了图形的实体。另外，拉伸夹点编辑和拉伸命令很相似。但不是完全相同。拉伸命令是通过选择部分图形来拉伸的，而拉伸夹点编辑是通过选择某个热夹点来拉伸的。拉伸命令需要确定拉伸基点，而拉伸夹点编辑是将热夹点作为拉伸基点。

下面举例说明把一个五边形的顶点从"A"点拉伸到"B"点，五边形发生变形。图3-74 是正在使用拉伸命令编辑图形的过程，图 3-75 是最后的结果。

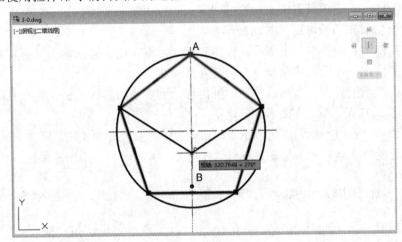

图 3-74　五边形被拉伸过程中

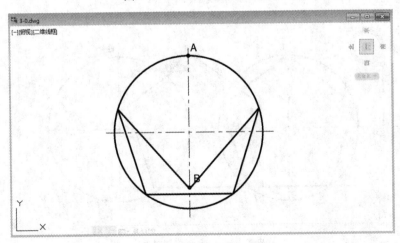

图 3-75　五边形被拉伸后

　　选中五边形，五边形变为虚像显示，出现蓝色的冷夹点，单击五边形的顶点"A"点，使它变为红色的热夹点。向下移动鼠标到"B"点，单击一下。操作过程如下：

　　　　　　拉伸
　　　　　　指定拉伸点或[基点(B)/复制(C)/放弃(U)/退出(X)]：　　　　　　　（单击"B"点）
　　按"Esc"键，退出拉伸命令。

　　2) 移动命令(MOVE)

　　选择移动命令后，提示如下：

　　　　　　移动
　　　　　　指定移动点或[基点(B)/复制(C)/放弃(U)/退出(X)]：

　　各个选项的内容分别解释如下：

　　(1) 指定移动点。该选项可确定移动以后夹点的新位置。新位置可以直接使用鼠标或输入点的坐标值来确定。

　　(2) 基点(B)。该选项可确定新基点。可以重新确定新的基点，而不是原来所指定的夹点。

　　(3) 复制(C)。该选项可进行移动复制。允许进行多次移动复制。

　　(4) 放弃(U)。该选项可取消上一次的"基点"或"复制"操作。

　　(5) 退出(X)。该选项可退出移动命令方式。

　　对于结构简单、线条单一的图形，使用移动夹点编辑比用移动命令简捷有效；但是对于比较复杂的图形，使用"移动命令"会更合适一些。

　　下面举例说明把一个五边形从左边的圆内移动到右边的圆内，图 3-76 是五边形正在移动的过程，图 3-77 是移动后的结果。

　　选中五边形，五边形变为虚像显示，出现蓝色的冷夹点，单击五边形的顶点"A"点，使它变为红色的热夹点。向右移动鼠标到"B"点，单击一下。操作过程如下：

　　　　　　拉伸
　　　　　　指定拉伸点或[基点(B)/复制(C)/放弃(U)/退出(X)]：✓　　　　（按回车，使用移动命令）
　　　　　　** 移动 **
　　　　　　指定移动点或 [基点(B)/复制(C)/放弃(U)/退出(X)]：　　　　　（单击"B"点）
　　按"Esc"键，退出移动命令。

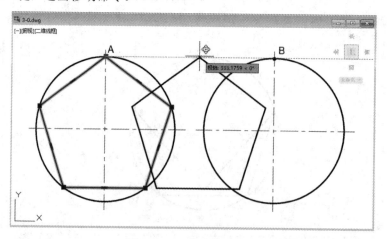

图 3-76　五边形在移动中

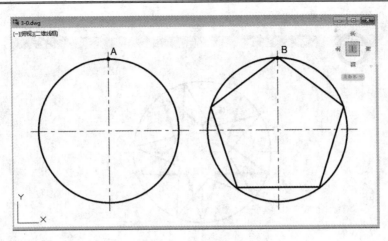

图 3-77　五边形移动后

3) 旋转命令(ROTATE)

选择旋转命令后，提示如下：

　　旋转

　　指定旋转角度或[基点(B)/复制(C)/放弃(U)/参照(R)/退出(X)]：

各个选项的内容分别解释如下：

(1) 指定旋转角度。该选项可确定旋转角度。可以直接输入要旋转的角度值，也可以使用拖动方式来确定相对角度值，然后将所选择的图形对象以热夹点为中心点旋转相应的角度。

(2) 基点(B)。该选项可确定新的基点。可以重新确定新的基点，而不是原来所指定的夹点。

(3) 复制(C)。该选项可进行旋转复制。允许进行多次复制旋转图形。

(4) 放弃(U)。该选项可取消上一次的"基点"或"复制"操作。

(5) 参照(R)。该选项可确定相对参考角度。可以输入一个具体的角度值作为参考，也可以选择某一图形上的两个点作为参考。

(6) 退出(X)。该选项可退出旋转命令方式。

下面举例说明把一个倒置五角星旋转成正向五角星，图 3-78 是倒置五角星被选中后变为虚像显示，实线五角星是正处于旋转过程中，图 3-79 是旋转后的结果，变为正向的五角星。

选中倒置五角星，五角星变为虚像显示，出现蓝色的冷夹点，单击五角星最下面的一个顶点，使它变为红色的热夹点。输入"B"选择"基点"选项，选取基点"A"点确定旋转中心，输入旋转角度 180°。操作过程如下：

　　拉伸

　　指定拉伸点或[基点(B)/复制(C)/放弃(U)/退出(X)]：↙　　　　(反复按回车，直到出现以下提示)

　　旋转

　　指定旋转角度或[基点(B)/复制(C)/放弃(U)/参照(R)/退出(X)]：B↙　　(选择"基点"选项)

　　指定基点：　　　　　　　　　　　　　　　　　　　　　　(单击圆心"A"点)

　　** 旋转 **

　　指定旋转角度或 [基点(B)/复制(C)/放弃(U)/参照(R)/退出(X)]：180↙　(旋转 180°)

按"Esc"键，退出旋转命令。

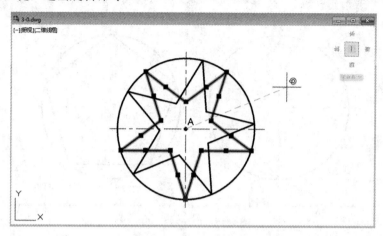

图 3-78　对"倒置五角星"做旋转

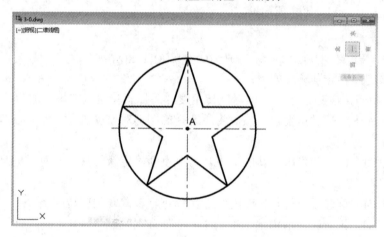

图 3-79　旋转结果为"正向五角星"

4) 缩放命令(SCALE)

选择缩放命令后，提示如下：

　　比例缩放

　　　指定比例因子或[基点(B)/复制(C)/放弃(U)/参照(R)/退出(X)]:

各个选项的内容分别解释如下：

(1) 指定比例因子。该选项可输入缩放比例系数。可以直接输入一个比例系数值，也可以使用拖动方式来确定相应的比例系数值。当比例系数大于"1"时，将放大图形；当比例系数小于"1"大于"0"时，将缩小图形。

(2) 基点(B)。该选项可确定新基点。可以重新确定新的基点，而不是原来所指定的夹点。

(3) 复制(C)。该选项可进行缩放复制。允许进行多次复制缩放图形。

(4) 放弃(U)。该选项可取消上一次的"基点"或"复制"操作。

(5) 参照(R)。该选项可确定相对参考比例系数。根据相对参考长度值(Reference Length)和新长度值(New Length)的比值，来确定参考比例值的大小。

(6) 退出(X)。该选项可退出比例缩放命令方式。

　　下面举例说明把一个五角星缩小一半，在图 3-80 和图 3-81 中，大圆直径是小圆直径的 2 倍，圆心在"A"点。

　　选中图中的五角星，五角星的各条边变为虚像显示，出现蓝色的冷夹点，单击五角星的一个冷夹点，使它变为红色的热夹点。输入"B"选择"基点"选项，选取基点"A"点作为缩放中心，输入比例因子 0.5。操作过程如下：

　　　　拉伸

　　　　指定拉伸点或[基点(B)/复制(C)/放弃(U)/退出(X)]：↙　　　　(反复按回车，直到出现以下提示)

　　　　比例缩放

　　　　指定比例因子或[基点(B)/复制(C)/放弃(U)/参照(R)/退出(X)]：B↙　　(选择"基点"选项)

　　　　指定基点：　　　　　　　　　　　　　　　　　　　　　(单击圆心"A"点)

　　　　** 比例缩放 **

　　　　指定比例因子或 [基点(B)/复制(C)/放弃(U)/参照(R)/退出(X)]：2↙(输入比例因子 0.5，五角星缩小一半)

按"Esc"键，退出缩放命令。

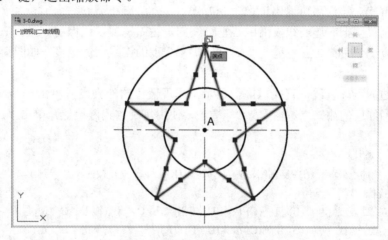

图 3-80　选中要缩放的五角星

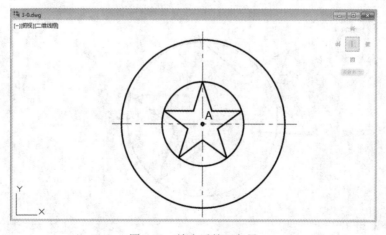

图 3-81　缩小后的五角星

5) 镜像命令(MIRROR)

选择镜像命令后，提示如下：

镜像

指定第二点或[基点(B)/复制(C)/放弃(U)/退出(X)]：

各个选项的内容分别解释如下：

(1) 指定第二点。该选项可确定镜像线的另一个端点，也可以直接使用鼠标或输入点的坐标值来确定。镜像线的第一个端点就是开始选择的热夹点，然后以这两个点的连线作为镜像线，进行镜像操作，可以沿临时镜像线为选定对象创建镜像。打开"正交"有助于指定垂直或水平的镜像线。镜像完成后，源对象被删除。

(2) 基点(B)。该选项可重新确定镜像线的第一个端点。可以选择其他任意的点，而不是原来所指定的夹点。

(3) 复制(C)。该选项可进行镜像复制。允许进行多次复制镜像的图形。

(4) 放弃(U)。该选项可取消上一次的"基点"或"复制"操作。

(5) 退出(X)。该选项可退出镜像命令方式。

下面举例说明把右边的线段沿中心垂直线向左边做镜像。镜像前，只有右边的线段；镜像后，形成一个完整的五角星。"A"点和"B"点的连线为镜像线，如图 3-82、图 3-83 所示。

选中右边的五段直线，直线以虚像显示，出现蓝色的冷夹点，单击一个冷夹点"A"点，使它变为红色的热夹点。输入"C"选项，使用复制方式做镜像，单击"B"点。操作过程如下：

拉伸

指定拉伸点或[基点(B)/复制(C)/放弃(U)/退出(X)]：✓（反复按回车，直到出现以下提示）

** 镜像 **

指定第二点或 [基点(B)/复制(C)/放弃(U)/退出(X)]：C✓　　（输入"C"选项，选择复制方式）

指定第二点或 [基点(B)/复制(C)/放弃(U)/退出(X)]：　　（单击"B"点）

按"Esc"键，退出镜像命令。

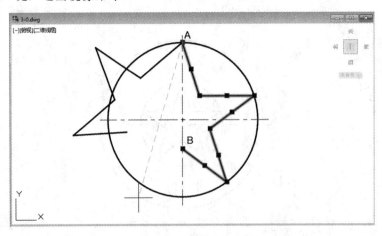

图 3-82　右半五角星做镜像过程中

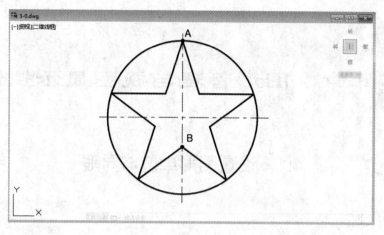

图 3-83　五角星做镜像后

思 考 与 练 习

1. 绘制图 3-84 所示的图形。
2. 绘制图 3-85 所示的图形。

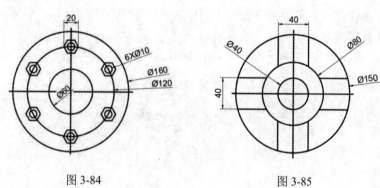

图 3-84　　　　　　　　　　　图 3-85

3. 绘制图 3-86 所示的图形。

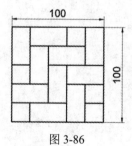

图 3-86

第 4 章　图形管理与视图显示控制

4.1　设置图形单位与界限

4.1.1　设置图形单位

图形单位是设计中必须考虑的要素，AutoCAD 中创建的所有对象都是根据图形单位进行测量的。为了适应不同行业与领域的需要，AutoCAD 中设置了包括毫米、厘米、英尺、英寸等十多种不同的图形单位以供选择。在开始绘图前，应根据实际工程的需要，先确定图形中一个图形单位所代表的距离。设置图形单位与界限的操作方法如下：

(1) 下拉菜单："格式"→"单位"。

(2) 命令行：UNITS✓。

执行以上操作之后，可以打开图 4-1 所示的"图形单位"对话框，设置绘图时需要的长度、角度和精度等参数。

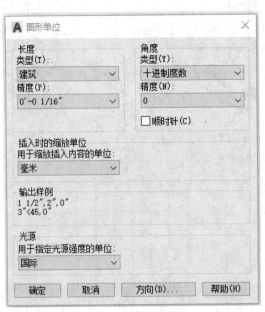

图 4-1　"图形单位"对话框

1. 长度

在"长度"选项区域中，可以分别使用"类型"和"精度"下拉列表框设置图形测量单位的当前显示格式和精度。

(1) 类型：指定长度显示的格式，包括"建筑""小数""工程""分数"和"科学"。其中，"工程"和"建筑"格式提供英尺和英寸显示，并假定每个图形单位表示 1 英寸。

(2) 精度：用于设置线性测量值显示的小数位数或分数大小。

2．角度

在"角度"选项区域中，可以指定当前角度格式和当前角度显示的精度。

(1) 类型：用于设置角度的当前显示格式，包括十进制度数、百分度、弧度、度/分/秒和勘测单位。

(2) 精度：用于设置角度的显示精度。

(3) 顺时针：用于控制按顺时针方向还是逆时针方向测量正角，默认以逆时针方向为角度测量的正向。

3．插入时的缩放单位(插入比例)

插入比例用于控制插入到当前图形中的块和图形的比例。如果插入的块或图形在创建时使用的单位与当前图形中使用的单位不同，插入比例值将更正该不匹配问题。如果不希望对块或图形进行缩放，需要指定"无单位"。如果在源块或目标图形中，插入比例设置为"无单位"，将参照"源内容单位"和"目标图形单位"设置来确定缩放比率，这些设置位于"选项"对话框的"用户系统配置"选项卡中。

4．方向

在"图形单位"对话框中，单击"方向"按钮，可以打开"方向控制"对话框设置基准角度的方向，如图 4-2 所示。默认情况下，基准角度的 0° 方向为东。在"方向控制"对话框中，可以通过选择"东""北""西""南"或"其他"单选按钮来改变测量角度的起始位置。当选择"其他"单选按钮时，可以直接输入角度，或者通过拾取图形中的两个点来确定基准角度的 0° 方向。

图 4-2　"方向控制"对话框

4.1.2　设置图形界限

AutoCAD 中的绘图空间是无限大的，为了方便在模型空间中布置图形，以利于绘图、控制缩放和打印等，需要在 AutoCAD 的绘图空间中设置一个假想的不可见的矩形边界，即图形界限，该界限可以限制单击或输入点位置。在世界坐标系下，图形界限由一对二维点确定，即左下角点和右上角点。设置图形界限的操作方法如下：

(1) 下拉菜单："格式"→"图形界限"。

(2) 命令行：LIMITS✓。

执行以上操作之后，系统会提示"指定左下角点"表示给出界限左下角坐标值，输入坐标值并按回车键后，系统将提示"指定右上角点"，输入坐标值并按回车键后，图形界限的设置完成，但绘图区域将看不到变化。

当系统提示用户"指定左下角点"时，可以选择"开"或"关"选项，决定能否在图形界限之外指定一点。如果选择"开"，表示打开界限检查，此时将无法输入图形界限外的点。因为界限检查只测试输入点，所以对象(例如圆)的某些部分可能会延伸出图形界限。如果选择"关"，表示关闭界限检查，用户可以在图形界限之外绘制对象或者指定点，此选项为默认值。

例　以图纸左下角点(0, 0)，右上角点(420, 297)为范围设置图形界限，并打开图形界限检查。

操作步骤如下：

命令：LIMITS✓

LIMITS 指定左下角点或[开(ON)/关(OFF)] <0.0000, 0.0000>：✓

LIMITS 指定右上角点<840.0000, 600.0000>：420, 297✓

4.2　图　层　管　理

为了方便地控制复杂图形的显示和打印等相关特性，AutoCAD 引入图层的概念来管理绘制的图形。图层就好像一张张透明的图纸，按功能或用途分别将图形对象绘制在不同的图层上，整个图形就相当于若干个透明图纸上下叠加的效果。

一般情况下，同一图层上的图形具有类似的功能与用途，并且具有相同的线型、颜色、线宽等特性。在开始绘制之前，创建一组图层将有助于绘图工作。例如在相对简单的机械零件图中，通常按照打印的需要来设置图层，即根据线宽、线型设置粗实线、细实线、中心线等图层；在相对复杂的建筑图纸中，按照图形类型来设置图层，例如可以创建基础、楼层平面、门、装置、电气等图层。在绘图过程中，通过隐藏当前不需要看到的图层，可以降低图形的视觉复杂程度，并提高显示性能。

4.2.1　图层特性管理器

使用图层绘制图形时，新对象的各种特性将默认为随层，即由当前图层的默认设置决定。在 AutoCAD 中，采用"图层特性管理器"对图层进行管理，可以进行图层的添加、删除和重命名，更改它们的特性，设置布局视口中的特性替代以及添加图层说明等操作。对图层进行管理的具体操作方法如下：

(1) 下拉菜单："格式"→"图层"。

(2) 功能区："默认"→"图层特性"。

(3) 命令行：LAYER✓。

执行以上操作，可以打开如图 4-3 所示的"图层特性管理器"对话框。在该对话框的图层列表中，每个图层都包含名称、开、冻结、锁定、颜色、线型、线宽及打印等特性，在图层列表标题行中单击右键，将列出图层的其他特性，用户可以根据需要勾选。

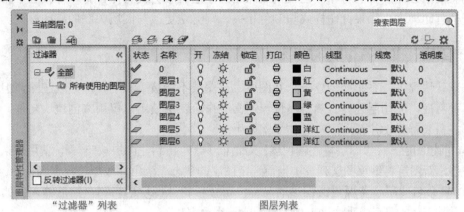

"过滤器"列表　　　　　　　　　图层列表

图 4-3　"图层特性管理器"对话框

1. 名称

名称是图层的唯一标识，在默认状态下，新建图层按照图层 1、图层 2 等编号依次递增，用户可以对图层重命名，使其具有明确的含义。

2. 开/关

图标 💡 和 💡 分别表示打开和关闭选定的图层，单击该图标可以切换状态。图层打开时是可见并且可以打印的；关闭图层后，该图层将不可见且不能打印，即使"打印"列中的设置已打开也是如此。

3. 冻结/解冻

图标 ☀ 和 ❄ 分别表示冻结和解冻选定的图层，单击该图标可以切换状态。冻结图层上的对象将不会被显示、打印或重生成，因此在复杂图形中，通过冻结图层来提高性能并减少重生成时间。对于长期保持不可见的图层，可以冻结该图层；但是对于需要经常切换可见性设置的图层，建议使用"开/关"设置，以避免重生成图形。

4. 锁定/解锁

图标 🔒 和 🔓 分别表示锁定和解锁选定的图层，单击该图标可以切换状态。无法修改锁定图层上的对象，因此可以通过锁定选定图层来防止这些图层上的对象被意外修改。在模型空间绘图时，将光标悬停在锁定图层中的对象上时，对象显示为淡入并显示一个小锁图标。

5. 颜色、线型与线宽

颜色、线型与线宽分别对应图层中相应的特性。若要改变某一图层的这些特性，则单击该图层对应的颜色、线型或线宽图标，分别打开"选择颜色""选择线型"和"线宽"对话框进行设置。

6. 透明度

透明度用于指定选定图层的透明度。单击图层对应的透明度值，弹出"透明度"对话框，可以在其中指定选定图层的透明度。透明度的有效值从 0 到 90，值越大，对象越显得透明。

7. 打印与打印样式

图标 🖶 和 🖶 控制是否打印选定图层，单击该图标可以切换状态。即使关闭图层的打印，仍将显示该图层上的对象。已关闭或冻结的图层将不会被打印。打印样式用于指定选定图层的打印样式，如果打印样式与颜色相关，则无法更改与图层关联的打印样式。

4.2.2　创建、重命名和删除图层

在默认情况下，系统会创建一个 0 图层，该图层不能被重命名、冻结或删除，但可以改变其他特性。0 图层因具有随层属性，通常不作绘图层使用，仅用来创建块文件。要绘制图形，需要首先创建新图层，具体步骤如下：

(1) 创建图层。在"图层特性管理器"对话框中，单击新建图层按钮 🔧，使用默认名称创建图层，新图层将继承图层列表中当前选定图层的状态、颜色、线型、线宽等特性。

(2) 重命名图层。若要更改图层的名称，可以单击该图层的名称，然后输入新的图层名称，并按 Enter 键完成重命名。0 图层不能被重命名。

(3) 删除图层。在图层列表中选择要删除的图层，单击删除图层按钮 🔧，可以删除选择的图层。但是无法删除图层 0 和 Defpoints、包含对象(包括块定义中的对象)的图层、当前图层、在外部参照中使用的图层以及局部已打开的图形中的图层。

4.2.3　设置图层的颜色

在绘制复杂图形时，可以采用不同的图层来表示不同的组件、功能或者区域。为了易于区分图形中的不同部分，通常对每一个图层设置不同的颜色。默认情况下，图层的颜色实际上是图层中图形对象的颜色。随图层指定颜色，可以使用户轻松识别图形中的每个图层。

若要改变某一图层的颜色，可以在"图层特性管理器"对话框图层列表中，单击该图层"颜色"列对应的图标，打开"选择颜色"对话框，如图 4-4 所示。在该对话框中可以使用"索引颜色""真彩色"和"配色系统"三个选项卡为图层选择合适的颜色，单击"确定"按钮完成图层颜色设置。

图 4-4　"选择颜色"对话框

4.2.4　设置图层的线型

线型是指定给几何图形对象的视觉特性。线型可以是虚线、点划线、文字和符号形式，也可以是未打断和连续形式。在 AutoCAD 中，既有简单线型，也有一些特殊符号组成的复杂线型，可以满足不同国家和不同行业标准的要求。

(1) 设置图层线型。在默认情况下，图层的线型为 Continuous。若要改变图层的线型，可以在"图层特性管理器"对话框图层列表中，单击该图层"线型"列对应的线型名称 Continuous，打开"选择线型"对话框，如图 4-5 所示。在"已加载的线型"列表框中，选择需要的线型，然后单击"确定"按钮，完成图层线型更改。

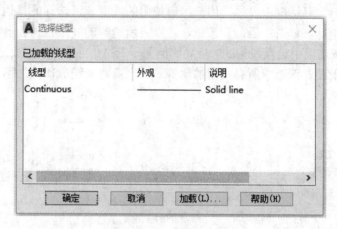

图 4-5　"选择线型"对话框

(2) 加载线型。默认情况下，在图 4-5 所示的"选择线型"对话框列表中仅有 Continuous 一种线型，若需要其他线型，需要将其添加到"已加载的线型"列表框中。单击"加载"按钮打开"加载或重载线型"对话框，如图 4-6 所示。在"可用线型"列表中选择需要加载的线型，单击"确定"按钮完成线型加载。

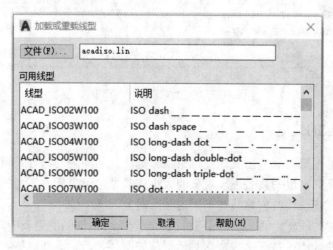

图 4-6　"加载或重载线型"对话框

　　在 AutoCAD 中，线型包含在线型库定义文件 acad.lin 和 acadiso.lin 中，分别用于英制测量系统和公制测量系统。系统默认加载公制线型库，用户可根据需要，单击图 4-6 "加载或重载线型"对话框中的"文件"按钮，选择合适的线型库定义文件。

　　(3) 设置线型比例。在 AutoCAD 中使用各种线型绘图时，除了 Continuous 线型外，每一种线型都是由实线段、空白段、点、文字或符号所组成的序列，在线型定义文件中已定义了这些小段的标准长度。当图形的尺寸不同时，图形中绘制的非连续线型外观将不同。为了使输出显示和打印的线型与图形几何尺寸协调，可以通过改变线型比例系统变量的方法，来放大或缩小所有线型的每一小段的长度。

　　选择菜单栏中的"格式"→"线型"命令，打开"线型管理器"对话框，如图 4-7 所示。"线型管理器"对话框中显示了用户当前使用的线型和可选择的其他线型。在线型列表中选择某一线型后，单击"当前"按钮，可以将所选择的线型置为当前线型，并可以在"详细信息"区域选项中设置线型的"全局比例因子"和"当前对象缩放比例"。其中"全局比例因子"用于设置图形中所有线型的比例，"当前对象缩放比例"用于设置当前选中线型的比例。

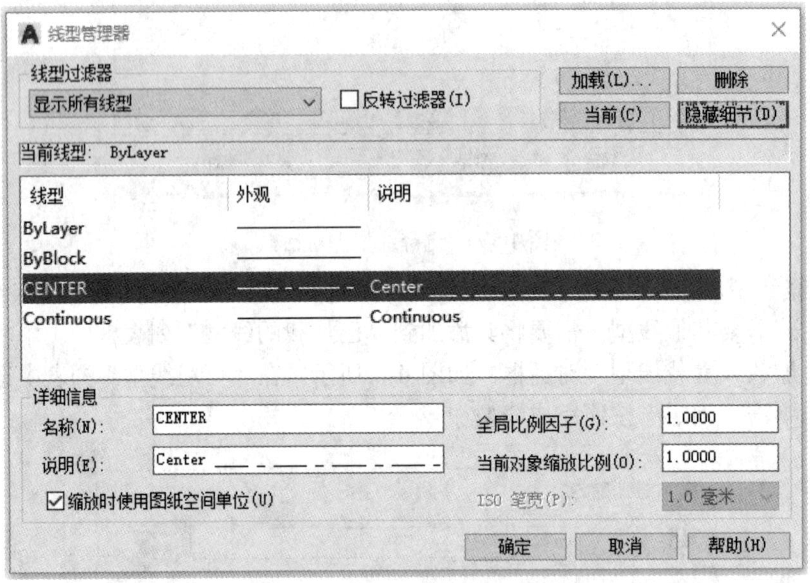

图 4-7　"线型管理器"对话框

4.2.5　设置图层的线宽

　　线宽是指定给图形对象、图案填充、引线和标注几何图形的特性，可产生更宽、颜色更深的线。使用不同宽度的线条表现对象的大小或类型，可以提高图形的表达能力和可读性，可以通过改变图层线宽创建线宽不同的图形对象。

　　若要设置图层的线宽，可以在"图层特性管理器"对话框图层列表中，单击该图层"线宽"列对应的线宽数值，打开"线宽"对话框，如图 4-8 所示。在"线宽"列表框中，选择需要的线宽，然后单击"确定"按钮，完成该图层线宽更改。

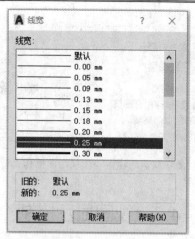

图 4-8 "线宽"对话框

在模型空间中显示的线宽不随缩放比例而变化，在默认情况下显示的线宽均为 0.25 mm，不随图层中线宽的变化而改变。若要改变线宽的显示状态，可以通过菜单栏中的"格式"→"线宽"命令，打开"线宽设置"对话框，如图 4-9 所示。勾选"显示线宽"复选框时，将按照实际线宽显示图像；在不勾选该项时，当前线宽显示为"默认"下拉列表框中的值。所有线宽的默认显示线宽均为 0.25 mm，用户可以在"线宽"列表中选择相应的线宽，并在"默认"下拉列表框中改变其默认显示值。

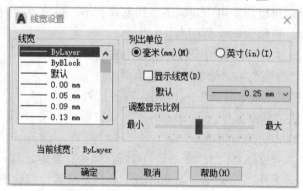

图 4-9 "线宽设置"对话框

4.2.6 切换当前图层和改变对象所在图层

默认情况下，将在当前图层上绘制所有新对象。"图层特性管理器"中的绿色标记 ✔ 指示当前图层。在"图层特性管理器"对话框的图层列表中，选择某一图层后，单击"当前图层"按钮 ✍，则该图层切换为当前图层，新绘制的图形对象位于当前图层。

在实际绘图时，为了便于操作，可以通过访问功能区默认选项卡"图层"面板和"特性"面板实现图层切换及图层特性管理，如图 4-10 所示。若要变更绘图对象所在图层，可以选择需要切换图层的对象，在"图层工具"下拉列表中选择需要的图层，即可完成图层切换。在"特性"面板中也可以实现对象线型、线宽和颜色的变更，新设置的特性将覆盖原来的随层特性，修改后的特性不随层特性的变化而变化。

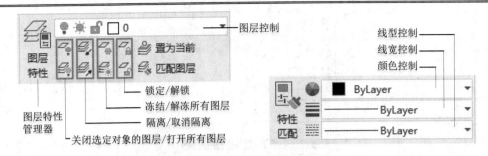

图 4-10　功能区默认选项卡"图层"面板和"特性"面板

4.3　视图显示控制

按一定比例、观察位置和角度显示的图形称为视图。在绘图过程中，为了灵活地展现图形的整体效果或局部细节，方便进行对象捕捉或准确地绘制图形实体，需要使用视口、缩放或者平移等手段，改变显示区域和图形对象的大小，以便更准确、详细地绘图。

4.3.1　缩放视图

缩放视图可以增加或减小图形对象的屏幕显示尺寸，同时保持图形对象的真实尺寸不变。因此通过缩放功能可以帮助用户观察图形的整体大小，也可以观察局部图形，使用户可以更快速、更准确、更细致地绘制图形。

在 AutoCAD 2020 中，可以采用四种方法调用缩放视图工具：

(1) 下拉菜单："视图"→"缩放"(子菜单)。

(2) 功能区："视图"→"导航"→"范围"(下拉列表)。

(3) 工具栏：缩放工具栏。

(4) 命令行：ZOOM(可简写为"Z")✓。

采用命令行方法执行 ZOOM 缩放命令后，系统在命令行显示选项，提示用户选择需要进行缩放的视图类型。采用下拉菜单、功能区或工具栏方法进行缩放视图操作，将弹出如图 4-11 所示的三种不同工具栏或菜单栏，用户可以根据缩放视图的需要选择合适的缩放命令。ZOOM 命令的选项及图 4-11 所示图标的意义如下：

(1) 全部(A)。该命令可将全部图形显示在屏幕上。如果各图形对象均没有超出由 LIMITS 命令设置的图形界限，AutoCAD 按照该图纸边界显示，即在绘图窗口中显示绘图界限中的内容。如果有图形对象超出图形界限，则显示范围扩大，以便将超出图形界限的部分也显示在屏幕上。

(2) 圆心(C)。该命令可重设图形的圆心和缩放倍数。执行该选项后，需要根据 AutoCAD 的提示，指定缩放的圆心，并输入缩放的比例或高度。按提示执行操作后，AutoCAD 将指定的圆心显示在图形窗口的中心位置，并对图形进行相应放大或缩小。如果在"输入比例或高度："提示下输入缩放比例(数值后跟一个 x)，则按照该比例缩放图形；如果输入高度值(数值后不跟 x)，则在绘图窗口按照输入的高度值显示图形。

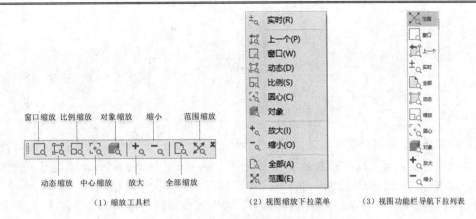

图 4-11　缩放视图工具栏与菜单

(3) 动态(D)。该命令可动态缩放图形。执行该命令后，在屏幕中将出现一个带"×"的矩形选择方框。单击鼠标，矩形选择框中心的"×"消失，同时右侧边框出现方向箭头"→"，此时移动光标可以改变选择方框的大小。待选择方框大小合适后单击鼠标左键，将选择方框移动到需要缩放的区域后按 Enter 键，即可将该区域中的图形显示在图形窗口中。

(4) 范围(E)。该命令可在屏幕上尽可能大地显示所有图形对象。与全部缩放模式不同的是，范围缩放使用的显示边界是图形范围而不是图形界限。

(5) 上一个(P)。该命令可恢复上一次显示的图形视图。

(6) 比例(S)。执行该命令后，用户需要根据提示输入比例因子，系统将按照该比例缩放图形对象。

(7) 窗口(W)。该命令允许用户通过确定一个矩形窗口，实现图形的放大。执行该命令后，用户需要根据提示指定一个矩形区域，该矩形内的区域将尽量占满屏幕显示。

(8) 对象。该命令可以用来显示图形文件中的某一部分。选择该命令后，单击图形中的某一部分，该部分将显示在整个图形窗口中。

(9) 实时(R)：执行该命令后，鼠标指针呈"放大镜"形状。此时按下鼠标左键，向上拖动光标可放大整个图形，向下拖动光标可缩小整个图形，释放鼠标后停止缩放。

4.3.2　平移视图

使用平移视图命令，可以重新定位图形，以便看清图形的其他部分，此时不会改变图形中对象的位置或比例。一般情况下不会引起视图重新生成，除非在虚拟屏幕外移动图形。使用平移视图命令也可以快速地把视图中看到的当前视图由一个位置移动到另一个位置。平移视图的操作方法如下：

(1) 下拉菜单："视图"→"平移"(子菜单)。

(2) 功能区："视图"→"导航"→"平移"。

(3) 工具栏：标准工具栏"🖑"。

(4) 命令行：PAN(可简写为"P")✓。

执行以上命令后，鼠标光标变为手型🖑时，就可以移动图形了。在下拉菜单中执行平移命令时，提供了左、右、上、下及实时、定点的平移方法，如图 4-12 所示。

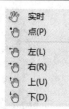

图 4-12　视图平移子菜单

(1) 实时平移。通过功能区、工具栏、命令行方法执行的平移操作均为实时平移，此时鼠标光标变为手型 ，按下鼠标左键拖动实现图形的平移，按下 Esc 键或 Enter 键退出平移命令。

(2) 定点平移。选择该命令，可以通过指定基点和位移来平移视图。

(3) 左、右、上、下平移。选择这些命令，视图将向相应方向按照给定距离移动一次。

4.3.3　使用命名视图

命名视图是指将某一视图的状态以某种名称保存起来，以便在需要时将其恢复为当前显示，以提高绘图效率。命名和保存视图时，将保存以下设置："模型"选项卡或特定布局选项卡上的视图位置，比例、中心点和视图方向，当前用户坐标系(UCS)，保存视图时图形中的图层可见性设置，视图类别等信息。当绘制非常复杂的图形时，该功能非常有用。

1. 保存命名视图

保存命名视图的操作方法如下：

(1) 下拉菜单："视图"→"命名视图"。

(2) 功能区："视图"→"命名视图"→"视图管理"。

(3) 工具栏：视图工具栏" "。

(4) 命令行：VIEW✓。

执行以上操作后，打开图 4-13 所示的"视图管理器"对话框。在该对话框中，用户可以创建、设置、重命名及删除命名视图。其中"当前视图"选项中显示了当前视图的名称；"查看"选项组的列表框中列出了已命名的视图和可作为当前视图的类别。单击对话框中的"新建"按钮，弹出"新建视图/快照特性"对话框，如图 4-14 所示。在该对话框中填写新建的视图名称、边界、视图特性等信息，单击"确定"按钮，完成命名视图的保存。

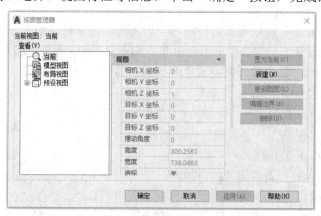

图 4-13　"视图管理器"对话框

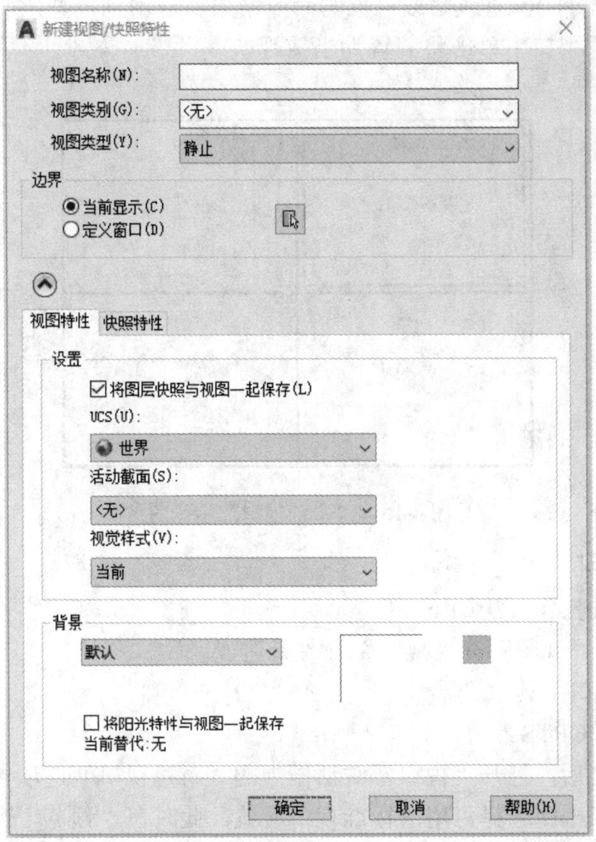

图 4-14　"新建视图/快照特性"对话框

2. 恢复命名视图

用户可以建立多个命名视图，当需要重新使用一个已命名视图时，只需将该视图恢复到当前视口即可。如果绘图窗口中包含多个视口，用户也可以将视图恢复到活动视口中，或将不同的视图恢复到不同的视口中，以同时显示模型的多个视图。

若要恢复命名视图，可以打开图 4-13 所示的"视图管理器"对话框，在"查看"列表栏中选择要恢复的命名视图，单击"置为当前"和"确定"按钮完成命名视图的恢复。

4.3.4　使用平铺视口

视口是显示用户模型视图的区域，在默认情况下，AutoCAD 仅提供一个视口。用户在绘图时，为了方便编辑，可以将图形进行局部放大或平移，以显示细节。但是对于大型或复杂的图形，如果仅在单一视口中进行缩放和平移，会花费较长的时间。为此 AutoCAD 2020 为用户提供了平铺视口以解决该问题，即用户可以在模型空间中将绘图区域分割成多个矩形区域，如图 4-15 所示，每个矩形区域均可作为一个单独的视口，通过对单独视口的操作，节约缩放、平移等操作时图形的刷新时间。

当用户使用平铺视图时，使用蓝色矩形框亮显的视口称为当前视口，双击鼠标滚轮可以最大化并居中视图。用户可以在当前视口独立执行控制视图的命令(如平移和缩放)。同时，在当前视口中执行的创建或修改对象的命令结果将应用到模型，并显示在其他视口中。用户可以通过在任意视口中单击将其置为当前视口。

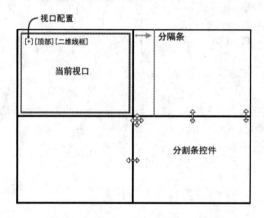

图 4-15　"平铺视口"示意图

1. 新建平铺视口

新建平铺视口的操作方法如下：

(1) 下拉菜单："视图"→"视口"→"新建视口"。

(2) 工具栏：视口工具栏"🔲"。

(3) 命令行：VPORTS↙。

执行以上操作之后，打开"视口"对话框中的"新建视口"选项卡，如图 4-16 所示。在"标准视口"列表框中选择可用的标准视口配置，此时在"预览"区域中显示所选视口配置及赋给每个视口的默认视图的预览图像。若要修改视口的配置，可以在"预览"区域中选择该视口，在下方下拉列表栏中选择需要的配置，单击"确定"按钮完成新建视口。

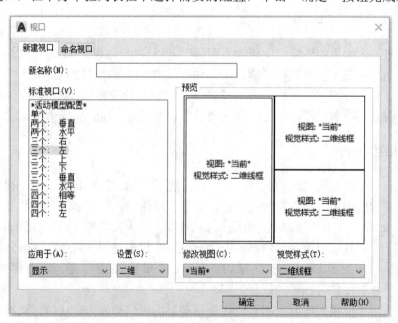

图 4-16　"视口"对话框"新建视口"选项卡

2. 命名视口

若需要建立多个不同的视口以便在后期调用，在新建平铺视口时，需要在图 4-16 所示 "新建视口"选项卡的"新名称"文本框中输入新建视口的名称，建立"命名视口"。

若要恢复已经建立的命名视口，可以通过下拉菜单"视图"→"视口"→"命名视口" 直接打开"视口"对话框中的"命名视口"选项卡，如图 4-17 所示。在"命名视口"列表 框中显示当前已经建立的命名视图，选择要恢复的"命名视口"，在右侧"预览"区域中 显示该命名视口的预览，单击"确定"按钮恢复"命名视口"。

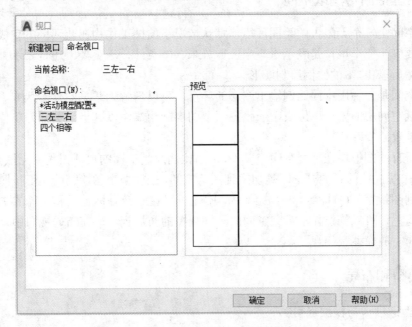

图 4-17　"视口"对话框"命名视口"选项卡

4.3.5　重画与重生成图形

在绘图和编辑过程中，屏幕上常常留下对象的拾取标记，这些临时标记并不是图形中 的对象，但会造成当前图形画面的混乱。若要消除这些临时标记，可以采用重画或重生成 图形的功能予以清除，具体操作步骤如下：

(1) 重画。可以通过命令行"REDRAW"命令，或下拉菜单"视图"→"重画"命令 完成重画图形。该命令将刷新当前视口中的显示，删除由 VSLIDE 和当前视口中的某些操 作遗留的临时图形。若要删除零散像素，需要使用"重生成"命令。

(2) 重生成。重生成有当前视图重生成和全部重生成两种形式。通过下拉菜单"视图" →"重生成"或"REGEN"在当前视口内重新生成图形，同时删除执行某些编辑操作后遗 留在显示区域中的零散像素；通过下拉菜单"视图"→"全部重生成"命令或"REGENALL" 命令重生成整个图形并刷新所有视口。执行重生成图形命令时，将重新生成图形数据库的 索引，以获得最优的显示和对象选择性能，同时重新计算所有("REGEN"命令仅当前视 口)对象的位置和可见性，重置所有("REGEN"命令仅当前视口)视口中可用于实时平移和 缩放的总面积。

4.4　工　作　环　境

在 AutoCAD 中，有两种不同的工作环境，称为"模型空间"和"图纸空间"。在进行绘图时，需要根据需要选择相应的工作环境。

4.4.1　模型空间与图纸空间

模型空间是一个无限大的绘图环境，默认情况下绘图工作均在此环境下完成。在绘图时，首先要确定一个单位是表示一毫米、一分米、一英寸、一英尺，还是表示某个最方便的单位，然后以 1∶1 的比例绘制图形。

图纸空间是一种用不同比例输出图形的环境，可以理解为常见的打印纸或手工绘图的图纸。图纸空间中的一个单位表示一张图纸上的实际距离，以毫米或英寸为单位，具体取决于页面设置。

由于所有的图形均在模型空间中以 1∶1 的比例绘制，图的尺寸很大，无法打印出来。AutoCAD 中解决该问题的办法即是切换到图纸空间，把模型空间绘制的图形按照一定比例缩小输出到图纸空间(打印纸)。在图纸空间中还可以设置带有标题栏和注释的不同布局；在每个布局上，可以创建显示模型空间的不同视图的布局视口。在布局视口中，可以相对于图纸空间缩放模型空间视图。

4.4.2　模型和布局

1. 模型选项卡与模型空间

在 AutoCAD 中，模型选项卡内的区域称为模型空间，可以从模型选项卡访问模型空间，如图 4-18 所示。在模型空间中完成图形绘制。

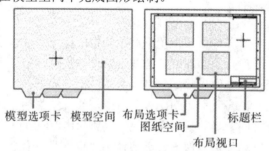

图 4-18　"视口"对话框"命名视口"选项卡

2. 布局选项卡与图纸空间

布局选项卡内的区域称为图纸空间，可以从布局选项卡中访问图纸空间，如图 4-18 所示。可以在图纸空间中添加标题栏，显示布局视口内模型空间的缩放视图，并为图形创建表格、明细表、说明和标注。可以通过从位于绘图区域左下角处的选项卡到"模型"选项卡右侧，访问一个或多个布局。可以使用多个布局选项卡，按多个比例和不同的图纸大小显示各种模型组件的详细信息。

3. 在布局中切换图纸空间和模型空间

当工作环境处于布局选项卡下的图纸空间时，在当前布局视口下绘制的图形和对图形的编辑操作，不影响布局的其他视口，也不影响模型空间中的图形。

双击布局视口内部后，当前布局视口边界加粗显示，切换为模型空间，此时绘制的图形和对图形的编辑操作结果，将在其他布局视口和模型空间中输出。若要防止编辑图形过程中更改比例，应在访问模型空间之前锁定布局视口的显示。锁定显示后，在模型空间中操作时将无法使用 ZOOM。

若要返回到图纸空间，可以双击布局视口外的任意位置。

4. 模型空间和图纸空间的切换

默认情况下，模型选项卡和多个命名布局选项卡将显示在绘图区域的左下角。单击模型选项卡或命名布局选项卡，即可在模型空间与图纸空间之间切换。

思 考 与 练 习

1. 如何进行图形单位设置？

2. 怎么控制图形的界限？

3. 在采用 AutoCAD 绘图时，为什么要采用图层对图形进行控制？

4. 在 AutoCAD 2020 中，图层都具有哪些特性？这些特性的作用是什么？

5. 在使用缩放视图时，执行全部缩放命令后有什么结果？

6. 什么是命名视图？为什么要采用命名视图？如何建立和恢复命名视图？

7. 什么是视口？在 AutoCAD 2020 中如何建立和使用命名视口？

8. 重画与重生成图形有何异同？

9. 什么是模型空间和图纸空间？在 AutoCAD 2020 中，这两者之间如何切换？

10. 按照以下要求建立图层：

(1) 图层名称：粗实线、点画线、双点画线、虚线、细实线、图框和标题栏、辅助线、文字；

(2) 颜色：颜色自选；

(3) 线型：点画线用"CENTER"、虚线用"DASHED"、双点画线用"PHANTOM"，其余线型用"Continuous"；

(4) 线宽：粗实线线宽 0.4，其余线宽"默认"。

第5章　图块和图案填充

5.1　图　　块

绘图中经常会遇到相同或类似的图形。譬如，工程图中的标题栏，机械图中的表面粗糙度符号、各种标准件及各种常用件等，建筑图中常用的标高符号，门、窗、轴线编号等，在室内设计图中常用到的家具、家电等。这些图形形状基本相同，尺寸大小变化有规律。如果每次都重新绘制，不仅浪费了大量时间而且浪费了很大的财力，工作效率也会大大降低。

为了解决这类问题 AutoCAD 2002 中增加了块属性管理器功能，AutoCAD 2005 增强了块属性管理器功能，AutoCAD 2006 又推出了动态块的操作，现在 AutoCAD 2020 的图块功能更加强大。对于重复出现的相同或类似的图形，通过图块属性管理器，可以达到事半功倍的效果。

5.1.1　创建和插入块

1. 认识图块

图块简称为块。AutoCAD 中的块可以是一个对象或由多个对象组成的集合体，也可以是绘制在几个不同图层上不同特性对象的集合体。用户可以将多个对象作为一个整体，通过建立内部块和外部块，在同一图形文件或其他图形文件中重复使用，从而使复杂图形简单化。

2. 创建块

创建块又叫作定义块。要想创建块，必须先绘制创建块中包含的对象，然后再定义图块，插入块。

1) 操作方法

创建块的操作方法有四种(如图 5-1 所示)：

(1) 命令行：BLOCK(快捷命令是 B)↙。

(2) 菜单栏："绘图" → "块" → "创建(M)"。

(3) 工具栏：单击"绘图"工具栏中的"创建块"按钮 。

(4) 功能区：在功能区中单击"默认"选项卡的"块"面板中的创建按钮 创建；单击"插入"选项卡的"块定义"面板中的"创建"按钮 创建。

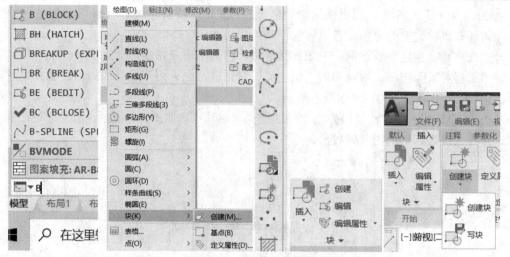

图 5-1 创建图块的方式

2) 选项功能

命令行输入 "B" 回车后弹出 "块定义" 对话框，如图 5-2 所示。"块定义" 对话框用于创建在文本档里可见可插入的块。

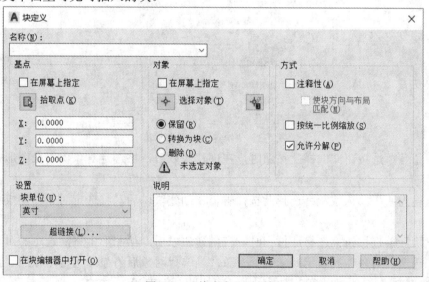

图 5-2 、"块定义" 对话框

(1) "名称" 列表框：指定块的名称。名称最多可以包含 255 个字符，包括字母、数字、空格，以及操作系统或程序未作他用的任何特殊字符。块名称及块定义保存在当前图形中。如果在 "名称" 下选择现有的块，将显示块的预览。

(2) "基点" 选项组：指定块的插入基点。默认值是(0,0,0)。

"在屏幕上指定" 复选框：关闭对话框时，将提示用户指定基点。

"拾取点" 按钮：暂时关闭对话框使用户能在当前图形中拾取插入基点。

"X：""Y：""Z：" 输入框：分别指定 基点 X 坐标值、基点 Y 坐标值、基点 Z 坐标值。

(3) "对象"选项组：指定新块中要包含的对象，以及创建块之后如何处理这些对象，是保留还是删除选定的对象或者是将它们转换成块实例。

"在屏幕上指定"复选框：关闭对话框时，将提示用户指定对象。

"选择对象"按钮：暂时关闭"块定义"对话框，允许用户选择块对象。选择完对象后，按 Enter 键可返回到该对话框。

" 🐓 "按钮：单击此按钮弹出"快速选择"对话框，如图 5-3 所示，通过该对话框定义选择集来快速选择所需要的对象。

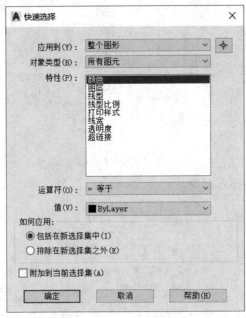

图 5-3   "快速选择"对话框

"保留"单选按钮：选择此按钮时，在创建块以后，将选定对象保留在图形中作为区别对象。

"转换为块"单选按钮：选择此按钮时，在创建块以后，将选定对象转换成图形中的块实例。

"删除"单选按钮：选择此按钮时，在创建块以后，从图形中删除选定的对象。

"未选定的对象"：表示还未选择对象，当选择对象后将显示选定对象的数目。

(4) "方式"选项组：该选项组用于指定块的行为方式。

"注释性(A)"复选框：用于指定块是否为注释性。

"使块方向与布局匹配"复选框：用于指定在图纸空间视口中的块参照的方向与布局的方向匹配。如果未选择"注释性"选项，则该选项不可用。

"按统一比例缩放"复选框：指定是否阻止块参照不按统一比例缩放。

"允许分解"复选框：用于指定块参照是否可以被分解。

(5) "设置"选项组：用于指定块的设置。

"块单位"列表框：用于指定块参照插入单位。

"超链接"按钮：单击该按钮，打开"插入超链接"对话框，可以使用该对话框将某个超链接与块定义相关联。

（6）"说明"文本框：指定块的文字说明。

（7）"在块编辑器中打开"复选框：勾选此复选框时，单击"确定"后，在块编辑器中打开当前的块定义。

例 5-1　创建如图 5-4 所示沙发的图块。

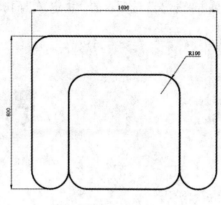

图 5-4　沙发

具体操作步骤如下：

（1）用矩形、偏移、分解、延伸、圆角、直线等命令画出如图 5-4 所示的图形，再用线性标注和半径标注。

（2）在功能区单击"默认"选项卡"块"面板中的按钮 创建，打开如图 5-2 所示"块定义"对话框。

（3）在"名称"框输入该块的名称，在"设置"窗口的"块单位"选择默认的"毫米"。

（4）单击"拾取点"按钮，并在图形的适当地方单击，比如如图 5-5 所示前端中点。

（5）单击"选择对象"按钮，如图 5-6 所示选择全部对象并回车。选中图 5-2 中的"转换为块"单选框和"允许分解"复选框，然后单击"确定"按钮，如图 5-4 所示沙发图块创建完成。

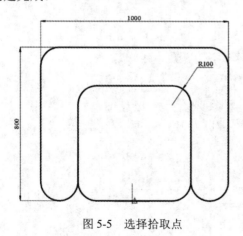

图 5-5　选择拾取点

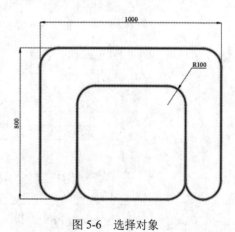

图 5-6　选择对象

3. 写块

利用 BLOCK 命令创建的图块只保存在当前图形文件里，要想在其他图形文件里插入该图块，就必须要永久保存该图块，也就是写块。

1) 操作方法

写块的方法有两种(如图 5-7 所示)：

(1) 命令行：WBLOCK(快捷命令是 W)↙。

(2) 功能区：在功能区单击"插入"选项卡的"块定义"面板中的"写块"按钮 。

图 5-7　写块的方式

2) 选项功能

　　命令行中输入"W"回车后，将弹出"写块"对话框，如图 5-8 所示。在"写块"对话框中提供了一种便捷的方法，用于将当前图形的零件保存到不同的图形文件，或将指定的块定义另存为一个单独的图形文件。

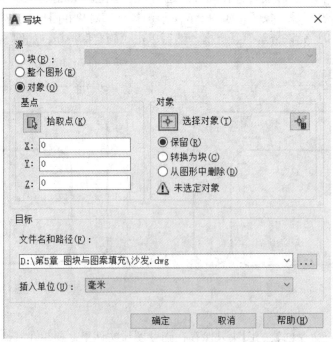

图 5-8　"写块"对话框

(1) "源"选项组：指定块或对象，将其另存为文件并指定插入点。

"块"单选按钮：选择此按钮时，可从它右边的下拉列表中选择现有的块保存为永久块。

"整个图形"单选按钮：选择此按钮时，把整个图形作为一个块另存为永久块。

"对象"单选按钮：选择此按钮时，选择要另存为文件的对象。指定基点并选择下面的对象。

(2) "基点"选项组：指定块的基点。默认值是(0,0,0)。

"拾取点"按钮：当选择此按钮时，暂时关闭对话框以使用户能在当前图形中拾取插入基点。

"X：""Y：""Z："输入框：分别指定 基点 X 坐标值、基点 Y 坐标值、基点 Z 坐标值。

(3) "对象"选项组：指定新块中要包含的对象，以及创建块之后如何处理这些对象是保留还是删除选定的对象或者是将它们转换成块实例。

"选择对象"按钮：暂时关闭"块定义"对话框，允许用户选择块对象。选择完对象后，按 Enter 键可返回到该对话框。

" 📥 "按钮：单击此按钮弹出"快速选择"对话框，如图 5-3 所示，通过该对话框定义选择集来快速选择所需要的对象。

"保留"单选按钮：选择此按钮时，在创建块以后，将选定对象保留在图形中作为区别对象。

"转换为块"单选按钮：选择此按钮时，在创建块以后，将选定对象转换成图形中的块实例。

"从图形中删除"单选按钮：选择此按钮时，在创建块以后，从图形中删除选定的对象。

"未选定的对象"：表示还未选择对象，当选择对象后将显示选定对象的数目。

(4) "目标"选项组：指定文件的新名称和新位置以及插入块时所用的测量单位。

"文件名和路径"列表框：指定文件名和保存块或对象的路径。单击后面的按钮 ... ，显示"浏览图形文件"对话框。

"插入单位："列表框：指定从 Design Center (设计中心)拖动新文件或将其作为块插入到使用不同单位的图形中时时用于自动缩放的单位值。如果希望插入时不自动缩放图形，请选择"无单位"。

例 5-2　写如图 5-4 所示沙发的图块。

操作步骤如下：

(1) 用矩形、偏移、分解、延伸、圆角、直线等命令画出如图 5-4 所示的图形，再用线性标注和半径标注。

(2) 在命令行上输入"W"并回车，打开如图 5-8 所示"写块"对话框。

(3) 单击"文件名和路径"框后按钮 ... ，打开"浏览图形文件"对话框，设置要永久保存图块的路径及名称，单击"保存"。插入单位默认"毫米"不变。

(4) 在"写块"对话框中单击"拾取点"按钮，在图形的适当地方单击，本例如图 5-9 所示后端中点。

(5) 在"写块"对话框中单击"选择对象"按钮，如图 5-10 所示选择全部对象并回车，选中图 5-8 中的"保留"单选框。(选择"保留"则保留源对象沙发；选择"转换为块"，则原图形将为图块；选择"从图形中删除"，则原图形对象从当前图形文件窗口删除了。)单击"确定"按钮，如图 5-4 所示的沙发图块创建完成。

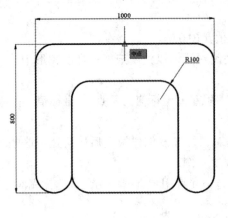

图 5-9　选择拾取点　　　　　　　　　　　图 5-10　选择对象

4. 插入块

创建块和写块的目的是为了插入块，可以根据需要随时把创建好的块插入到当前图形的任意位置，写的块可以根据需要插入到任何图形中的任何位置。插入的块是一个对象，在插入的同时，还可以根据需要改变图块的大小、旋转一定角度或把图块分解成多个对象。

1) 操作方法

插入图块的方式以下有四种(如图 5-11 所示)：

(1) 命令行：INSERT(快捷命令是 I)↙。

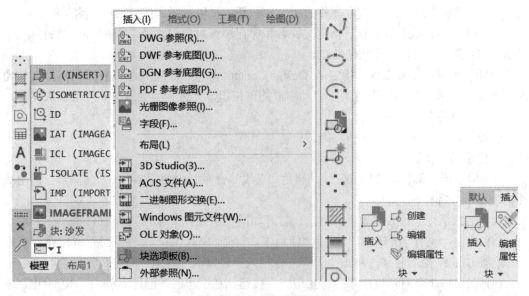

图 5-11　插入图块的方式

(2) 菜单栏："插入"→"块"。

(3) 工具栏：单击"绘图"工具栏中的"插入块"按钮 。

(4) 功能区：在功能区单击"默认"选项卡的"块"面板中的"插入块"按钮 ；单击"插入"工具栏中的"插入块"按钮 。

2) 选项功能

命令行中输入"I"回车，弹出"插入块"选项，如图 5-12 所示。

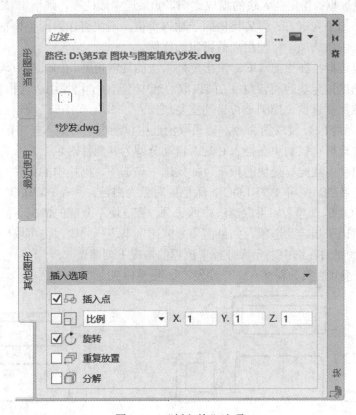

图 5-12　"插入块"选项

"插入块"选项的整个顶部区域提供了显示和访问控件。

(1) "当前图形"选项卡：显示当前图形中可用块定义的预览或列表。

(2) "最近使用"选项卡：显示当前和上一个任务中最近插入或创建的块定义的预览或列表。这些块可能来自各种图形。

提示： 可以删除"最近使用"选项卡中显示的块(方法是在其上单击鼠标右键，并选择"从最近列表中删除"选项)。若要删除"最近使用"选项卡中显示的所有块，请将 BLOCKMRULIST 系统变量设置为 0。

(3) "其他图形"选项卡：显示从单个指定图形中插入的块定义的预览或列表。块定义可以存储在任何图形文件中。将图形文件作为块插入还会将其所有块定义输入到当前图形中。

提示： 可以创建存储所有相关块定义的"块库图形"。如果使用此方法，则在插入块库图形时选择选项板中的"分解"选项，可防止图形本身在预览区域中显示或列出。

(4) "插入选项"选项组：插入块的位置和方向取决于 UCS 的位置和方向。仅当单击并放置块而不是拖放它们时，才可应用这些选项。

"插入点"复选框：指定块的插入点。如果选中该选项，则插入块时使用定点设备或手动输入坐标，即可指定插入点。如果取消选中该选项，将使用之前指定的坐标。若要使用此选项在先前指定的坐标处定位块，必须在选项板中双击该块。

"比例"复选框：指定插入块的缩放比例。如果选中该选项，则指定 X、Y 和 Z 方向的比例因子。如果为 X、Y 和 Z 比例因子输入负值，则块将作为围绕该轴的镜像图像插入。如果取消选中该选项，将使用之前指定的比例。

"旋转"复选框：在当前 UCS 中指定插入块的旋转角度。如果选中该选项，使用定点设备或输入角度指定块的旋转角度。如果取消选中该选项，将使用之前指定的旋转角度。

"重复放置"复选框：控制是否自动重复块插入。如果选中该选项，系统将自动提示其他插入点，直到按 esc 键取消命令。如果取消选中该选项，将插入指定的块一次。

"分解"复选框：控制块在插入时是否自动分解为其部件对象。若块将在插入时有分解的指示，将自动阻止光标处块的预览。如果选中该选项，则块中的构件对象将解除关联并恢复为其原有特性。使用 BYBLOCK 颜色的对象为白色，具有 BYBLOCK 线型的对象使用 CONTINUOUS 线型。如果取消选中此选项，将在块不分解的情况下插入指定块。只能使用统一比例因子指定此选项。如果需要分解比例不统一的块，仍可以使用 EXPLODE 命令手动完成(如果块在选中"允许分解"选项的情况下创建)。

例 5-3　在茶几两头分别插入一个沙发，如图 5-13 所示。

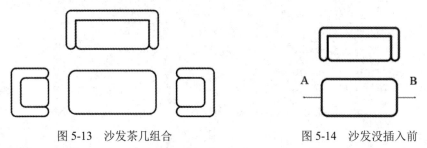

图 5-13　沙发茶几组合　　　　　图 5-14　沙发没插入前

操作步骤如下：

(1) 用矩形、偏移、分解、延伸、圆角、直线等命令画出如图 5-14 所示的图形，并作两条辅助线以确定插入沙发的位置点 A 和 B。

(2) 在功能区单击"默认"选项卡的"块"面板中的按钮，打开如图 5-12 所示"插入块"选项板。

(3) 打开"其他图形"选项卡，在"插入选项组"中，选择"插入点""旋转"并输入旋转角度为 90°，单击"浏览"按钮打开前面所见的"沙发"图块，在预览区双击沙发图形，在绘图窗口单击插入点 A 点。

(4) 打开"其他图形"选项卡，在"插入选项组"中，选择"插入点""旋转"并输入旋转角度为 −90°，单击"浏览"按钮打开前面所见的"沙发"图块，在预览区双击沙发图形，在绘图窗口单击插入点 B 点。

(5) 整理图形。

5.1.2　创建与编辑属性块

块包含的信息可以分为两类：图形信息和非图形信息。块属性是图块的非图形信息，例如，办公桌图块中每个办公桌的编号、使用者等属性。块属性必须和图块结合在一起使用，并在图纸上显示为块实例的标签或说明，单独的块属性是没有意义的。

1. 属性块

块属性属于块的非图形信息，是块的组成部分。块属性可用来描述块的特性，包括标记、提示、值的信息、文字格式、位置等。属性块用于形式相同而属性内容需要变化的情况，如机械制图中的表面粗糙度符号、装配图的明细栏、建筑图的标高符号、轴线编号等。当插入块时，其属性也一起插入到图中；当对块进行编辑时，其属性也将改变。

2. 创建属性块

1) 操作方法

创建属性块的操作方法有四种(如图 5-15 所示)：

(1) 命令行：ATTDEF✓。

(1) 菜单栏："绘图"→"块"→"定义属性"。

(3) 功能区：在功能区单击"默认"选项卡的"块"面板中的"定义属性"按钮 ；在功能区单击"插入"选项卡的"块定义"面板中的"定义属性"按钮 。

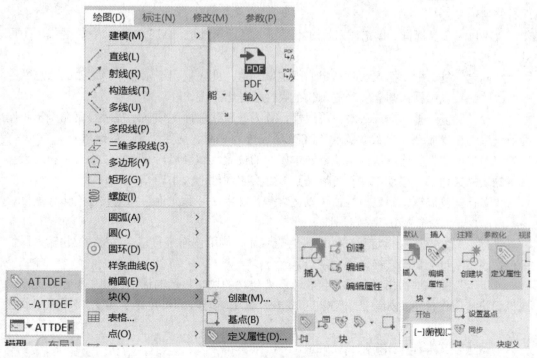

图 5-15　定义属性的方式

2) 选项功能

单击功能区"默认"选项卡的"块"面板中的"定义属性"按钮 ，弹出"属性定义"对话框，如图 5-16 所示。

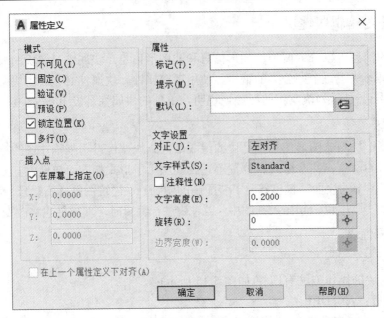

图 5-16　"属性定义"对话框

(1) "模式"选项组：在图形中插入块时，设定与块关联的属性值选项。默认值存储在 AFLAGS 系统变量中。更改 AFLAGS 设置将影响新属性定义的默认模式，但不会影响现有属性定义。

"不可见"复选框：指定插入块时不显示或打印属性值。ATTDISP 命令将替代"不可见"模式。

"固定"复选框：插入块时指定的固定属性值。此设置用于永远不会更改的信息。

"验证"复选框：插入块时提示验证属性值是否正确。

"预设"复选框：插入块时，将属性设置为其默认值而无须显示提示。仅在提示将属性值设置为在"命令"提示下显示(ATTDIA 设置为 0)时，应用"预设"选项。

"锁定位置"复选框：锁定块参照中属性的位置。解锁后，属性可以相对于使用夹点编辑的块的其他部分移动，并且可以调整多行文字属性的大小。

"多行"复选框：指定属性值可以包含多行文字，并且允许您指定属性的边界宽度。

(2) "属性"选项组：设定属性数据。

"标记"文本框：指定用来标识属性的名称。使用任何字符组合(空格除外)输入属性标记，小写字母会自动转换为大写字母。

"提示"文本框：指定在插入包含该属性定义的块时显示的提示。如果不输入提示，属性标记将用作提示。如果在"模式"区域选择"常数"模式，"属性提示"选项将不可用属性定义。

"默认"文本框：指定默认属性值。

"　"按钮：显示"字段"对话框，可以在其中插入一个字段作为属性的全部或部分的值。

(3) "插入点"选项组：指定属性位置。输入坐标值，或选择"在屏幕上指定"，并使用定点设备来指定属性相对于其他对象的位置。

"在屏幕上指定"复选框：选择"在屏幕上指定"复选框时，关闭对话框后将显示"起点"提示。使用定点设备来指定属性相对于其他对象的位置。

"X"文本框：指定属性插入点的 X 坐标。

"Y"文本框：指定属性插入点的 Y 坐标。

"Z"文本框：指定属性插入点的 Z 坐标。

(4) "文字设置"选项组：设定属性文字的对正、样式、高度和旋转。

"对正："列表框：指定属性文字的对正方式。

"文字样式"列表框：指定属性文字的预定义样式。显示当前加载的文字样式。

"注释性"复选框：指定属性为注释性。如果块是注释性的，则属性将与块的方向相匹配。

"文字高度："文本框：指定属性文字的高度。输入值或选择"高度"用定点设备指定高度。此高度为从原点到指定的位置的测量值。如果选择有固定高度(任何非 0.0 值)的文字样式，或者在"对正"列表中选择了"对齐"，则"高度"选项不可用。

"旋转："文本框：指定属性文字的旋转角度。输入值或选择"旋转"用定点设备指定旋转角度。此旋转角度为从原点到指定的位置的测量值。如果在"对正"列表中选择了"对齐"或"调整""旋转"，则选项不可用。

"边界宽度："文本框：换行至下一行前，指定多行文字属性中一行文字的最大长度。值 0.000 表示对文字行的长度没有限制。此选项不适用于单行属性。

(5) "在上一个属性定义下对齐"复选框：将属性标记直接置于之前定义的属性的下面。如果之前没有创建属性定义，则此选项不可用。

3. 编辑属性块

创建块的属性后，用户可以修改块的属性值。如果是将属性块对象和非属性块对象共同构成的图块，可通过"增强属性编辑器"对话框修改属性块内容、文字高度、颜色等信息，这种操作一般用于图名、标题栏、轴线编号等的修改。

双击块属性，系统弹出"增强属性编辑器"对话框，如图 5-17 所示。在"属性"选项卡的列表中选择要修改的文字属性，然后在下面的"值"文本框中输入块中定义的标记和值属性，"文字选项"用于修改属性文字的格式，"特性"选项用于修改属性文字的图层及其线宽、线型、颜色及打印样式等。

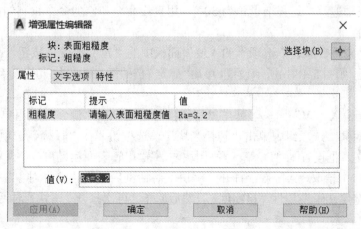

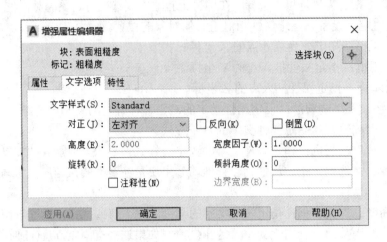

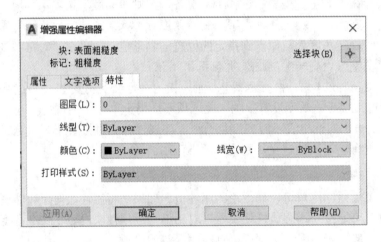

图 5-17　"增强属性编辑器"对话框

例 5-4　绘制表面粗糙度符号，取 H=5，默认值为 Ra=1.6，定义属性块并命名为"表面粗糙度。"

操作步骤如下：

(1) 打开极轴追踪，设置增量角为 30°，用直线命令和修剪命令绘制如图 5-18(a)所示粗糙度符号图形。

(2) 单击功能区"默认"选项卡的"块"面板中的"定义属性"按钮 🖺 ，弹出"属性定义"对话框，如图 5-18(b)所示设置，单击"确定"按钮后在适当位置拾入点，如图 5-16(c)所示。

(3) 命令行输入"W"回车，弹出"写块"对话框，在"源"选项组单击"对象"单选按钮，在"对象"选项组中单击"转换为块"单选按钮，在"目标"选项组中单击"文件名和路径"文本框设置为"D:\第 5 章 图块与图案填充\表面粗糙度"，再单击"拾取点"按钮在图形窗口中拾取"A"点；打开"写块"对话框后单击"选择对象"按钮，在图形窗口中选择粗糙度图形及属性"粗糙度"，然后回车，再次打开"写块"对话框后单击"确定"按钮；打开"编辑属性"对话框，如图 5-18(d)所示，在该对话框里输入相应的表面粗糙度值，单击"确定"按钮，至此如图 5-18(e)所示的表面粗糙度属性块建成。

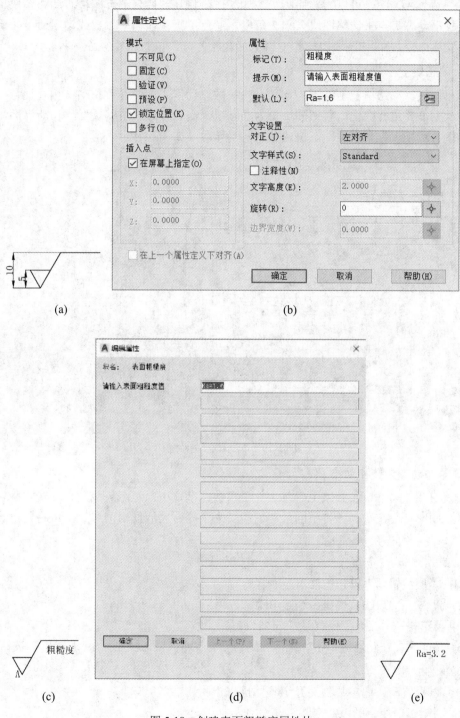

图 5-18　创建表面粗糙度属性块

5.1.3　创建与编辑动态块

在 AutoCAD 中，可以为普通图块添加动作，将其转换为动态图块。动态图块可以通过直接移动动态夹点来调整图块大小、角度，避免了频繁地输入参数或调用命令(如缩放、旋转、镜像命令等)，使图块的操作变得更加轻松。

1. 动态块

简单地说，动态块就是给图块定义一些参数、动作，这些参数和动作相互配合，可以让图块根据需要进行变化。要把图块变为动态块，需要打开"块编辑器"功能界面，然后通过"编写选项板"来设置动态块的参数和动作等，如图 5-19 所示。

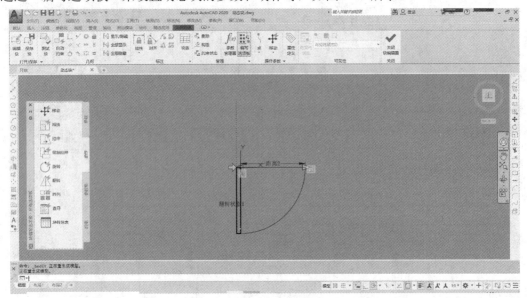

图 5-19　编写动态块界面

2. 添加动态参数和动作

要使块变成动态块，必须至少包含一个参数。参数可以是点、线性、旋转、翻转等。在建筑制图中，经常绘制各种不同尺寸的门，为了能够灵活使用门对象，可将门设置为动态门。

1) 操作方法

执行"块编辑器"操作方法有三种：

(1) 命令行：BEDIT(快捷命令是 BE)↙。

(2) 菜单栏："工具"→"块编辑器"。

(3) 功能区：在功能区单击"插入"选项卡的"块"面板中的"块编辑器"按钮。

2) 操作步骤

下面以设置动态门参数为例介绍具体操作步骤。

(1) 用矩形命令、圆弧命令和直线命令绘制门对象。

(2) 用"W"命令保存"门动态块"图块，如图 5-20 所示。

(3) 单击功能区"插入"选项卡的"块"面板中的"块编辑器"按钮,打开"编辑块定义"对话框,如图 5-21 所示。选择要编辑的块名"门动态块",单击"确定"按钮。

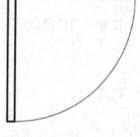

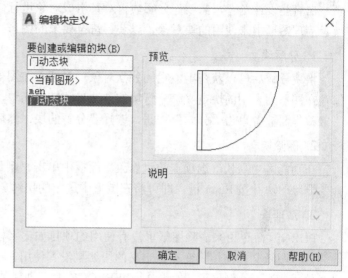

图 5-20 "门动态块"图   图 5-21 "编辑块定义"对话框

(4) 进入编写动态块界面,在"块编写选项板"中单击"参数"选项卡的"线性"按钮设置动态参数"距离 1",单击"翻转"按钮添加动态参数"翻转状态 1";单击"动作"选项卡的"缩放"按钮,选择参数"距离 1"和对象直线、圆弧、矩形,添加"缩放"动作;单击"动作"选项卡的"翻转"按钮,选择参数"翻转状态 1"和对象直线、圆弧、矩形,添加"翻转"动作。如图 5-22 所示。

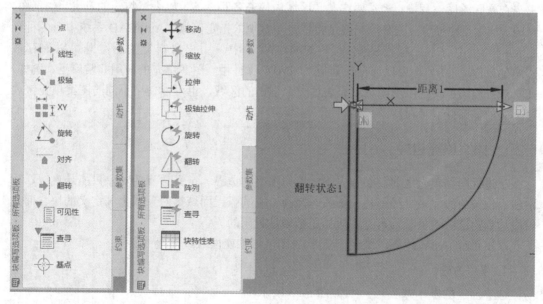

图 5-22 动态块添加参数和动作

(5) 单击功能区"块编辑器"选项卡中的"保存块"按钮,并关闭块编辑器。

5.1.4　分解块、删除块与清理块

在有些设计场合，需要先分解块再对某组成对象进行修改，以及删除插入的多余块，或者清理图形中未使用的块对象，以获得符合要求的图形。

1. 分解块

将块分解后可以获得组成它的独立对象。对插入在图形中的块进行分解，并不会改变保存在图形列表中的块定义。分解块的方法步骤较为简单，即在功能区"默认"选项卡的"修改"面板中单击"分解"按钮，选择要分解的块，然后按 Enter 键即可。

2. 删除块

在功能区"默认"选项卡的"修改"面板中单击"删除"按钮，接着在图形窗口中选择要删除的块并按 Enter 键，即可将在图形中选定的块对象删除。

3. 清理块

PURGE 命令用来清除图纸里没有使用的项目如文字样式、标注样式、图层、线型、块等，使图纸文件的体积变小。定义的块如果没有使用，用 PURGE 命令即可删除；如果已经使用，就不能删除了。如果是用 WBLOCK 命令创建的块，已经形成了单独的块文件，将此文件删除即可。单击"应用程序"按钮，接着从打开的应用程序菜单中选择"图形实用工具"→"清理"命令，则可以利用打开的"清理"对话框来清理某些未使用的图块。

5.2　图　案　填　充

在实际绘图过程中，经常要在某些区域内填充各种图案，以表示特定的意义，如剖面、材料、用途、地界等。图案填充就是将特定图案填入指定区域。AutoCAD 系统中有各种预定义符号集中存放在标准图案库 "ACAD.PAT" 中。用户自定义的图案既可以保存在 "ACAD.PAT" 中，也可以保存在其他 "*.PAT" 文件中。图案填充的应用非常广泛，例如，在机械工程图中，可以用图案填充表达一个剖切的区域，也可以使用不同的图案填充来表达不同的零部件或者材料。

5.2.1　图案填充边界

在进行图案填充之前，必须先确定填充图案的边界。定义边界的对象只能是直线、构造线、样条曲线、多义线、圆、圆弧、椭圆、椭圆弧、面域等对象或由其定义的块，而且组成边界的这些对象必须可见。边界还必须是封闭的。

"BOUNDARY(边界)"命令就是从封闭区域创建面域或多段线。

1. 操作方法

边界创建的操作方法有三种(如图 5-23 所示)：

(1) 命令行：BOUNDARY(快捷命令是 BO)↙。

(2) 菜单栏："绘图"→"边界"。

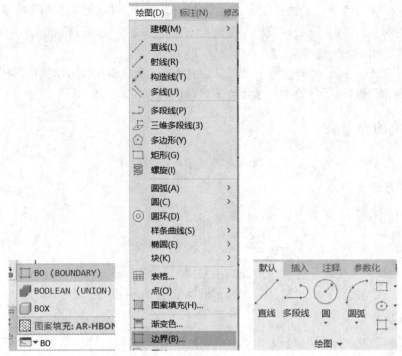

图 5-23 创建边界的方式

(3) 功能区：在功能区单击"默认"选项卡的"绘图"面板中的"边界创建"按钮 ⌐·。

2. 选项功能

执行以上任意一种方法，将弹出"边界创建"对话框，如图 5-24 所示。

图 5-24 "边界创建"对话框

"拾取点"按钮：根据围绕指定点构成封闭区域的现有对象来确定边界。

"孤岛检测"复选框：控制 BOUNDARY 命令是否检测称为"孤岛"的所有内部闭合边界(除了包围拾取点的对象之外)。如果已清除"孤岛检测"选项，则将忽略所有闭合内部对象。

"对象类型"列表框：控制新边界对象的类型。

"边界集"选项组：定义通过指定点定义边界时，BOUNDARY(边界)要分析的对象集。选择"当前视口"，则当前视口范围中的所有对象定义边界集，选择此选项将放弃当前所有边界集。

"新建"按钮：提示用户选择用来定义边界集的对象。BOUNDARY(边界)仅包括可以在构造新边界集时，用于创建面域或闭合多段线的对象。

5.2.2　图案填充方法

位于图案填充边界内的封闭区域或文字对象将视为孤岛。

1. 操作方法

图案填充的操作方法有四种：

命令行：BHATCH✓、HATCH(快捷命令是 H)✓。

菜单栏："绘图"→"图案填充"。

工具栏：单击"绘图"工具栏中的"图案填充"按钮▨。

功能区：在功能区单击"默认"选项卡的"绘图"面板中的"图案填充"按钮▨。

2. 选项功能

执行上述任意一个操作都会弹出"图案填充和渐变色"对话框。单击"展开"按钮⊙后将展开更多选项设置，如图 5-25 所示。

图 5-25　"图案填充和渐变色"对话框

"图案填充和渐变色"对话框可以用来定义图案填充的边界、图案类型、图案特性等。

1)　"图案填充"选项卡

如图 5-26 所示，"图案填充"选项卡主要定义要填充图案的外观，如"类型和图案""角度和比例""图案填充原点""边界""选项"及展开后的"孤岛"等选项组。

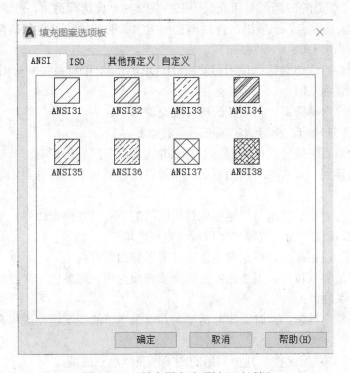

图 5-26　"填充图案选项板"对话框

(1)　"类型和图案"选项组。

"类型"列表框：有三个选项："预定义""用户定义""自定义"。"预定义"选项可以让用户指定一个 AutoCAD 系统提供的填充图案，"自定义"可用于从其他定制的"PAT"文件而不是从"ACAD.PAT"中指定的图案，"用户定义"为用户临时定义简单的填充图案。

"图案"列表框："类型"设置为"预定义"时有效，用于设置填充的图案。用户可以从"图案"下拉列表中根据图案名来选择，也可以单击其右边的 ⬛ 按钮，打开如图 5-26 所示的"填充图案选项板"对话框。该对话框有四个选项卡：ANSI、ISO、其他预定义和自定义。

"颜色"列表框：可以设置图案的颜色。

"样例"文本框：显示选定图案的预览图像。

(2)　"角度和比例"选项组。

"角度"列表框：指定填充图案与 UCS 的 X 坐标轴的角度，默认角度为 0°，表示图案与 UCS 的 X 坐标轴成 45°。

"比例"列表框：设置图案填充时的比例值，控制图案的疏密程度。每种图案在定义时的初始比例为 1，用户可以直接在"缩放比例"文字框内输入，也可以从相应的下拉列表中选择放大或缩小图案。

"双向"复选框：只有用户定义类型时才有用，将会绘制第二条直线，并且与原来的直线垂直，从而构成交叉直线。

"间距"文本框：只有用户定义类型时才有用，可指定填充图案直线间距。

"ISO 笔宽"复选框：当图案填充采用 ISO 图案时，此选项可用，用于设置笔的宽度。

(3) "图案填充原点"选项组：控制填充图案生成的起始位置。默认情况下，所有填充图案原点都与当前 UCS 原点对应。

"使用当前原点"单选钮：使用存储在 HPORIGINMODE(系统变量)中的设置。默认情况下，原点设置为 0,0。

"指定的原点"单选钮：指定新的图案填充原点。

(4) "边界"选项组：指定选定填充图案的边界。

"添加：拾取点"按钮：根据围绕指定点并构成封闭区域的现有对象确定边界。当单击该按钮时，切换到 AutoCAD 绘图界面，系统自动计算包围该点的封闭填充边界，并高亮显示这些边界。

"添加：选择对象"按钮：根据构成封闭区域的所有对象确定边界。单击该按钮时，切换到 AutoCAD 绘图界面，选择对象后就确定构成填充区域的边界。

"删除边界"按钮：从边界定义中删除以前添加的所有对象。

"重新创建边界"按钮：围绕选定的图案填充或为填充对象创建多段线或面域，并与图案填充对象相关联。

"查看选择集"按钮：暂时关闭对话框，并根据当前的图案填充或填充设置显示当前定义的边界。

(5) "选项"选项组：控制几个常用的图案填充或填充选项。

"关联"复选框：关联的图案填充在用户修改其边界时将会更新。

"创建独立的图案填充"复选框：指定几个单独的闭合边界，将创建多个相互独立图案填充对象。

"绘图次序"列表框：为图案填充或填充对象指定绘图次序，可指定图案填充放在所有其他对象之后、所有其他对象之前、图案填充边界之后或图案填充边界之前完成。

"继承特性"按钮：对指定的边界进行图案填充。

"预览"按钮：关闭对话框，并使用当前图案填充设置显示当前定义的边界。单击图形或按"Esc"键返回对话框。单击鼠标右键或按"Enter"键接受图案填充。如果没有指定用于定义边界的点，或没有选择用于定义边界的对象，则此选项不可用。

2) "渐变色"选项卡

"图案填充和渐变色"对话框的"渐变色"选项卡如图 5-27 所示，主要用于定义渐变填充，包括"颜色""方向""边界""选项"等选项组。

(1) "颜色"选项组：用于设定渐变填充的颜色类型。

"单色"单选钮：指定使用从较深着色到较浅色调过渡的单色填充。选择"单色"时，将显示带有"浏览"按钮和"着色"滑块的颜色样本。

"暗"和"明"滑块：指定一种颜色的明(选定颜色与白色的混合)或暗(选定颜色与黑

色的混合)，用于渐变填充。

"双色"单选钮：指定在两种颜色之间平滑过渡的双色渐变填充。选择"双色"时，将显示颜色 1 和颜色 2 的带有"浏览"按钮的颜色样本。

渐变图案：显示用于渐变填充的九种固定图案。这些图案包括线性扫掠状、球状和抛物面状图案。

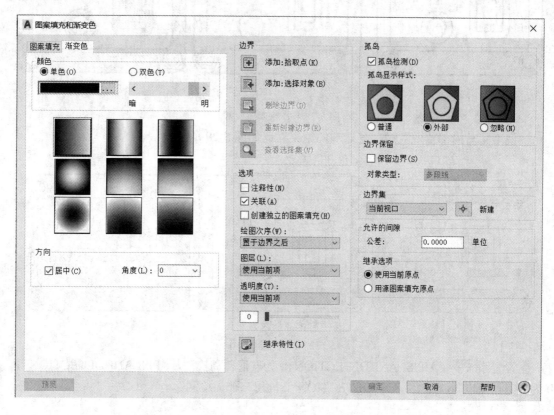

图 5-27 "图案填充和渐变色"对话框的"渐变色"选项卡

(2) "方向"选项组：指定颜色渐变的角度以及是否居中。

"居中"复选框：指定对称的渐变配置。如果没有选定此选项，渐变填充方向将朝左上方变化，创建的光源为在对象左边的图案。

(3) "角度"列表框：指定渐变填充的角度。此选项与指定给图案填充的角度互不影响。其他选项组和按钮与"图案填充"选项卡相同。

3) "孤岛"选项卡

位于图案填充边界内的封闭区域或文字对象将视为孤岛。

孤岛检测样式有普通孤岛检测、外部孤岛检测、忽略孤岛检测三种样式。其中，若选中关联按钮，则指定图案填充或填充为关联图案填充，关联的图案填充在用户修改其边界时将会更新。

使用"普通孤岛检测"时，如果指定内部拾取点，则孤岛保持为不进行图案填充，而孤岛内的孤岛将进行图案填充，如图 5-28 所示。

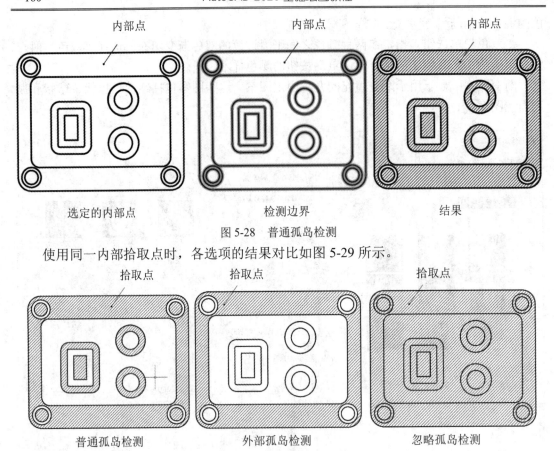

图 5-28　普通孤岛检测

使用同一内部拾取点时，各选项的结果对比如图 5-29 所示。

普通孤岛检测　　　　　　　　外部孤岛检测　　　　　　　　忽略孤岛检测

图 5-29　不同检测对比

设置系统变量 HPISLANDDETECTION=0 为普通孤岛检测，HPISLANDDETECTION=1 为外部孤岛检测，HPISLANDDETECTION=2 为忽略孤岛检测。

5.2.3　编辑图案填充

创建了图案填充后，如果需要修改填充图案或修改图案区域的边界，可单击填充的图案，在功能图中打开"图案填充编辑器"，如图 5-30 所示。图案填充编辑器有"边界""图案""特性""原点""选项""关闭"等六个面板。

(1)　"边界"面板：提供了"拾取点""选择""删除""重新创建"等工具。其中，"拾取点"工具通过选择由一个或多个对象形成的封闭区域内的点来确定图案填充边界。"选择"工具用于指定基于选定对象的图案填充边界，使用此选项时，不会自动检测内容对象，因此为了在文字周围创建不填充的空间，可将文字包括在选择集中。"删除"工具用于从边界定义中删除之前添加的任何对象。"重新创建"工具则用于围绕选定的图案填充或填充对象创建多段线或面域，并使其与图案填充对象相关联(可选)。

(2)　"图案"面板：显示所有预定义和自定义图案的预览图像，用户从中选择所需的图案。当选择"SOLID"实体填充图案时，可以实现纯色填充。可以把原来的填充图案改变新选择的填充图案。

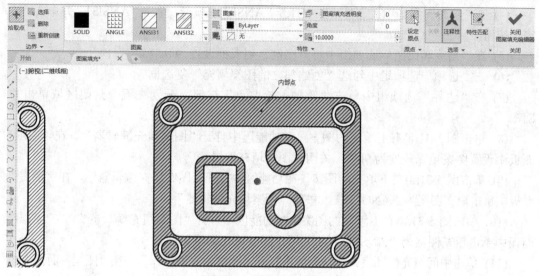

图 5-30　图案填充编辑器

（3）"特性"面板：可以查看并设置图案填充类型、图案填充颜色或渐变色、图案填充透明度、图案填充角度、图案填充缩放、图案填充间距和图层名等。

（4）"原点"面板：可用于控制填充图案生成的起始位置。某些图案填充(如砖块图案)需要与图案填充边界上的一点对齐，默认情况下，所有图案填充原点都对应于当前的 UCS 原点。

（5）"选项"面板：可控制几个常用的图案填充或填充选项，如关联性、注释性、特性匹配、允许的间隙和孤岛检测选项等。

（6）"关闭"面板：在该面板上单击"关闭图案填充编辑器"按钮，则退出图案填充编辑，并关闭"图案填充编辑器"上下文选项卡。

例 5-5　对图 5-31(a)图案填充，如图 5-31(b)所示。

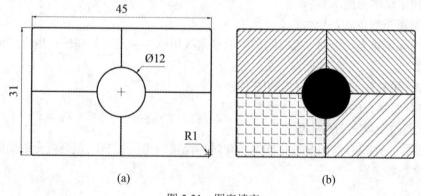

(a)　　　　　　　　　　　(b)

图 5-31　图案填充

操作步骤如下：

（1）画出图 5-31(a)(省略)。

（2）单击功能区的绘图面板中的"图案填充"按钮，弹出"图案填充和渐变色"对话框。

（3）打开"图案填充"选项卡，单击"类型和图案"选项组中"图案"复选框后按钮...，弹出"填充图案选项板"对话框。

(4) 在"填充图案选项板"对话框中打开"ANSI"选项卡，单击"ANSI31"并单击"确定"按钮。

(5) 在"角度和比例"选项组中将"比例"列表框设置为8。

(6) 在"选项"选项组中勾选"创建独立的图案填充"复选框。

(7) 在"边界"选项组中单击"添加：拾取点"按钮，分别在五个封闭区域单击并回车。

(8) 单击图 5-31(a)右上填充的图案，在功能区中打开"图案填充编辑器"，在"选项"面板中设置图案填充角度为90°，关闭"图案填充编辑器"。

(9) 单击图 5-31(a)左下填充的图案，在功能区中打开"图案填充编辑器"，在"图案"面板中单击填充图案为"ANGLE"，关闭"图案填充编辑器"。

(10) 单击图 5-31(a)右下填充的图案，在功能区中打开"图案填充编辑器"，在"图案"面板中单击填充图案为"ANSI32"，关闭"图案填充编辑器"。

(11) 单击中间填充的图案，在功能区中打开"图案填充编辑器"，在"图案"面板中单击填充图案为"SOLID"，关闭"图案填充编辑器"并保存文件。

思 考 与 练 习

1. 什么是图块？图块的作用是什么？

2. 如何创建图块？

3. 要将创建的图块保存起来，使用的命令是什么？

4. 如何插入和分解图块？

5. 如何创建与编辑属性块？

6. 图案填充的命令是什么？

7. 如何编辑填充的图案？

8. 图案填充的步骤是什么？

9. 使用图案填充命令时，机械制图中的剖面线用哪一种图案？建筑制图中的混凝土用哪一种图案？

10. 如何填充钢筋混凝土材料的图案？

11. 如何将填充的图案进行分解？

12. 如何改变填充图案的角度？

13. 使用"ANSI31"图案进行图案填充时，设置的角度为90°，则填充的图案与水平方向的夹角是多少？

第6章 文字与尺寸

　　注写文字和标注尺寸是绘制工程图样的重要环节。工程图样的结构绘制完成后，接下来的任务就是要注写必要的技术要求、注释文字，标注各部分的尺寸。

6.1 文　字

6.1.1 文字样式

　　注写文字，首先要创建符合工程图样标准的文字样式。而 AutoCAD2020 默认的文字样式为 Standard，默认字体为 txt.shx。

1. 命令输入

(1) 面板按钮：单击"默认"选项卡的"注释"面板中的→"文字样式"按钮 A 。

(2) 功能区：单击"注释"选项卡的"文字"面板中的→右下角的按钮 。

命令行：STYLE✓。

菜单栏："格式"→"文字样式"。

2. 操作说明

　　通过该命令，可激活"文字样式"对话框，如图 6-1 所示。该对话框用来选择、创建、修改文字样式。

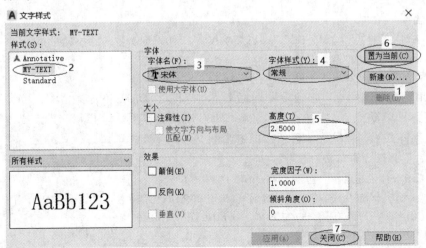

图 6-1 "文字样式"对话框

1) 样式名

该命令可对文字样式进行命名、重命名或删除。样式名称最多可有 31 个字符，包括字母、数字和特殊字符。若用户要创建一种新样式，系统可自动命名：样式 N，N 从 1 计数；每创建一种新样式，其值增加 1。

2) 字体

该命令可选择字体、字体样式、设定字体高度。若高度为 0，则字高不固定，在使用文字命令时，系统将提示用户输入高度值。若高度用非 0 定义，则文字有固定高度。

3) 效果

该命令可设置文字排列方式、高度比例因子、倾斜角度。

4) 预览

该命令可预览其左侧文字框中输入的文字。

6.1.2　注写文字

在 AutoCAD 2020 中，输入文字的命令有两个：TEXT 和 MTEXT。其中，TEXT 可生成单行文字；MTEXT 可在规定区域生成多行段落文字。

1. TEXT——单行文字

用于在图形中输入文字，这些文字是以"行"为单位，各自独立的文字。

1) 命令输入

(1) 面板按钮：单击"默认"选项卡的"注释"面板中的"单行文字"按钮 A。

(2) 功能区：单击"注释"选项卡的"文字"面板中的"单行文字"按钮 A。

(3) 工具按钮：单击"文字"工具栏中的"单行文字"按钮 A。

(4) 命令行：TEXT✓。

(5) 菜单栏："绘图"→"文字"→"单行文字"。

2) 操作说明

　　　命令：TEXT✓
　　　当前文字样式："MY-TEXT"　　文字高度：2.5000　注释性：否　对正：左
　　　指定高度 <2.5000>：
　　　指定文字的旋转角度 <0>：

(1) 指定文字的起点。该命令可指定文字对象的起点。在单行文字的在位文字编辑器中输入文字时，若当前文字样式不是注释性且没有固定高度，才显示"指定高度"提示；若当前文字样式为注释性，才显示"指定图纸文字高度"提示。

(2) 对正。该命令可控制文字的对正。

　　　指定文字的起点 或 [对正(J)/样式(S)]：J
　　　输入选项 [左(L)/居中(C)/右(R)/对齐(A)/中间(M)/布满(F)/左上(TL)/中上(TC)/右上(TR)/左中(ML)/正中(MC)/右中(MR)/左下(BL)/中下(BC)/右下(BR)]：

(3) 样式。该命令可指定文字样式，文字样式决定文字字符的外观。

2. MTEXT——多行文字

该命令可用于输入多行文字，即"段落"文字，该多行文字为一个整体。

1) 命令输入

(1) 面板按钮：单击"默认"选项卡的"注释"面板中的"多行文字"按钮 A。

(2) 功能区：单击"注释"选项卡的"文字"面板中的"多行文字"按钮 A。

(3) 工具按钮：单击"文字"工具栏中的"多行文字"按钮 A。

(4) 命令行：MTEXT✓。

(5) 菜单栏："绘图"→"文字"→"多行文字"。

2) 操作说明

命令：MTEXT✓

当前文字样式:"MY-TEXT"　文字高度:　2.5　注释性:　否

指定第一角点:指定文字区域范围框的第一个角点

指定对角点或 [高度(H)/对正(J)/行距(L)/旋转(R)/样式(S)/宽度(W)/栏(C)]:

在此提示下，指定文字区域范围框的另一个角点前，有几个选项可供选择。指定文字的另一个角点后，系统打开"多行文字编辑器"对话框，如图 6-2 所示。在其中可以设定文字字体、大小，输入文字等。

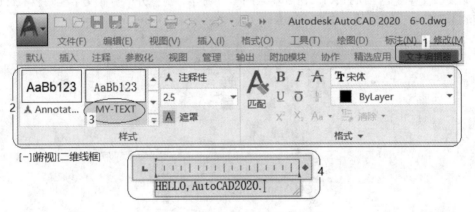

图 6-2　"多行文字编辑器"对话框

该对话框面板有样式、格式、段落、插入等多个标题。

(1) 样式：选择文字样式。

(2) 格式：设置文字字体。

(3) 段落：设置对正和行距。

(4) 插入：用来在文字中插入特殊符号。

6.1.3　修改文字

文字输入后，有时要进行修改，本节介绍两个文字修改命令。

1. TEXTEDIT——修改文字内容

1) 命令输入

(1) 快捷方式：双击需要修改的文字。

(2) 工具按钮：单击"文字"工具栏中的"编辑"按钮 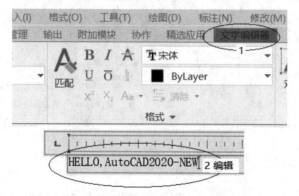。

(3) 命令行：TEXTEDIT↙。

(4) 菜单栏："修改"→"对象"→"文字"→"编辑"。

2) 操作说明

　　命令：TEXTEDIT↙

　　当前设置：编辑模式 = Multiple　　　（编辑多个模式）

　　选择注释对象或 [放弃(U)/模式(M)]:　　（可以直接选择文字对象，开始编辑）

　　选择注释对象或 [放弃(U)/模式(M)]: M　（也可以输入"M"，进行模式选择操作）

　　输入文本编辑模式选项 [单个(S)/多个(M)] <Multiple>: S　（选择编辑单个模式）

　　当前设置：编辑模式 = Single　（编辑单个模式）

　　选择注释对象或 [模式(M)]:　（选择文字对象）

选择待编辑的文字对象时，如果该文字是由"TEXT"命令输入的单行文字，则打开"编辑文字"对话框，如图6-3所示，在相应的文字框中重新输入文字。

123456-NEW

图 6-3　进入"编辑文字"对话框，修改"单行"文字内容

如果该文字是由"MTEXT"命令输入的多行文字，则打开"多行文字编辑器"对话框，如图6-4所示，在相应的文字框中重新输入文字。

图 6-4　进入"多行文字编辑器"对话框，修改"多行"文字内容

2. PROPERTIES——修改文字特性

1) 命令输入

(1) 工具按钮：单击"标准"工具栏中的【特性】按钮 。

(2) 命令行：PROPERTIES↙。

(3) 菜单栏："修改"→"特性"。

2) 操作说明

首先激活"特性"命令，再选择文字对象，打开"特性"对话框，如图6-5所示。该对话框的下拉列表框用于显示所选对象；其右侧为"快速选择"按钮。

激活"文字"分类中的"样式"项，可打开文字类型名称列表框并进行设置。

激活"文字"分类中的"内容"项，可以修改文字内容。

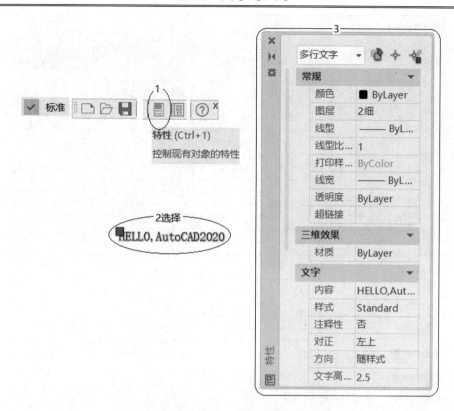

图 6-5　进入"特性"对话框修改文字特性

6.1.4　注写特殊符号

在实际绘图中，需要标注一些特殊字符。AutoCAD 软件具有工程图特殊字符的标注功能。

1. 双百分号控制符

采用双百分号"%%"控制码，可实现一些工程图特殊字符的标注，如表 6-1 所示。

表 6-1　常用特殊字符与其控制码对照表

控制码	含　义	输入内容	输出结果
%%D	标注符号"°"	45%%D	45°
%%P	标注符号"±"	%%P100	±100
%%C	标注符号"φ"	%%C50	φ50

2. 字符映射表

有些特殊字符可在字符映射表中选取，如图 6-6 所示。

操作步骤如下：

(1) 在"多行文字编辑器"对话框中单击"@符号"按钮，选择"其它(O)…"项，打开"字符映射表"对话框，如图 6-6 所示。

(2) 在"字符映射表"对话框中选择所需符号。

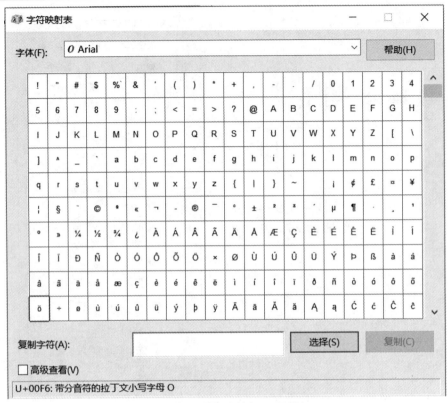

图 6-6　"字符映射表"对话框

6.2　尺　　寸

在 AutoCAD 2020 中，尺寸标注命令的调用方法如下：

(1)　"注释"面板中的相应按钮，如图 6-7 所示。

(2)　"标注"下拉菜单栏中的相应子菜单栏，如图 6-8 所示。

(3)　"标注"工具栏中的相应按钮，如图 6-9 所示。

(4)　直接在命令行中输入标注命令。

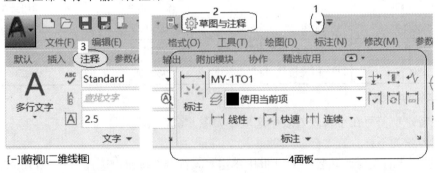

图 6-7　"注释"面板

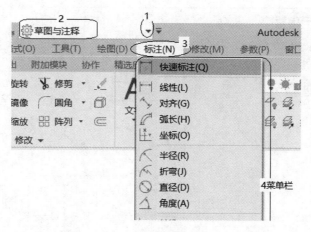

图 6-8 "标注"下拉菜单栏

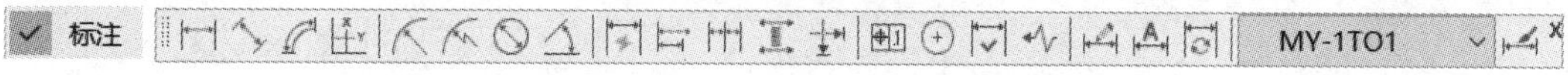

图 6-9 "标注"工具栏

6.2.1 标注样式

在尺寸标注之前,用户一般需要设置自己的标注样式。可通过"标注样式管理器"来设置标注样式。

1. 标注样式管理器

1) 命令输入

(1) 面板按钮:单击"默认"选项卡的"注释"面板中的"标注样式"按钮 。

(2) 功能区:单击"注释"选项卡的"标注"面板中的右下角的按钮 。

(3) 工具按钮:单击"标注"工具栏中的"标注样式"按钮 。

(4) 命令行:DIMSTYLE✓。

(5) 菜单栏:"格式"→"标注样式"。

2) 操作说明

命令:DIMSTYLE✓

打开"标注样式管理器"对话框,如图 6-10 所示。其各选项的功能如下:

"当前标注样式"列表框:显示当前的标注样式。

"样式"区:显示设定的所有标注样式,其中当前样式高亮显示。

"预览"区:显示当前标注样式的预览图形。

"列出"列表框:列出样式种类。

"置为当前"按钮:将选中的标注样式指定为当前样式。

"新建"按钮:打开创建新标注样式对话框,如图 6-11 所示。

"修改"按钮:打开修改标注样式对话框,用来修改在样式窗口中选中的标注样式。

"替代"按钮:打开替代当前样式对话框,用以设置临时的标注样式。

"比较"按钮:打开比较标注样式对话框,用来比较两种标注样式的区别。

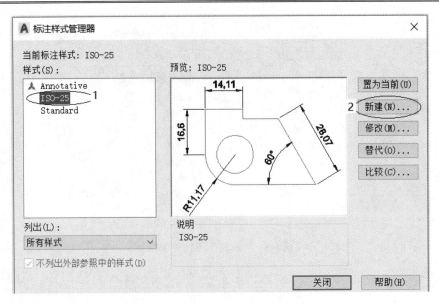

图 6-10　"标注样式管理器"对话框

2. 创建新标注样式

若系统提供的标注样式不能满足需要，必须设置自己的标注样式。设置步骤如下：

(1) 在命令行中输入"DIMSTYLE"，打开"标注样式管理器"对话框，如图 6-10 所示。

(2) 单击"新建"按钮，打开"创建新标注样式"对话框，如图 6-11 所示。

(3) 在"新样式名"文字框中输入新样式的名称，如"MY-DIMSTYLE"。在"基础样式"列表中选择一种已有样式作为新样式的基础，新样式继承它的所有属性。

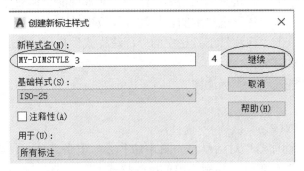

图 6-11　"创建新标注样式"对话框

(4) 单击"继续"按钮，打开"新建标注样式"对话框，如图 6-12 所示。

图 6-12　"新建标注样式"对话框

说明："修改标注样式"对话框和"替代当前样式"对话框与该对话框基本相同，不再另述。

该对话框中有 7 个选项卡，介绍如下：

(1) "线"选项卡，如图 6-13 所示。该命令可设置"尺寸线""尺寸界线"样式属性。

"尺寸线"选项组：设置尺寸线的属性。其中："颜色""线宽"列表框分别用于设置尺寸线的颜色与线宽；"超出标记""基线间距"文字框分别用于设置尺寸线伸出尺寸界线的长度(注：仅当箭头为"建筑标记""倾斜""小点""积分""无"等几种类型时才有效)及尺寸线之间的距离；"隐藏"复选框用于设置是否不显示尺寸线 1 或尺寸线 2(标注时，靠近先选择端点一侧的一半尺寸线为尺寸线 1)。

"尺寸界线"选项组：设置尺寸界线的属性。其中："颜色""线宽"列表框分别用于设置尺寸界线的颜色与线宽；"超出尺寸线""起点偏移量"文字框分别用于设置尺寸界线伸出尺寸线的长度及尺寸界线相对于尺寸起点的偏移距离；"隐藏"复选框用于设置是否不显示尺寸界线 1 或尺寸界线 2(标注时，靠近先选择端点一侧的一半尺寸界线为尺寸界线 1)。

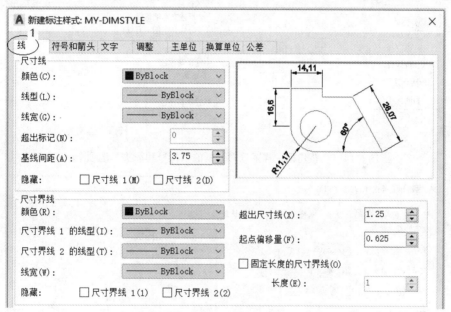

图 6-13 "新建标注样式"对话框的"线"选项卡

(2) "符号和箭头"选项卡，如图 6-14 所示。该命令可设置箭头、圆心标记等有关的样式属性。

"箭头"选项组：控制尺寸终止符的外观。其中："第一个""第二个""引线"列表框分别用于设定尺寸线与引线的箭头样式；"箭头大小"文字框用于设置箭头大小。

"圆心标记"选项组：设置圆心标记的类型与大小。

(3) "文字"选项卡，如图 6-15 所示。该命令可设置尺寸文字的格式、位置等。

"文字外观"选项组：设定标注文字的外观。其中："文字样式""文字颜色"下拉列表分别用于设定标注文字的样式及颜色；"文字高度""分数高度比例"文字框分别用于设定尺寸文字的字高及分段比例；"绘制文字边框"复选框用于设定是否在尺寸文字外绘制边框。

"文字位置"选项组：设定尺寸文字的位置。其中："垂直""水平"下拉列表分别用于控制尺寸文字沿尺寸线的垂直位置与水平位置；"从尺寸线偏移"文字框用于设定尺寸文字与尺寸线之间的距离。

　　"文字对齐"选项组：控制尺寸文字的放置方式。

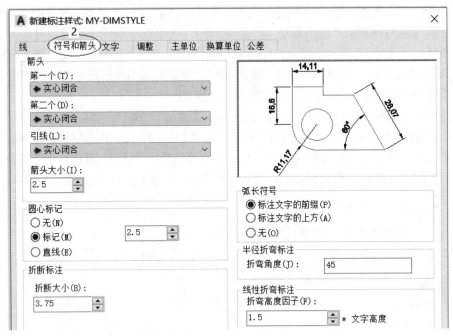

图 6-14　"新建标注样式"对话框的"符号和箭头"选项卡

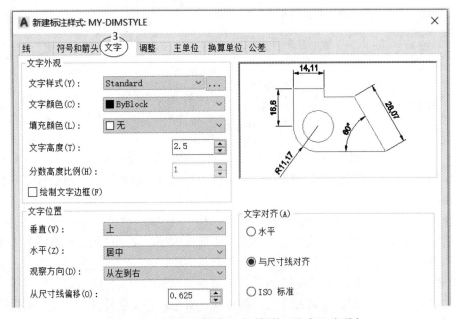

图 6-15　"新建标注样式"对话框的"文字"选项卡

　　(4)　"调整"选项卡，如图 6-16 所示。该命令可设定当尺寸界线之间的空间受到限制时，尺寸文字、箭头、引线和尺寸线的调整位置。

　　"调整选项"选项组：控制如何安排文字和箭头的合适位置。若空间够用，系统将文字和箭头放到尺寸界线之间；若不够用，则通过调整选项组中的设置来放置文字与箭头。

"文字位置"选项组：控制当文字移出尺寸界线之外时文字的位置。

"标注特征比例"选项组：设定尺寸标注的比例。

"优化"选项组：设定其他选项。

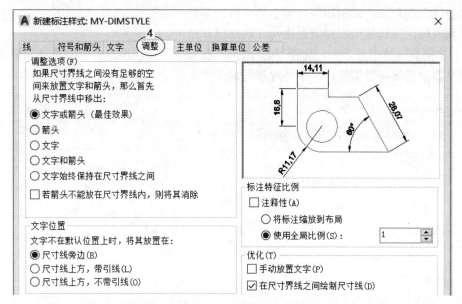

图 6-16　"新建标注样式"对话框的"调整"选项卡

(5)"主单位"选项卡，如图 6-17 所示。该命令可设定主尺寸单位的精度和格式，以及尺寸文字的前缀和后缀。

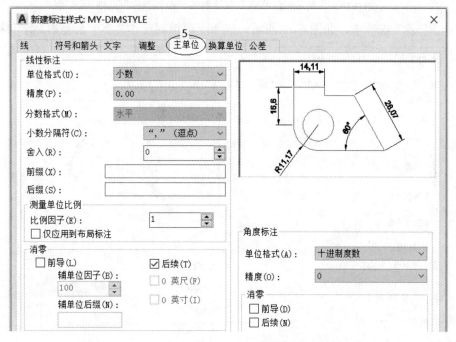

图 6-17　"新建标注样式"对话框的"主单位"选项卡

　　"线性标注"选项组：设定线性尺寸的格式和精度。其中："单位格式""精度""小数分隔符"下拉列表分别用于设置尺寸单位格式、尺寸精度及小数分隔符号；"舍入"文字框可设置舍入精度。

　　"测量单位比例"选项组：设定尺寸测量的比例。

　　"消零"选项组：控制如何显示小数点后的零。

　　"角度标注"选项组：设定角度尺寸的格式和精度。

　　(6) "换算单位"选项卡，如图 6-18 所示。该命令可设定换算单位的精度和格式，以及尺寸文字的前缀和后缀等，其中各选项类似于"主单位"选项卡。

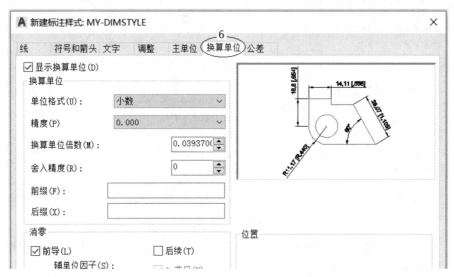

图 6-18　"新建标注样式"对话框的"换算单位"选项卡

　　(7) "公差"选项卡，如图 6-19 所示。该命令可控制尺寸文字中公差的显示和格式。

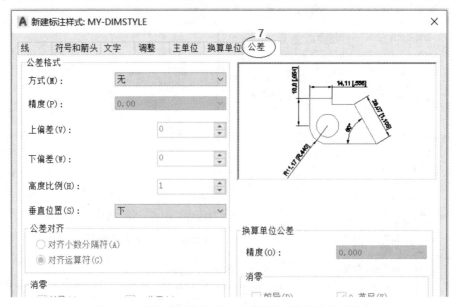

图 6-19　"新建标注样式"对话框的"公差"选项卡

"公差格式"选项组：控制公差的格式。

"消零"选项组：控制如何显示公差中小数点后的零。

"换算单位公差"选项组：设定单位精度。

"消零"选项组：控制替换单位公差中小数点后的零。

针对工程图中的线性尺寸、角度尺寸、半径尺寸、直径尺寸和图纸打印输出比例等不同情况，都要分类设置标注样式，且符合国家标准的标注样式；标注时再选取合适的标注样式，进行标注。

由于系统可以继承已有尺寸样式的属性，因此选择一个最相近的样式作为基础，修改与其不同的选项即可得到需要的样式。通过预览图案，可观察每一个选项对尺寸标注的影响，从而可以快速创建需要的标注样式。

6.2.2 标注尺寸

1. DIMLINEAR——线性标注

该命令可进行水平或垂直方向的尺寸标注。

1) 命令输入

(1) 面板按钮：单击"默认"选项卡的"注释"面板中的"线性"按钮 ⊢⊣ 。

(2) 功能区：单击"注释"选项卡的"标注"面板中的"线性"按钮 ⊢⊣ 。

(3) 工具按钮：单击"标注"工具栏中的"线性"按钮 ⊢⊣ 。

(4) 命令行：DIMLINEAR✓。

(5) 菜单栏："标注"→"线性"。

2) 操作说明

命令：DIMLINEAR✓

指定第一条尺寸界线起点或<选择对象>：(拾取第一条尺寸界线的起点或直接回车)

若拾取一点，系统提示：

指定第二条尺寸界线起点：(拾取第二条尺寸界线的起点)

系统提示：

指定尺寸线位置或

[多行文字(M)/文字(T)/角度(A)/水平(H)/垂直(V)/旋转(R)]：(指定位置)

接着系统提示：

标注文字=100(100 为指定两点之间的尺寸数值大小)

3) 实例

以图 6-20 为例，练习线性尺寸标注。其左侧标注数值为自动测量值，右侧标注数值为人为输入值。图 6-20 左侧，标注数值为自动测量值。

命令：DIMLINEAR✓

指定第一条尺寸界线起点或<选择对象>：(拾取点 1)

指定第二条尺寸界线起点：(拾取点 2)

指定尺寸线位置

或[多行文字(M)/文字(T)/角度(A)/水平(H)/垂直(V)/旋转(R)]：(在线段 1-2 附近合适位置拾取一点 3)

标注文字=34.9

图 6-20 右侧，标注数值为人为输入值。

命令：DIMLINEAR↙

指定第一条尺寸界线起点或<选择对象>：(拾取点 1)

指定第二条尺寸界线起点：(拾取点 2)

指定尺寸线位置或[多行文字(M)/文字(T)/角度(A)/水平(H)/垂直(V)/旋转(R)]：T

输入标注文字 <34.9>: 35

指定尺寸线位置或[多行文字(M)/文字(T)/角度(A)/水平(H)/垂直(V)/旋转(R)]: (在线段 12 附近合适位置拾取一位置点 5)

标注文字 ＝35

标注结果如图 6-20 所示。

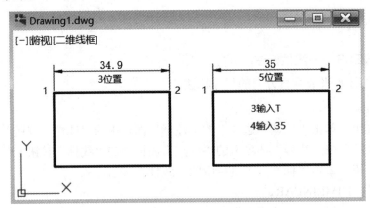

图 6-20　线性标注

2. DIMALIGNED——对齐标注

该命令可沿直线方向或以两尺寸界线起点连线为尺寸线方向，进行标注。

1) 命令输入

(1) 面板按钮：单击"默认"选项卡的"注释"面板中的"对齐"按钮。

(2) 功能区：单击"注释"选项卡的"标注"面板中的"对齐"按钮。

(3) 工具按钮：单击"标注"工具栏中的"对齐"按钮。

(4) 命令行：DIMALIGNED↙。

(5) 菜单栏："标注"→"对齐"。

2) 操作说明

命令：DIMALIGNED↙

指定第一条尺寸界线起点或<选择对象>：(拾取第一条尺寸界线的起点或按回车)

若拾取一点，系统提示：

指定第二条尺寸界线起点：(拾取第二条尺寸界线的起点)

接着继续提示：

指定尺寸线位置或[多行文字(M)/文字(T)/角度(A)]：

此时移动鼠标，可以看到尺寸线的位置随光标移动。在确定尺寸的位置之前，可选择括号中的任意选项；位置确定后，显示所要标注线段的尺寸数值：

标注文字=100 (100 为标注线段的尺寸数值)

3) 实例

以图 6-21 为例，练习对齐标注。

命令：DIMALIGNED↙

指定第一条尺寸界线起点或<选择对象>： (拾取点 1)

指定第二条尺寸界线起点： (拾取点 2)

指定尺寸线位置或[多行文字(M)/文字(T)/角度(A)]： (在 1-2 附近合适位置拾取一点 3)

标注文字=15

标注结果如图 6-21 所示。

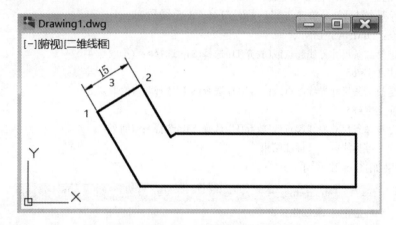

图 6-21 对齐标注

3. DIMBASELINE——基线标注

该命令可用于标注一组起始点相同的相关尺寸。

1) 命令输入

(1) 面板按钮：单击"注释"选项卡的"标注"面板中的"基线"按钮 ⊟ 。

(2) 工具按钮：单击"标注"工具栏中的"基线"按钮 ⊟ 。

(3) 命令行：DIMBASELINE↙。

(4) 菜单栏："标注"→"基线"。

2) 操作说明

命令：DIMBASELINE↙

指定第二条尺寸界线起点或[放弃(U)/选择(S)]<选择>：(拾取第二条尺寸界线的起点。注：使用基线标注之前须先标注出一个相关尺寸，基线标注以已标注尺寸的第一条尺寸界线作为自己的第一条尺寸界线)

拾取后，系统标注出该尺寸，并提示：

标注文字=65(65 为标注线段的尺寸数值)

接着又提示：

指定第二条尺寸界线起点或[放弃(U)/选择(S)]<选择>：

标注文字=85(为指定第二条尺寸界线起点后得到的尺寸数值)

指定第二条尺寸界线起点或[放弃(U)/选择(S)]<选择>：

若标注完成，回车。提示如下：

    选择基准标注：✓ (标注结束)

3) 实例

以图 6-22 为例，练习基线标注。操作过程如下：

(1) 先标注出一个尺寸，以它的第一条尺寸界线作为基线。单击 ⊢⊣，标注 1-2 线段：

    指定第一个尺寸界线原点或 <选择对象>: (拾取点 1)

    指定第二条尺寸界线原点: (拾取点 2)

    指定尺寸线位置或[多行文字(M)/文字(T)/角度(A)/水平(H)/垂直(V)/旋转(R)]:(点 3)

    标注文字 = 40　标注 12 线段完成

(2) 进行基线标注。单击 ⊢⊣，标注 1-4、1-5 线段：

    命令：DIMBASELINE✓

    指定第二条尺寸界线起点或[放弃(U)/选择(S)]<选择>：(拾取点 4)

    标注文字=65

    指定第二条尺寸界线起点或[放弃(U)/选择(S)]<选择>：(拾取点 5)

    标注文字=85

    指定第二条尺寸界线起点或[放弃(U)/选择(S)]<选择>：(回车)

    选择基准标注：✓　标注结束

标注结果如图 6-22 所示。

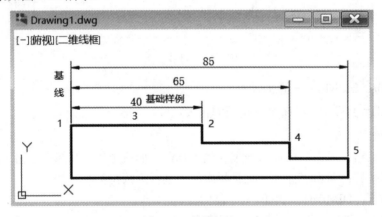

图 6-22　基线标注

4. DIMCONTINUE——连续标注

该命令可标注连续尺寸，前一尺寸的第二尺寸界线为后一尺寸的第一尺寸界线。

1) 命令输入

(1) 面板按钮：单击"注释"选项卡的"标注"面板中的"连续"按钮 ⊢⊢⊢。

(2) 工具按钮：单击"标注"工具栏中的"连续"按钮 ⊢⊢⊢。

(3) 命令行：DIMCONTINUE✓。

(4) 菜单栏："标注"→"连续"。

2) 操作说明

    命令：DIMCONTINUE✓

    指定第二条尺寸界线起点或[放弃(U)/选择(S)]<选择>：(拾取第二个尺寸界线的起点。注：使用

连续标注之前须先标注一个相关尺寸,连续标注以该尺寸的第二条尺寸界线作为自己的第一条
尺寸界线)

拾取后，系统自动给出该尺寸，并提示：

标注文字=30(30 为标注线段的尺寸大小)

接着又提示：

指定第二条尺寸界线起点或[放弃(U)/选择(S)]<选择>：(拾取另一尺寸的第二尺寸界线)，反复
拾取直至相关尺寸标注完毕，回车结束该命令)

标注文字=20(为指定第二条尺寸界线起点后得到的尺寸数值)

指定第二条尺寸界线起点或[放弃(U)/选择(S)]<选择>：

若标注完成，回车。提示如下：

选择连续标注：✓(标注结束)

3) 实例

以图 6-23 为例，练习连续标注。操作步骤如下：

(1) 标注一个尺寸，以它的第二条尺寸界线作为连续标注的第一条尺寸界线。单击 ⊢⊣
按钮，标注 1-2 线段：

命令：DIMLINEAR✓

指定第一个尺寸界线原点或 <选择对象>: (拾取点 1)

指定第二条尺寸界线原点: (拾取点 2)

指定尺寸线位置或[多行文字(M)/文字(T)/角度(A)/水平(H)/垂直(V)/旋转(R)]:(拾取点 3)

标注文字 = 40   标注 1-2 线段完成

(2) 进行连续标注。单击 ⊢⊣ 按钮，标注 2-4、4-5 线段：

命令：DIMCONTINUE✓

指定第二条尺寸界线起点或[放弃(U)/选择(S)]<选择>：(拾取点 4)

标注文字=30

指定第二条尺寸界线起点或[放弃(U)/选择(S)]<选择>：(拾取点 5)

标注文字=20

指定第二条尺寸界线起点或[放弃(U)/选择(S)]<选择>：✓

选择连续标注：✓(标注结束)

标注结果如图 6-23 所示。

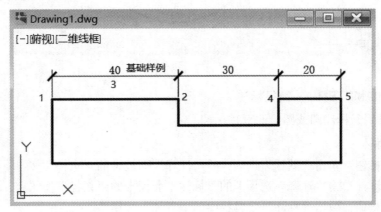

图 6-23   连续标注

5. DIMRADIUS——半径标注

该命令可用于标注圆或圆弧的半径。

1) 命令输入

(1) 面板按钮：单击"默认"选项卡的"注释"面板中的"半径"按钮　。

(2) 功能区：单击"注释"选项卡的"标注"面板中的"半径"按钮　。

(3) 工具按钮：单击"标注"工具栏中的"半径"按钮　。

(4) 命令行：DIMRADIUS✓。

(5) 菜单栏："标注"→"半径"。

2) 操作说明

命令：DIMADIUS✓

选择圆弧或圆：　　　　(拾取圆弧或圆)，则系统提示：

标注文字=66　　　(66 为标注对象的半径值)

指定尺寸线位置或[多行文字(M)/文字(T)/角度(A)]：(确定尺寸线的位置或编辑尺寸文字)

3) 实例

以图 6-24 中为例，练习半径尺寸标注。

命令：DIMRADIUS✓

选择圆弧或圆：(拾取圆弧 1)

标注文字=30　(符号"R"自动生成，如果要人为输入数值，就要用"R"。)

指定尺寸线位置或[多行文字(M)/文字(T)/角度(A)]：(在适当位置拾取一点 2)

标注结果如图 6-24 所示。

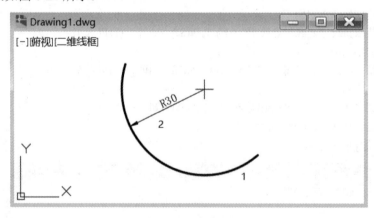

图 6-24　半径标注

6. DIMDIAMETER——直径标注

该命令可用于标注圆或圆弧的直径。

1) 命令输入

(1) 面板按钮：单击"默认"选项卡的"注释"面板中的"直径"按钮　。

(2) 功能区：单击"注释"选项卡的"标注"面板中的"直径"按钮　。

(3) 工具按钮：单击"标注"工具栏中的"直径"按钮　。

(4) 命令行：DIMDIAMETER✓。

(5) 菜单栏："标注"→"直径"。

2) 操作说明

  命令：DIMDIAMETER↙

  选择圆弧或圆：(拾取圆弧或圆)，则系统提示：

  标注文字=129(129 为标注对象的直径值)

  指定尺寸线位置或[多行文字(M)/文字(T)/角度(A)]：(确定尺寸线的位置或编辑尺寸文字)

3) 实例

以图 6-25 为例，练习直径尺寸标注。

  命令：DIMDIAMETER↙

  选择圆弧或圆：(拾取圆 1)

  标注文字=20 (符号"Φ"自动生成，如果要人为输入数值，就要用控制符"%%C")

  指定尺寸线位置或[多行文字(M)/文字(T)/角度(A)]：(在适当位置拾取一点 2)

标注结果如图 6-25 所示。

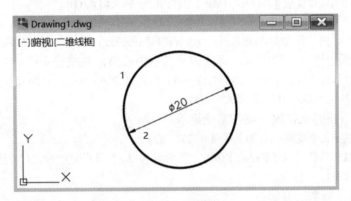

图 6-25 直径标注

  说明："直径标注样式"要符合国家标准要求，其设置要在标注样式中实现，如图 6-26 所示。

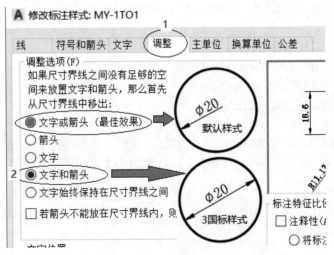

图 6-26 "直径标注样式"国标化设置

7. DIMANGULAR——角度标注

该命令可标注两直线或三点间形成的角度值，标注线是圆弧线。

1) 命令输入

(1) 面板按钮：单击"默认"选项卡的"注释"面板中的"角度"按钮 △。

(2) 功能区：单击"注释"选项卡的"标注"面板中的"角度"按钮 △。

(3) 工具按钮：单击"标注"工具栏中的"角度"按钮 △。

(4) 命令行：DIMANGULAR✓。

(5) 菜单栏："标注"→"角度"。

2) 操作说明

> 命令：DIMANGULAR✓
> 选择圆弧、圆、直线或 <指定顶点>：
> 选择第二条直线：
> 指定标注弧线位置或 [多行文字(M)/文字(T)/角度(A)/象限点(Q)]：
> 标注文字 = 50
> 选择圆弧、圆、直线或<指定顶点>：(选择待标注的圆弧、圆、直线或直接回车)

(1) 选择圆弧。选择一段圆弧，标注该圆弧的中心角，系统提示：

> 指定标注弧线位置或 [多行文字(M)/文字(T)/角度(A)/象限点(Q)]：(在圆弧附近拾取一点)
> 标注文字=135(135 为标注圆弧的中心角)

(2) 选择圆。在圆上拾取一点，系统提示：

> 指定角的第二个端点：(在圆上或圆外确定一点)
> 指定标注弧线位置或 [多行文字(M)/文字(T)/角度(A)/象限点(Q)]:(确定尺寸线的位置或编辑设定尺寸文字)

若确定一点，则系统提示：

> 标注文字=105(105 为标注圆上两确定点的中心角)

(3) 选择直线。拾取夹角的第一条直线后，系统提示：

> 选择第二条直线：(拾取夹角的第二条直线)
> 指定标注弧线位置或 [多行文字(M)/文字(T)/角度(A)/象限点(Q)]：(确定尺寸线的位置或编辑设定尺寸文字)

若确定一点，则系统提示：

> 标注文字=61(61 为标注两直线间的夹角)

(4) 直接回车。回车后，系统提示：

> 指定角的顶点：(拾取一点作为角点)
> 指定角的第一个端点：(拾取一点作为第一个端点)
> 指定角的第二个端点：(再拾取一点作为第二个端点)，标注此两点到角点连线的夹角
> 指定标注弧线位置或 [多行文字(M)/文字(T)/角度(A)/象限点(Q)]：(确定尺寸线的位置或编辑设定文字)

若位置确定后，则显示：

> 标注文字=61(61 为选定两点到角点连线的夹角)

3) 实例

以图 6-27 为例，练习角度标注。

命令：DIMANGULAR↙

选择圆弧、圆、直线或<指定顶点>：(拾取直线 1)

选择第二条直线：(拾取直线 2)

指定标注弧线位置或 [多行文字(M)/文字(T)/角度(A)/象限点(Q)]：(在两线内侧附近拾取一点 3)

标注文字=30 (符号"°"自动生成，如果要人为输入数值，则"T"选项后，就要用控制符"%%D")

标注结果如图 6-27 所示。

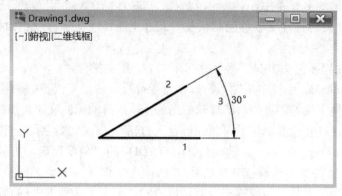

图 6-27　角度标注

说明："角度标注样式"要符合国家标准要求，其设置在标注样式里实现。如图 6-28 所示。

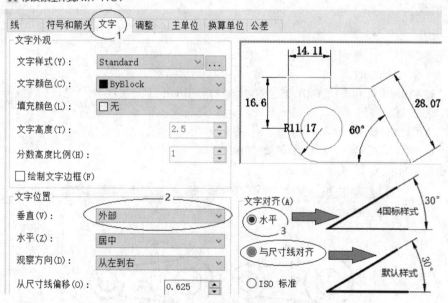

图 6-28　"角度标注样式"国标化设置

6.2.3　编辑尺寸

1. DIMEDIT——编辑标注

该命令可编辑标注文字和尺寸界线，包括旋转、修改或恢复标注文字、更改尺寸界线的倾斜角。

1) 命令输入

(1) 工具按钮：单击"标注"工具栏中的"编辑标注"按钮 ⊢⌐。

(2) 命令行：DIMEDIT✓。

2) 操作说明

命令：DIMEDIT✓

输入标注编辑类型 [默认(H)/新建(N)/旋转(R)/倾斜(O)] <默认>:

(1) 默认：将旋转标注文字移回默认位置。选定的标注文字移回到由标注样式指定的默认位置和旋转角。

(2) 新建：使用在位文字编辑器更改标注文字。用尖括号"<>"表示生成的测量值。用控制代码和 Unicode 字符串来输入特殊字符或符号。请参见"控制码和特殊字符"。

要编辑或替换生成的测量值，请删除尖括号，输入新的标注文字，然后选择"确定"。如果标注样式中未打开换算单位，可以通过输入方括号"[ ]"来显示它们。

(3) 旋转：旋转标注文字。此选项与 DIMTEDIT 的"角度"选项类似。

输入"0"将标注文字按缺省方向放置。缺省方向由"新建标注样式"对话框、"修改标注样式"对话框和"替代当前样式"对话框中的"文字"选项卡上的垂直和水平文字设置进行设置。

(4) 倾斜：当尺寸界线与图形的其他要素冲突时，"倾斜"选项将很有用处。特别说明：这里的"倾斜角"是从 UCS 的 X 轴进行测量的，即"倾斜角"是绝对角度值，而不是相对角度值。

3) 实例

以图 6-29 为例，练习编辑标注。

命令：DIMEDIT✓

输入标注编辑类型 [默认(H)/新建(N)/旋转(R)/倾斜(O)] <默认>: O

选择对象: 找到 1 个

选择对象: (按 Enter 表示无)

输入倾斜角度: 20　　　　(新位置的绝对角度值)

标注结果如图 6-29 所示。

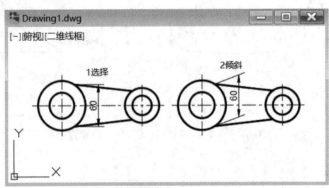

图 6-29　编辑标注

2. DIMTEDIT——编辑标注文字

该命令可移动和旋转标注文字并重新定位尺寸线，包括更改或恢复标注文字的位置、对正方式和角度、更改尺寸线的位置。在许多情况下，选择和编辑标注文字夹点可以是一个便捷的替代方式。

1) 命令输入

(1) 工具按钮：单击"标注"工具栏中的"编辑标注文字"按钮 ．

(2) 命令行：输入 DIMTEDIT✓。

2) 操作说明

编辑标注文字和尺寸界线，包括旋转、修改或恢复标注文字，更改尺寸界线的倾斜角。

命令：DIMTEDIT✓

选择标注：

为标注文字指定新位置或 [左对齐(L)/右对齐(R)/居中(C)/默认(H)/角度(A)]:

相关选项含义如下：

(1) 选择标注：指定标注对象。

(2) 标注文字的位置：指定标注文字的新位置。标注和尺寸界线将自动调整。尺寸样式决定标注文字显示在尺寸线的上方、下方还是中间。

(3) 左对齐：沿尺寸线左对正标注文字。此选项只适用于线性、半径和直径标注。

(4) 右对齐：沿尺寸线右对正标注文字。

此选项只适用于线性、半径和直径标注。

(5) 居中：将标注文字放在尺寸线的中间。

此选项只适用于线性、半径和直径标注。

(6) 默认：将标注文字移回默认位置。

(7) 角度：修改标注文字的角度。文字的圆心并没有改变。如果移动了文字或重生成了标注，由文字角度设置的方向将保持不变。输入零度角将使标注文字以默认方向放置。文字角度从 UCS 的 X 轴进行测量。

3) 实例

以图 6-30 为例，练习编辑标注。

命令：DIMTEDIT✓

选择标注:(1 选)

为标注文字指定新位置或 [左对齐(L)/右对齐(R)/居中(C)/默认(H)/角度(A)]:(2 新)

标注结果如图 6-30 所示。

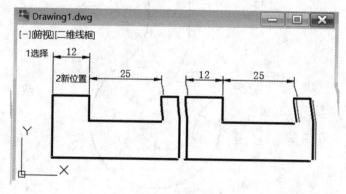

图 6-30　编辑标注文字

思 考 与 练 习

1. 绘制所示图形，并标注尺寸。

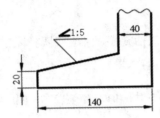

2. 绘制所示图形，并标注尺寸。

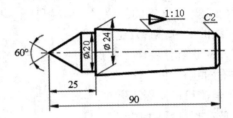

3. 绘制所示图形，并注写文字。

4. 绘制所示图形，并标注尺寸。

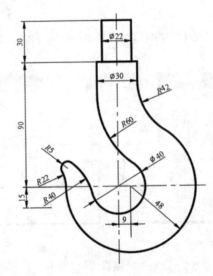

5. 绘制所示图形，并标注尺寸。

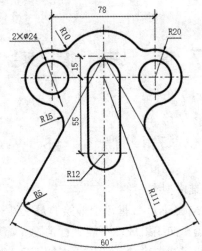

6. 绘制所示图形，并标注尺寸。

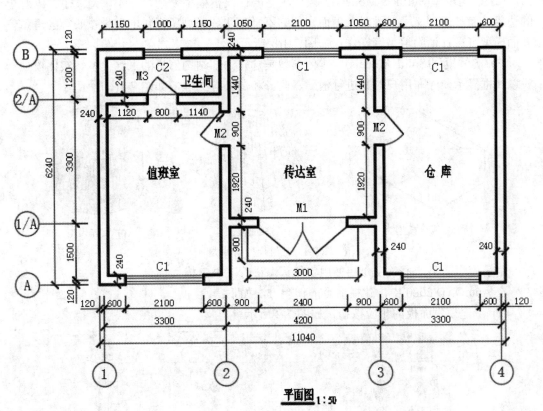

平面图 1:50

第 7 章　三 维 建 模

7.1　概　　述

AutoCAD2020 提供的三维模型有三种：

(1) 线框模型(Wireframe Models)。线框模型描绘的是三维对象的框架，不含表面信息，仅由描述对象边界的点、直线和曲线组成，不能进行消隐、渲染等操作。用户可以在三维空间用二维绘图的方法命令创建线框模型。线框模型如图 7-1(a)所示。

(2) 表面模型(Surface Models)。表面模型要比线框模型复杂，它不仅定义了三维对象的边界，而且还定义了三维对象的面，但它不具备实体模型所提供的质量重心等物理量。表面模型可进行消隐渲染等操作，如图 7-1(b)所示。

(3) 实体模型(Solid Models)。实体模型是含有内部结构信息的三维模型。实体模型一般以线框显示，除非用户对其进行消隐、阴影和渲染等处理，如图 7-1(c)所示。

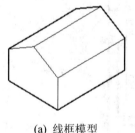  

　　(a) 线框模型　　　　　　　　(b) 表面模型　　　　　　　(c) 实体模型

图 7-1　三维模型的种类

由于篇幅所限，本章仅介绍使用实体模型进行三维建模。

在 AutoCAD 2020 中，建模命令的调用方法如下：

(1) "建模"面板的相应按钮，如图 7-2 所示。

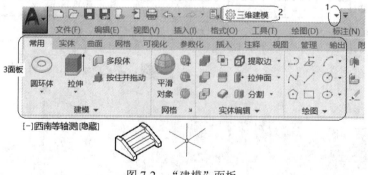

图 7-2　"建模"面板

(2) "建模"下拉菜单栏的相应子菜单,如图 7-3 所示。

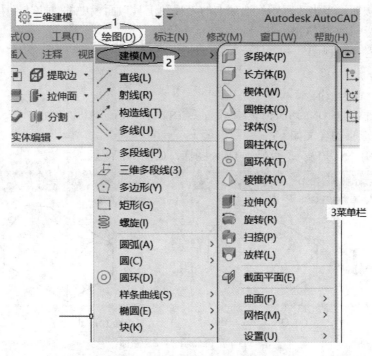

图 7-3　"建模"下拉菜单栏

(3) "建模"常用工具栏的相应按钮,如图 7-4 所示。

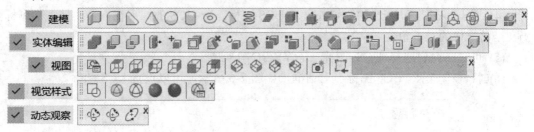

图 7-4　"建模"常用工具栏

(4) 直接在命令行中输入建模命令。

7.2　用户坐标系

AutoCAD 有两个坐标系:一个是被称为世界坐标系(WCS)的固定坐标系,一个是被称为用户坐标系(UCS)的可移动坐标系。默认情况下,这两个坐标系在新图形中是重合的。

通常在二维视图中,WCS 的 X 轴水平,Y 轴垂直,WCS 的原点为 X 轴和 Y 轴的交点 (0,0)。图形文件中的所有对象均由其 WCS 坐标定义,但是,使用可移动的 UCS 命令创建和编辑对象通常更方便。

1. UCS 图标显示控制

UCS 图标的原点可以改变,AutoCAD 显示和定位 UCS 的命令是 UCSICON。

1) 命令输入

(1) 面板按钮：单击"视图"选项卡的"视图工具"面板中的"UCS 图标"按钮 ↳。

(2) 命令行：UCSICON✓。

(3) 菜单栏："视图"→"显示"→"UCS 图标"。

2) 操作步骤

　　命令：UCSICON✓

　　输入选项 [开(ON)/关(OFF)/全部(A)/非原点(N)/原点(OR)/可选(S)/特性(P)] <开>:、
其中有关选项的含义如下：

(1) 开(ON)/关(OFF)：是否显示 UCS 图标，如图 7-5 所示。

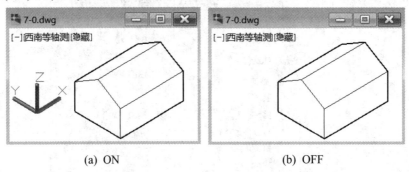

(a) ON　　　　　　　　　　　　　　　　(b) OFF

图 7-5　是否显示"UCS 图标"

(2) 全部：决定 UCS 图标的改变是否影响所有窗口还是仅对当前窗口产生影响。

(3) 非原点：将 UCS 图标置于窗口的左下角，而不是在 UCS 原点处。

(4) 原点：在当前 UCS 的原点处显示 UCS 图标，若 UCS 的原点在屏幕之外，则图标
仍在当前窗口的左下角处。

(5) 可选：允许选择 UCS 图标 [是(Y)/否(N)] <否>。

(6) 特性：显示"UCS 图标"对话框，如图 7-6 所示，可以设置 UCS 图标。

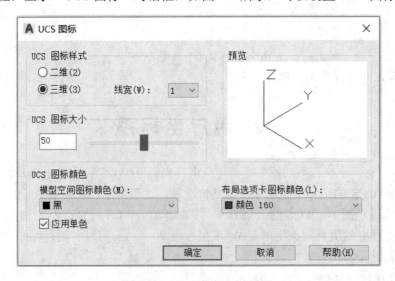

图 7-6　"UCS 图标"对话框

2. 定义 UCS

该命令可以重新定位和旋转用户坐标系，以便于使用坐标输入、栅格显示、栅格捕捉、正交模式和其他图形工具。在 AutoCAD 下，定义 UCS 的命令是 UCS。

1) 命令输入

(1) 面板按钮：单击"常用"选项卡的"坐标"面板中的"UCS"按钮 ↳。

(2) 功能区：单击"可视化"选项卡的"坐标"面板中的"UCS"按钮 ↳。

(3) 工具按钮：单击"UCS"工具栏中的"UCS"按钮 ↳。

(4) 命令行：输入 UCS✓。

(5) 菜单栏："工具(T)" → "新建 UCS(W)"。

2) 操作步骤

命令：UCS✓

当前 UCS 名称：*世界*

指定 UCS 的原点或 [面(F)/命名(NA)/对象(OB)/上一个(P)/视图(V)/世界(W)/X/Y/Z/Z 轴(ZA)] <世界>：

其中有关选项的含义如下：

(1) 指定 UCS 的原点：指定新原点定义新 UCS，各轴方向保持不变，如图 7-7 所示。

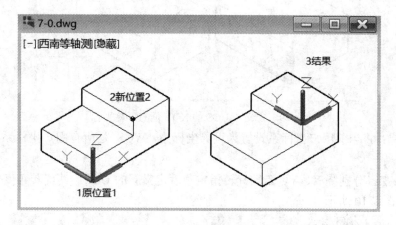

图 7-7　指定新原点定义新 UCS

(2) 面：根据选定平面定义一个新的 UCS，用鼠标单击该平面即可，选定的面作为新 UCS 的 XOY 坐标面。离拾取点最近的点为原点，离拾取点最近的边为 X 轴；用参数 N 可以切换到下一个面，用参数 X 可以翻转 Y 轴，用参数 Y 可以翻转 X 轴，如图 7-8 所示。

(3) 命名：选择该选项后，命令行提示"输入选项 [恢复(R)/保存(S)/删除(D)/?]："可恢复已命名的 UCS，或命名保存当前 UCS，或删除已命名的 UCS。

(4) 对象：指定一个图形对象定义一个新的 UCS。如果选中的是直线，则原点便是离拾取点较近的端点，以该直线为 X 轴；若是圆，则原点为圆心，X 轴通过拾取点；若是圆弧，则原点为圆弧圆心，X 轴通过离拾取点较近的圆弧端点。

(5) 上一个：逐次恢复显示以前存储的 UCS。程序会保留在图纸空间中命令创建的最后 10 个坐标系和在模型空间中命令创建的最后 10 个坐标系。

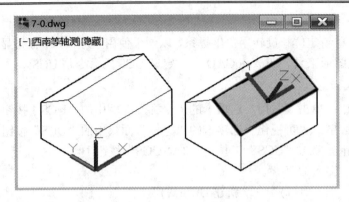

图 7-8　指定平面定义新 UCS

(6) 视图：将新的 UCS 的 XOY 面设置在与屏幕平行的平面上，而原点保持不变。即实体不动而转动坐标系，使 XOY 面与屏幕平行，如图 7-9 所示。

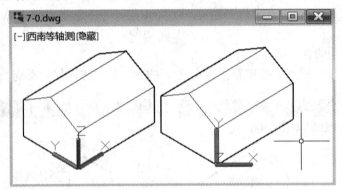

图 7-9　定义新 UCS 的 XOY 面与屏幕平行

(7) 世界：将当前用户坐标系设置为世界坐标系，WCS 是所有用户坐标系的基准，不能被重新定义。

(8) X/Y/Z：分别绕 X、Y、Z 轴旋转指定角度定义新的 UCS，其旋转角度方向符合右手定则，如图 7-10 所示。

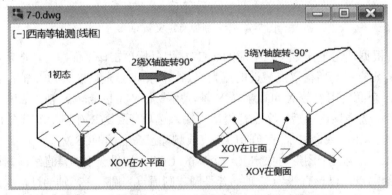

图 7-10　分别绕 X、Y、Z 轴旋转指定角度定义新 UCS

(9) Z 轴：通过指定两点定义一个新的 UCS，第一点为坐标原点，第二点为 Z 轴正方向。

3. PIAN——显示指定用户坐标系的 XY 平面的正交视图

在 WCS 下，图形的平面视图是指从视点(0，0，1)进行观察得到的视图(即 WCS 下的 XOY 平面)。同理，在 UCS 下图形的平面视图，是相对于所选择 UCS 从视点(0，0，1)进行观察所得到的视图(即 UCS 下的 XOY 平面)。

UCS 下图形的平面视图在进行三维建模时经常使用，通过它可以直观方便地观察与判断各个图形的相对关系和位置。相当于整体转动实体和其坐标系，使 UCS 的 XOY 面与屏幕平面平行，如图 7-11 所示。

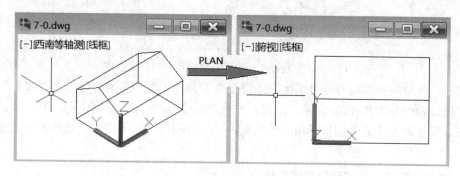

图 7-11　"PLAN"命令显示 UCS 下的平面视图

1) 命令输入

(1) 命令行：输入 PLAN✓。

(2) 菜单栏："视图"→"三维视图"→"平面视图"。

2) 操作步骤

命令：PLAN✓

输入选项 [当前 UCS(C)/UCS(U)/世界(W)] <当前 UCS>：✓

重生成模型如图 7-11 所示。

7.3　观察三维实体

可以从不同方向对三维实体进行观察(WCS 或 UCS 下均可)，这时，三维实体和其上的坐标系为一整体，随着观察方向的改变，屏幕上 WCS 或 UCS 的图标及三维实体的图形一同发生变化。

对实体进行观察，有许多方法，这里仅介绍两种常用方法。

1. 利用"视图"工具栏，选择特殊视点观察三维实体

利用"视图"工具栏，如图 7-12 所示，通过相应按钮快速选择一些特殊视点观察三维实体(如常用的主视图、俯视图、左视图、西南等轴测等)，如图 7-13 所示。

图 7-12　"视图"工具栏

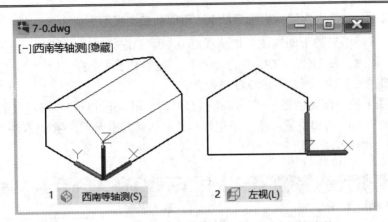

图 7-13　利用"视图"工具栏，选择特殊视点观察实体

说明：在绘制三维图形时习惯使用"视图"工具栏上的按钮来方便作图，提高效率。一方面可以利用基本视图(如主视、俯视、左视等命令)转换方向分别作图，减少或避免使用 UCS，且这时二维命令同样适用三维对象；另一方面还可以利用轴测视图方便观察立体效果。

2. 利用轨迹球，动态观察三维实体

该命令可以用来动态、交互地观察三维实体。

1) 命令输入

(1) 工具按钮：单击"动态观察"工具栏中的"自由动态观察"按钮 。

(2) 命令行：输入 3DFORBIT↙。

(3) 菜单栏："视图(V)"→"动态观察(B)"→"自由动态观察(F)"。

2) 操作步骤

　　命令：3DFORBIT↙

按 Esc 或 Enter 键退出，或者单击鼠标右键显示快捷菜单。这时屏幕上便出现了一个圆形的轨迹球，坐标系的图标变成彩色，十字光标也发生了变化，如图 7-14 所示，这表明 AutoCAD 正进入交互式的视图状态。一直按着鼠标左键不放，并拖动鼠标，就可以旋转三维对象，从不同角度观察，当认为合适时便松开左键确认。

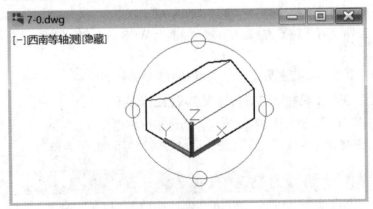

图 7-14　利用"3DFORBIT"命令动态观察三维实体

说明：观察三维实体后要回到 AutoCAD 默认的二维模式下，需选择"视图"工具栏上的"俯视"按钮 🔲 和"视觉样式"工具栏上的"二维线框"按钮 🔁。

7.4 显示三维实体

1. 设置系统变量

影响三维实体的表面光滑程度的系统变量主要有三个。

1) ISOLINES

> 命令：ISOLINES↙
>
> 输入 ISOLINES 的新值 <4>：

变量 ISOLINES 用于设置三维实体上每个曲面的轮廓素线的数目，取值范围为 0～2047 的整数，默认值为 4。ISOLINES 取值与三维实体的关系，如图 7-15 所示。

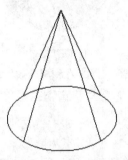 

ISOLINES=4   ISOLINES=6

图 7-15　变量 ISOLINES 取值与三维实体的关系

2) DISPSILH

> 命令：DISPSILH↙
>
> 输入 DISPSILH 的新值 <0>：

变量 DISPSILH 用于设置是否显示三维实体的轮廓线，当其值为 1 时显示，为 0 时关闭显示，默认值为 0，属开关类型。DISPSILH 取值与三维实体的关系，如图 7-16 所示。

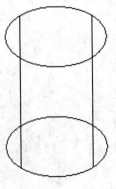 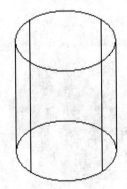

DISPSILH=0   DISPSILH=1

图 7-16　变量 DISPSILH 取值与三维实体的关系

3) FACETRES

命令：FACETRES↙

输入 FACETRES 的新值 <0.5000>：

当用户对三维实体进行消隐、阴影或渲染处理时，系统会自动将实体的每个面显示为由许多小三角形片构成的棱面，小三角片越多，则显示越光滑。

变量 FACETRES 用于控制面的光滑程度，其值为 0.01～10.0 的实数，默认值为 0.5。FACETRES 值越大，则进行消隐等操作时显示越光滑，操作的时间也越长。FACETRES 取值与三维实体的关系，如图 7-17 所示。

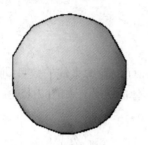 

FACETRES=0.5　　　　　　　　　FACETRES=5

图 7-17　变量 FACETRES 取值与三维实体的关系(概念效果对比)

说明：改变 ISOLINES 或 DISPSILH 的值后，需要单击下拉菜单"视图(V)"→"重新生成(G)"，来重新生成三维模型。

2. 设置视觉样式

该命令可设置当前视口的视觉样式类型，其显示效果如图 7-18 所示。

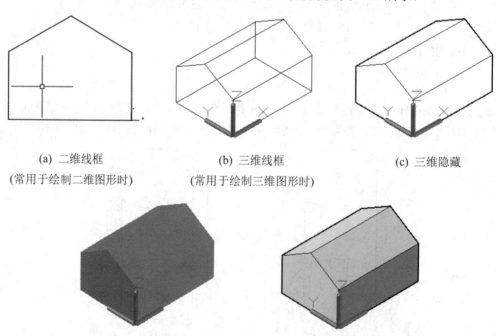

(a) 二维线框　　　　　(b) 三维线框　　　　　(c) 三维隐藏

(常用于绘制二维图形时)　(常用于绘制三维图形时)

(d) 真实　　　　　(e) 概念(常用于观察三维图形时)

图 7-18　不同"视觉样式"的效果图

1) 命令输入

(1) 面板按钮：单击"常用"选项卡的"视图"面板中的"视觉样式"下拉框的相应按钮。

(2) 功能区：单击"可视化"选项卡的"视觉样式"面板中的"视觉样式"下拉框的相应按钮。

(3) 工具按钮：单击"视觉样式"工具栏中相应按钮 ✓ 视觉样式 ⬚◔◐●●⬚ˣ。

(4) 命令行：输入 VSCURRENT✓。

(5) 菜单栏："视图"→"视觉样式"。

说明：经验做法是用工具栏来操作。

2) 操作步骤

　　命令：VSCURRENT✓

　　输入选项 [二维线框(2)/线框(W)/隐藏(H)/真实(R)/概念(C)/着色(S)/带边缘着色(E)/灰度(G)/勾画(SK)/X 射线(X)/其它(O)] <二维线框>:

其中各选项的含义如下：

(1) 二维线框：默认的视觉样式，以单纯的线框模式来展示模型效果。显示用直线和曲线表示边界的对象、线型和线宽都是可见的。

(2) 线框：又称三维线框，与"二维线框"样式相似，与之不同的是，该样式只能在三维空间中显示。显示用直线和曲线表示边界的对象，显示一个已着色的三维 UCS 图标。

(3) 隐藏：使用三维线框来表示对象，并隐藏表示背面的线。

(4) 真实：着色时使对象的边平滑化，并显示已附着到对象的材质。

(5) 概念：着色时使对象的边平滑化，并使用冷色和暖色进行过渡。效果缺乏真实感，但是可以更方便地查看模型的细节。

(6) 着色：对模型表面进行平滑着色处理，不显示贴图样式。

(7) 带边缘着色：使用平滑着色显示对象，并显示对象的可见性。

(8) 灰度：在"概念"样式的基础上，添加平滑灰度着色效果。

(9) 勾画：用延伸线和抖动边，使模型以手绘效果显示。

(10) X 射线：在"线框"样式的基础上，使整个模型半透明，并略带光影和材质。

7.5　创建三维实体

1. BOX——长方体

该命令可创建实心长方体或实心立方体，如图 7-19 所示。

1) 命令输入

(1) 面板按钮：单击"常用"选项卡的"建模"面板中的"长方体"按钮 ⬚。

(2) 工具按钮：单击"建模"工具栏中的"长方体"按钮 ⬚。

(3) 命令行：输入 BOX✓。

(4) 菜单栏："绘图"→"建模"→"长方体"。

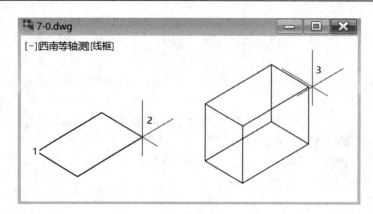

图 7-19　　BOX 命令创建长方体或正方体

2）操作步骤

　　命令：BOX↙

　　指定第一个角点或 [中心(C)]：指定点 1 或输入 C 选择中心

　　指定其他角点或 [立方体(C)/长度(L)]：指定长方体的另一角点 2 或输入选项

　　（如果长方体的另一角点指定的 Z 值与第一个角点的 Z 值不同，将不显示高度提示。）

　　指定高度或 [两点(2P)]：指定高度 3 或输入 2P 使用"两点"选项

　　（输入正值将沿当前 UCS 的 Z 轴正方向绘制高度，输入负值将沿 Z 轴负方向绘制高度。）

其中有关选项的含义如下：

（1）中心：使用指定的中心点命令创建长方体。

（2）长度：按照指定长宽高命令创建长方体。输入值的长度与 X 轴对应，宽度与 Y 轴对应，高度与 Z 轴对应。如果拾取点来指定长度，还要指定 XY 平面上的旋转角度。

（3）2Point(2P)：指定长方体的高度为两个指定点之间的距离。

2. WEDGE——楔体

该命令可创建面为矩形或正方形的实体楔体，如图 7-20 所示。

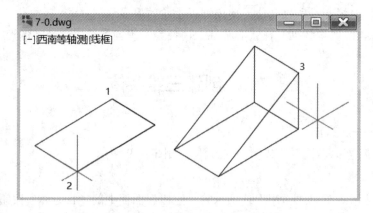

图 7-20　　WEDGE 命令创建楔体

1）命令输入

（1）面板按钮：单击"常用"选项卡的"建模"面板中的"楔体"按钮 ▷。

（2）工具按钮：单击"建模"工具栏中的"楔体"按钮 ▷。

(3) 命令行：输入 WEDGE✓。

(4) 菜单栏："绘图"→"建模"→"楔体"。

2) 操作步骤

命令：WEDGE✓

指定第一个角点或 [中心(C)]：指定点 1 或输入 C 指定中心点

指定其他角点或 [立方体(C)/长度(L)]：指定楔体的其他角点 2 或输入选项

(如果使用与第一个角点不同的 Z 值指定楔体的其他角点，那么将不显示高度提示。)

指定高度或 [两点(2P)]<默认值>：指定高度 3 或输入 2P 使用"两点"选项

(输入正值将沿当前 UCS 的 Z 轴正方向绘制高度，输入负值将沿 Z 轴负方向绘制高度。)

3. CONE——圆锥体

该命令可创建底面为圆形或椭圆的尖头圆锥体或圆台，如图 7-21 所示。

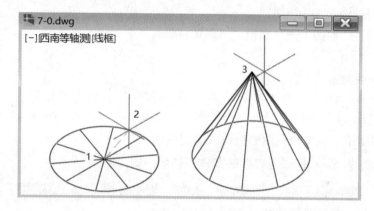

图 7-21　CONE 命令创建圆锥体或椭圆锥体

1) 命令输入

(1) 面板按钮：单击"常用"选项卡的"建模"面板中的"圆锥体"按钮 △。

(2) 工具按钮：单击"建模"工具栏中的"圆锥体"按钮 △。

(3) 命令行：输入 CONE✓。

(4) 菜单栏："绘图"→"建模"→"圆锥体"。

2) 操作步骤

命令：CONE✓

指定底面的中心点或 [三点(3P)/两点(2P)/切点、切点、半径(T)/椭圆(E)]：指定点 1 或输入选项

指定底面半径或 [直径(D)] <默认值>：指定底面半径 2、输入 D 指定直径或按 Enter 键指定默认的底面半径值

指定高度或 [两点(2P)/轴端点(A)/顶面半径(T)] <默认值>：指定高度 3、输入选项或按 Enter 键指定默认高度值

4. SPHERE——球体

该命令可创建三维实体球体，如图 7-22 所示。

1) 命令输入

(1) 面板按钮：单击"常用"选项卡的"建模"面板中的"球体"按钮 ○。

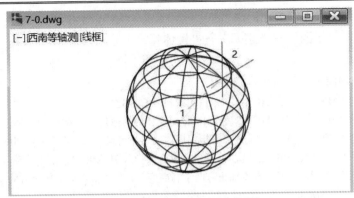

图 7-22　SPHERE 命令创建球体

(2) 工具按钮：单击"建模"工具栏中的"球体"按钮 ⬭。

(3) 命令行：输入 SPHERE↙。

(4) 菜单栏："绘图"→"建模"→"球体"。

2) 操作步骤

命令：SPHERE↙

指定中心点或 [三点(3P)/两点(2P)/切点、切点、半径(T)]：指定点 1 或输入选项

指定半径或 [直径(D)] <默认值>：指定半径、输入 D 指定直径或按 Enter 键指定默认的半径值

5. CYLINDER——命令创建圆柱体或椭圆柱体

该命令可创建以圆或椭圆为底面的实体圆柱体，如图 7-23 所示。

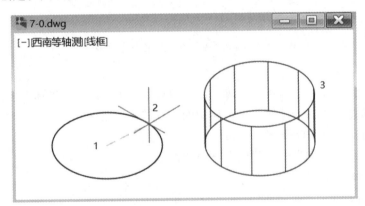

图 7-23　CYLINDER 命令创建圆柱体或椭圆柱体

1) 命令输入

(1) 面板按钮：单击"常用"选项卡的"建模"面板中的"圆柱体"按钮 ⬭。

(2) 工具按钮：单击"建模"工具栏中的"圆柱体"按钮 ⬭。

(3) 命令行：输入 CYLINDER↙。

(4) 菜单栏："绘图"→"建模"→"圆柱体"。

2) 操作步骤

命令：CYLINDER↙

指定底面的中心点或 [三点(3P)/两点(2P)/切点、切点、半径(T)/椭圆(E)]：指定点 1 或输入选项

指定底面半径或 [直径(D)] <默认值>: 指定底面半径 2、输入 D 指定直径或按 Enter 键指定默认的底面半径值

指定高度或 [两点(2P)/轴端点(A)] <默认值>: 指定高度 3 、输入选项或按 Enter 键指定默认高度值

6. TORUS——圆环体

该命令可创建类似于轮胎内胎的环形实体，如图 7-24 所示。

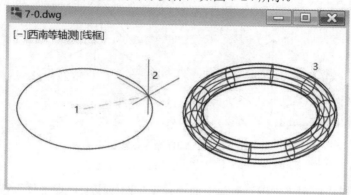

图 7-24　TORUS 命令创建圆环体(情况 1:一般)

1) 命令输入

(1) 面板按钮：单击"常用"选项卡的"建模"面板中的"圆环体"按钮 ◎。

(2) 工具按钮：单击"建模"工具栏中的"圆环体"按钮 ◎。

(3) 命令行：输入 TORUS✓。

(4) 菜单栏："绘图"→"建模"→"圆环体"。

2) 操作步骤

命令：TORUS✓

指定中心点或 [三点(3P)/两点(2P)/切点、切点、半径(T)]: 指定点 1 或输入选项

(指定中心点后，将放置圆环体以使其中心轴与当前用户坐标系 (UCS) 的 Z 轴平行，圆环体与当前工作平面的 XY 平面平行且被该平面平分。)

指定半径或 [直径(D)]: 针对圆环体 2

指定圆管半径或 [两点(2P)/直径(D)]: 针对圆管 3

说明：若圆环体的半径小于圆管半径，则产生两极凹下去类似橘子形状的实体；若指定负的圆环体的半径，则产生一个类似橄榄球形状的实体。如图 7-25 所示。

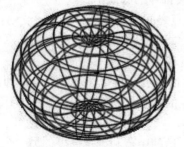
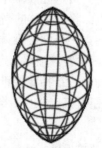

(a) 圆环体半径 100，圆管半径 150　　　　(b) 圆环体半径-120，圆管半径 200

图 7-25　TORUS 命令创建圆环体(情况 2：特殊)

7. PYRAMID——棱锥体

该命令可创建 32 个侧面的实体棱锥体，如图 7-26 所示。

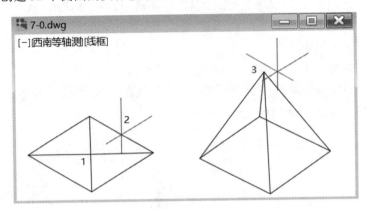

图 7-26　PYRAMID 命令创建棱锥体

1）命令输入

(1) 面板按钮：单击"常用"选项卡的"建模"面板中的"棱锥体"按钮 ◇。

(2) 工具按钮：单击"建模"工具栏中的"棱锥体"按钮 ◇。

(3) 命令行：输入 PYRAMID✓。

(4) 菜单栏："绘图"→"建模"→"棱锥体"。

2）操作步骤

命令：PYRAMID✓

4 个侧面　外切

指定底面的中心点或 [边(E)/侧面(S)]：底面的中心点 1

指定底面半径或 [内接(I)] <86.8849>：边的中点 2

指定高度或 [两点(2P)/轴端点(A)/顶面半径(T)] <295.2734>：高度 3

其中有关选项的含义如下：

(1) 边：指定棱锥体底面一条边的长度；拾取两点。

(2) 侧面：指定棱锥体的侧面数。可以输入 3~32 之间的数。最初，棱锥体的侧面数设置为 4。执行绘图任务时，侧面数的默认值始终是先前输入的侧面数的值。

(3) 内接：指定棱锥体底面内接于(在内部绘制)棱锥体的底面半径。

(4) 外切：指定棱锥体外切于(在外部绘制)棱锥体的底面半径。

(5) 两点：将棱锥体的高度指定为两个指定点之间的距离。

(6) 轴端点：指定棱锥体轴的端点位置。该端点是棱锥体的顶点。轴端点可以位于三维空间的任意位置。轴端点定义了棱锥体的长度和方向。

(7) 顶面半径：指定棱锥体的顶面半径，并命令创建棱锥体平截面。最初，默认顶面半径未设置任何值。执行绘图任务时，顶面半径的默认值始终是先前输入的任意实体图元的顶面半径值。

说明：默认情况下，可以通过底面的中心、边的中点和确定高度的另一个点来定义一个棱锥体。

8. HELIX——螺旋

该命令可创建开口的二维或三维螺旋，如图 7-27 所示。

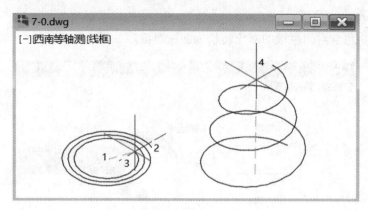

图 7-27 HELIX 命令创建螺旋

1) 命令输入

(1) 面板按钮：单击"常用"选项卡的"绘图"面板中的"螺旋"按钮 ⧚。

(2) 工具按钮：单击"建模"工具栏中的"螺旋"按钮 ⧚。

(3) 命令行：输入 HELIX✓。

(4) 菜单栏："绘图"→"螺旋"。

2) 操作步骤

命令：HELIX✓

圈数 = 3.0000　　扭曲=CCW

指定底面的圆心: 指定点 1

指定底面半径或 [直径(D)] <1.0000>： 指定底面半径 2、输入 d 指定直径或按 Enter 键指定默认的底面半径值

指定顶面半径或 [直径(D)] <1.0000>：指定顶面半径 3、输入 d 指定直径或按 Enter 键指定默认的顶面半径值

指定螺旋高度或 [轴端点(A)/圈(T)/圈高(H)/扭曲(W)] <1.0000>：指定螺旋高度 4 或输入选项

其中有关选项的含义如下：

(1) 底面直径：指定螺旋底面的直径。最初，默认底面直径设置为 2。绘制图形时，底面直径的默认值始终是先前输入的底面直径值。

(2) 顶面直径：指定螺旋顶面的直径。顶面直径的默认值始终是底面直径的值。

(3) 轴端点：指定螺旋轴的端点位置。轴端点可以位于三维空间的任意位置。轴端点定义了螺旋的长度和方向。

(4) 圈数：指定螺旋的圈(旋转)数。螺旋的圈数不能超过 500。最初，圈数的默认值为 3。绘制图形时，圈数的默认值始终是先前输入的圈数值。

(5) 圈高：指定螺旋内一个完整圈的高度。当指定圈高值时，螺旋中的圈数将相应地自动更新。如果已指定螺旋的圈数，则不能输入圈高的值。

(6) 扭曲：指定以顺时针(CW)方向还是逆时针方向(CCW)绘制螺旋。螺旋扭曲的默认值是逆时针。

说明： 最初，默认底面半径设置为 1。底面半径和顶面半径不能都设置为 0。将螺旋用作 SWEEP 命令的扫掠路径以命令创建弹簧、螺纹和环形楼梯。

9. REGION——面域

该命令可将包含封闭区域的对象转换为面域对象，如图 7-28 所示。

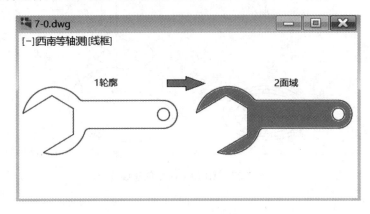

图 7-28　REGION 命令创建面域

面域是用闭合的形状或环命令创建的二维区域，闭合多段线、直线和曲线都是有效的选择。

1) 命令输入

(1) 面板按钮：单击"常用"选项卡的"绘图"面板中的"面域"按钮 。

(2) 工具按钮：单击"绘图"工具栏中的"面域"按钮 。

(3) 命令行：输入 REGION✓。

(4) 菜单栏："绘图"→"面域"。

2) 操作步骤

命令：REGION✓

选择对象：使用对象选择方法并在完成选择后按 Enter 键

10. EXTRUDE——拉伸

该命令可通过拉伸二维图形，创建三维实体，如图 7-29、图 7-30、图 7-31 所示。

1) 命令输入

(1) 面板按钮：单击"常用"选项卡的"建模"面板中的"拉伸"按钮 。

(2) 工具按钮：单击"建模"工具栏中的"拉伸"按钮 。

(3) 命令行：输入 EXTRUDE✓。

(4) 菜单栏："绘图"→"建模"→"拉伸"。

2) 操作步骤

命令：EXTRUDE✓

当前线框密度：ISOLINES=10，闭合轮廓命令创建模式 = 实体

选择要拉伸的对象或 [模式(MO)]：_MO 闭合轮廓命令创建模式 [实体(SO)/曲面(SU)] <实体>：_SO

选择要拉伸的对象或 [模式(MO)]：找到 1 个

选择要拉伸的对象或 [模式(MO)]:

指定拉伸的高度或 [方向(D)/路径(P)/倾斜角(T)/表达式(E)] <142.2347>:

其中有关选项的含义如下:

(1) 拉伸的对象:如果输入正值,将沿对象所在坐标系的 Z 轴正方向拉伸对象。如果输入负值,将沿 Z 轴负方向拉伸对象。对象不必平行于同一平面。如果所有对象处于同一平面上,将沿该平面的法线方向拉伸对象。默认情况下,将沿对象的法线方向拉伸平面对象(见图 7-29)。

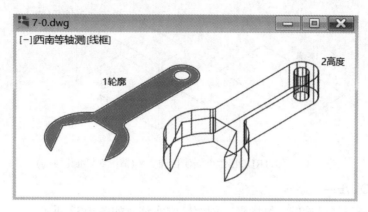

图 7-29 EXTRUDE 命令创建拉伸实体(情况 1:直接拉伸)

(2) 模式:选择闭合轮廓命令创建模式:实体(SO)或曲面(SU)。

(3) 方向:通过指定的两点来指定拉伸的高度和方向。

(4) 路径:选择基于指定曲线对象的拉伸路径。路径将移动到轮廓的质心,然后沿选定路径拉伸选定对象的轮廓以命令创建实体或曲面(见图 7-30)。路径不能与对象处于同一平面,也不能具有曲率高的部分。如果路径包含不相切的线段,那么程序将沿每个线段拉伸对象,然后沿线段形成的角平分面斜接接头。如果路径是封闭的,对象应位于斜接面上。允许实体的起始截面和终止截面相互匹配。如果对象不在斜接面上,将旋转对象直到其位于斜接面上。

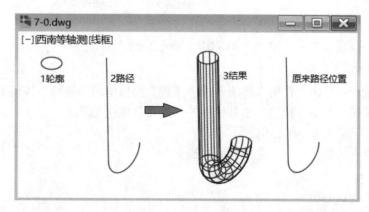

图 7-30 EXTRUDE 命令创建拉伸实体(情况 2:沿路径拉伸)

(5) 倾斜角:又称锥化角度,指定介于 –90° 和 +90° 之间的角度、按 Enter 键或指定点。如果为倾斜角指定一个点而不是输入值,则必须拾取第二个点。正角度表示从基准对象逐渐变细地拉伸(见图 7-31)，而负角度则表示从基准对象逐渐变粗地拉伸。默认角度为 0，表示在与二维对象所在平面垂直的方向上进行拉伸(见图 7-29)。所有选定的对象和环都将倾斜到相同的角度。指定一个较大的倾斜角或较长的拉伸高度，将导致对象或对象的一部分在到达拉伸高度之前就已经汇聚到一点。面域的各个环始终拉伸到相同高度。

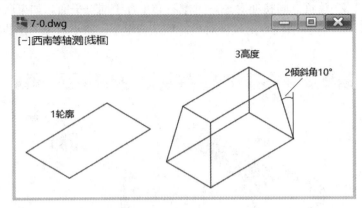

图 7-31　　EXTRUDE 命令创建拉伸实体(情况 3：锥化拉伸)

11. REVOLVE——旋转

该命令可通过绕轴旋转二维图形，创建三维实体，如图 7-32 所示。

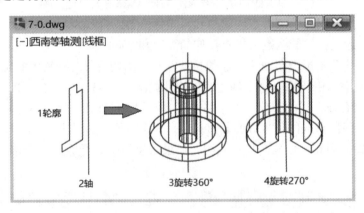

图 7-32　　REVOLVE 命令创建旋转实体

1) 命令输入

(1) 面板按钮：单击"常用"选项卡的"建模"面板中的"旋转"按钮 。

(2) 工具按钮：单击"建模"工具栏中的"旋转"按钮 。

(3) 命令行：输入 REVOLVE↙。

(4) 菜单栏："绘图"→"建模"→"旋转"。

2) 操作步骤

命令：REVOLVE↙

当前线框密度：ISOLINES=10，闭合轮廓命令创建模式 = 实体

选择要旋转的对象或 [模式(MO)]：_MO 闭合轮廓命令创建模式 [实体(SO)/曲面(SU)] <实体>：_SO

选择要旋转的对象或 [模式(MO)]：找到 1 个

选择要旋转的对象或 [模式(MO)]:

指定轴起点或根据以下选项之一定义轴 [对象(O)/X/Y/Z] <对象>:

指定轴端点:

指定旋转角度或 [起点角度(ST)/反转(R)/表达式(EX)] <360>:

其中有关选项的含义如下:

(1) 模式:选择闭合轮廓命令创建模式:实体(SO)或曲面(SU)。

(2) 轴起点:指定旋转轴的第一点和第二点。轴的正方向从第一点指向第二点。

(3) 对象:使用户可以选择现有的对象,此对象定义了旋转选定对象时所绕的轴。轴的正方向从该对象的最近端点指向最远端点。

(4) X/Y/Z:选 X 轴、Y 轴或 Z 轴为旋转轴线。

12. SWEEP——扫掠

该命令可通过沿路径扫掠平面曲线(轮廓),创建新实体或曲面,如图 7-33 所示。

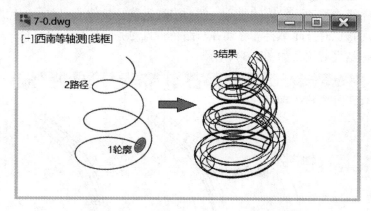

图 7-33 SWEEP 命令创建扫掠实体

使用 SWEEP 命令,可以通过沿开放或闭合的二维或三维路径扫掠开放或闭合的平面曲线(轮廓)来命令创建新实体或曲面。SWEEP 沿指定的路径以指定轮廓的形状绘制实体或曲面,可以扫掠多个对象,但是这些对象必须位于同一平面中。

1) 命令输入

(1) 面板按钮:单击"常用"选项卡的"建模"面板中的"扫掠"按钮 。

(2) 工具按钮:单击"建模"工具栏中的"扫掠"按钮 。

(3) 命令行:输入 SWEEP✓。

(4) 菜单栏:"绘图"→"建模"→"扫掠"。

2) 操作步骤

命令:SWEEP✓

当前线框密度: ISOLINES=10,闭合轮廓命令创建模式 = 实体

选择要扫掠的对象或 [模式(MO)]: _MO 闭合轮廓命令创建模式 [实体(SO)/曲面(SU)] <实体>: _SO

选择要扫掠的对象或 [模式(MO)]: 找到 1 个

选择要扫掠的对象或 [模式(MO)]:

选择扫掠路径或 [对齐(A)/基点(B)/比例(S)/扭曲(T)]:

其中有关选项的含义如下：

(1) 模式：选择闭合轮廓命令创建模式：实体(SO)或曲面(SU)。

(2) 对齐：指定是否对齐轮廓以使其作为扫掠路径切向的法向。默认情况下，轮廓是对齐的。注意：如果轮廓曲线不垂直于(法线指向)路径曲线起点的切向，则轮廓曲线将自动对齐。出现对齐提示时输入 N 以避免该情况的发生。

(3) 基点：指定要扫掠对象的基点。如果指定的点不在选定对象所在的平面上，则该点将被投影到该平面上。

(4) 比例：指定比例因子以进行扫掠操作。从扫掠路径的开始到结束，比例因子将统一应用到扫掠的对象上。

(5) 扭曲：设置被扫掠的对象的扭曲角度。扭曲角度指定沿扫掠路径全部长度的旋转量。

拉伸与扫掠区别：

拉伸时，路径将移动到轮廓的质心，然后沿选定路径拉伸选定对象的轮廓以命令创建实体或曲面。而扫掠时，轮廓将被移动并与路径垂直对齐，然后，沿路径扫掠该轮廓。

拉伸和扫掠结果对比，如图 7-34 所示。

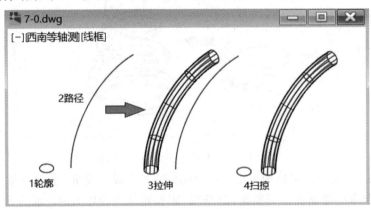

图 7-34　拉伸和扫掠结果对比

13. LOFT——放样

该命令可通过在一组两个或多个曲线之间放样，创建三维实体或曲面，如图 7-35、图 7-36、图 7-37 所示。

使用 LOFT 命令，可以通过指定一系列横截面来命令创建新的实体或曲面。横截面用于定义结果实体或曲面的截面轮廓(形状)。横截面(通常为曲线或直线)可以是开放的(例如圆弧)，也可以是闭合的(例如圆)，但横截面曲线必须同时全部打开或全部闭合。LOFT 用于在横截面之间的空间内绘制实体或曲面，使用 LOFT 命令时必须指定至少两个横截面。

1) 命令输入

(1) 面板按钮：单击"常用"选项卡的"建模"面板中的"长方体"按钮 🔲。

(2) 工具按钮：单击"建模"工具栏中的"立方体"按钮 🔲。

(3) 命令行：输入 LOFT✓。

(4) 菜单栏："绘图"→"建模"→"放样"。

2) 操作步骤

命令：LOFT↙

前线框密度：ISOLINES=10，闭合轮廓命令创建模式 = 实体

按放样次序选择横截面或 [点(PO)/合并多条边(J)/模式(MO)]：_MO 闭合轮廓命令创建模式

[实体(SO)/曲面(SU)] <实体>：_SO

按放样次序选择横截面或 [点(PO)/合并多条边(J)/模式(MO)]：找到 1 个

按放样次序选择横截面或 [点(PO)/合并多条边(J)/模式(MO)]：找到 1 个，总计 1 个

按放样次序选择横截面或 [点(PO)/合并多条边(J)/模式(MO)]：找到 1 个，总计 1 个

按放样次序选择横截面或 [点(PO)/合并多条边(J)/模式(MO)]：

选中了 3 个横截面

输入选项 [导向(G)/路径(P)/仅横截面(C)/设置(S)] <仅横截面>：

其中有关选项的含义如下：

(1) 模式：选择闭合轮廓命令创建模式：实体(SO)或曲面(SU)。

(2) 导向：指定控制放样实体或曲面形状的导向曲线。导向曲线是直线或曲线，可通过将其他线框信息添加至对象来进一步定义实体或曲面的形状。可以使用导向曲线来控制点如何匹配相应的横截面，以防止出现不希望看到的效果(例如结果实体或曲面中的皱褶)。每条导向曲线必须满足以下条件才能正常工作：与每个横截面相交，从第一个横截面开始，到最后一个横截面结束(见图 7-35)。

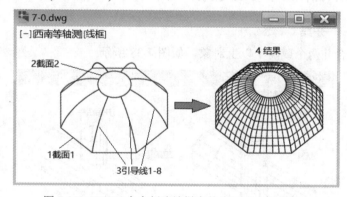

图 7-35 LOFT 命令创建放样实体(情况 1：引导(G))

(3) 路径：指定放样实体或曲面的单一路径，路径曲线必须与横截面的所有平面相交(见图 7-36)。

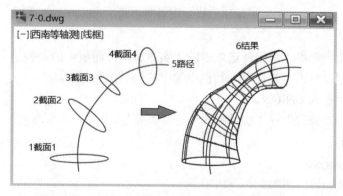

图 7-36 LOFT 命令创建放样实体(情况 2：路径(P))

(4) 仅横截面：只使用截面进行放样，并显"放样设置"对话框，进行放样曲面设置(见图 7-37)。

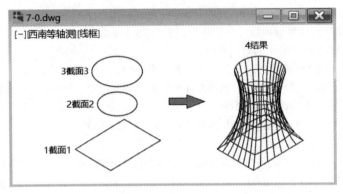

图 7-37　LOFT 命令创建放样实体(情况 3：仅横截面(C))

7.6　编辑三维实体

7.6.1　布尔运算(操作对象可以为实体或面域)

1．UNION——并集

该命令可以合并两个或两个以上对象，如图 7-38 所示。

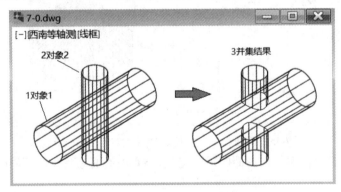

图 7-38　UNION 求并

1) 命令输入

(1) 面板按钮：单击"常用"选项卡的"实体编辑"面板中的"并集"按钮 ▇。

(2) 工具按钮：单击"建模"工具栏中的"并集"按钮 ▇。

(3) 命令行：输入 UNION✓。

(4) 菜单栏："修改"→"实体编辑"→"并集"。

2) 操作步骤

　　命令：UNION✓

　　选择对象：选择求并的实体，可选择多个✓

2．SUBTRACT——差集

该命令可从一组对象中减去另一组对象，如图 7-39 所示。

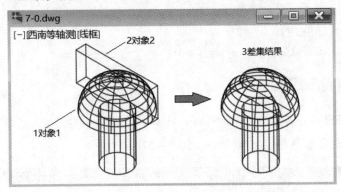

图 7-39　SUBTRACT 求差

1）命令输入

(1) 面板按钮：单击"常用"选项卡的"实体编辑"面板中的"差集"按钮 🔲 。

(2) 工具按钮：单击"建模"工具栏中的"差集"按钮 🔲 。

(3) 命令行：输入 SUBTRACT↙。

(4) 菜单栏："修改"→"实体编辑"→"差集"。

2）操作步骤

　　　该命令可命令：SUBTRACT↙

　　　选择要从中减去的实体、曲面和面域…

　　　选择对象：选择被减的三维实体↙

　　　选择要减去的实体、曲面和面域…

　　　选择对象：选择减去的三维实体↙

3．INTERSECT——交集

该命令可查找公共部分，如图 7-40 所示。

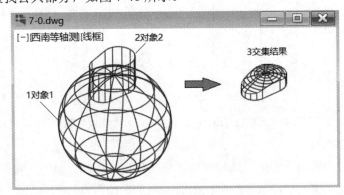

图 7-40　INTERSECT 求交

1）命令输入

(1) 面板按钮：单击"常用"选项卡的"实体编辑"面板中的"交集"按钮 🔲 。

(2) 工具按钮：单击"建模"工具栏中的"交集"按钮 🔲 。

(3) 命令行：输入 INTERSECT✓。

(4) 菜单栏："修改"→"实体编辑"→"交集"。

2) 操作步骤

  命令：INTERSECT✓

  选择对象：选择求交的实体，可选择多个✓

7.6.2 倒角(直角/圆角)

1. CHAMFER——倒直角

该命令可给对象倒直角，如图 7-41、图 7-42 所示。

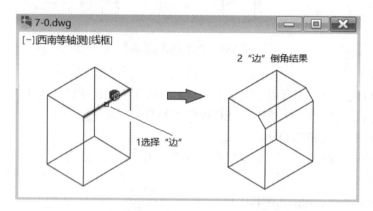

图 7-41 CHAMFER 倒直角(情况 1："边"倒直角)

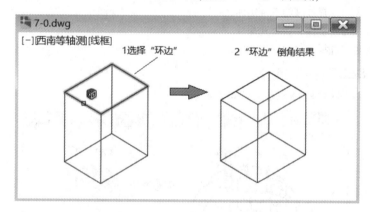

图 7-42 CHAMFER 倒直角(情况 2："环边"倒直角)

1) 命令输入

(1) 面板按钮：单击"常用"选项卡的"修改"面板中的"倒角"按钮 。

(2) 工具按钮：单击"修改"工具栏中的"倒角"按钮 。

(3) 命令行：输入 CHAMFER✓。

(4) 菜单栏："修改"→"倒角"。

2) 操作步骤

  命令：CHAMFER✓

("修剪"模式)当前倒角距离 1 = 当前，距离 2 = 当前

选择第一条直线或 [放弃(U)/多段线(P)/距离(D)/角度(A)/修剪(T)/方式(E)/多个(M)]:使用对象选择方式或输入选项

基面选择…

输入曲面选择选项[下一个(N)/当前(OK)]<当前>：选择倒角基面，当前或下一个(基面指构成棱边的两个表面中的一个，若选择当前以高亮度显示的表面为基面，则回车即可；否则输入 N，另一个表面则以高亮度显示而作为倒角基面

指定基面倒角距离<10.0>：基面上的倒角距

指定另一表面的倒角距离<10.0>：另一表面上的倒角距

选择边或[环(L)]：选择欲倒角的边或环

其中有选项的含义如下：

(1) 多段线：在二维多段线中两条直线段相交的每个顶点处插入倒角线。

(2) 距离：重新设置倒角距离值。

(3) 角度：设置距选定对象的交点的倒角距离，以及与第一个对象或线段所成的 XY 角度。

(4) 修剪：控制是否修剪选定对象以与倒角线的端点相交。

(5) 方式：输入修剪方法：距离(D)或角度(A)。

(6) 多个：允许为多组对象命令创建倒角。

(7) 边：启用单边选择模式。

(8) 环：若倒角棱边首尾相连闭合，选此项操作后只要再选择边中任一条，其余则自动选中。

2. FILLET——倒圆角

该命令可给对象倒圆角，如图 7-43、图 7-44 所示。

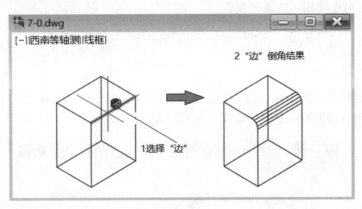

图 7-43　FILLET 倒圆角(情况 1："边"倒圆角)

1) 命令输入

(1) 面板按钮：单击"常用"选项卡的"修改"面板中的"圆角"按钮 。

(2) 工具按钮：单击"修改"工具栏中的"圆角"按钮 。

(3) 命令行：输入 FILLET↙。

(4) 菜单栏："修改" → "圆角"。

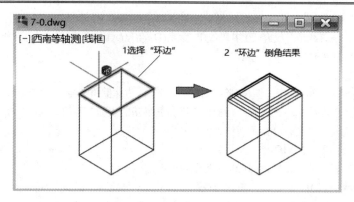

图 7-44   FILLET 倒圆角(情况 2："环边"倒圆角)

2) 操作步骤

  当前设置: 模式=修剪，半径=当前

  选择第一个对象或 [放弃(U)/多段线(P)/半径(R)/修剪(T)/多个(M)]: 选择一棱边对象或进行选项操作

  输入圆角半径或 [表达式(E)] <1.0000>:

  选择边或 [链(C)/环(L)/半径(R)]: 选择边或进行选项操作

其中有关选项的含义如下：

(1) 多段线：在二维多段线中两条直线段相交的每个顶点处插入圆角线。

(2) 半径：重新设置圆角半径值。

(3) 表达式：使用数学表达式控制圆角半径。

(4) 修剪：控制是否修剪选定对象以与圆角线的端点相交。

(5) 多个：允许为多组对象命令创建圆角。

(6) 链：启用连续相切边选择模式。

(7) 环：若倒角棱边首尾相连闭合，选择此项操作后只要再选择边中一条，其余则自动选中。

3. SLICE——剖切

该命令可利用指定的平面或曲面对实体进行剖切，使实体一分为二，并允许用户只保留其中的某一部分或同时保留两个部分，如图 7-45 所示。

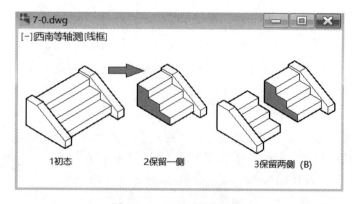

图 7-45   SLICE 剖切实体

1) 命令输入

(1) 面板按钮：单击"常用"选项卡的"实体编辑"面板中的"剖切"按钮 ▣。

(2) 命令行：输入 SLICE✓。

(3) 菜单栏："修改"→"三维操作"→"剖切"。

2) 操作步骤

命令：SLICE✓

选择要剖切的对象：使用对象选择方法并在完成时按 ENTER 键

(注意：如果要剖切的对象选择集中包括面域，这些面域将被忽略)

指定剖切平面的起点或 [平面对象(O)/曲面(S)/Z 轴(Z)/视图(V)/XY/YZ/ZX/三点(3)] <三点>：指定点(进入两点剖切)、输入选项或按 Enter 键以使用"三点"选项(进入三点剖切)

指定平面上的第二点：指定点 2

(这两点将定义剖切平面的角度，剖切平面垂直于当前 UCS)

选择要保留的实体 [保留两侧(B)] <保留两侧>：选择生成的实体之一或输入 B

其中有关选项的含义如下：

(1) 平面对象：将剪切面与圆、椭圆、圆弧、椭圆弧、二维样条曲线或二维多段线对齐。

(2) 曲面：将剪切平面与曲面对齐。

(3) Z 轴：通过平面上指定一点和在平面的 Z 轴(法向)上指定另一点来定义剪切平面。

(4) 视图：将剪切平面与当前视口的视图平面对齐。指定一点定义剪切平面的位置。

(5) XY/YZ/ZX：将剪切平面与当前用户坐标系的 XY 平面、YZ 平面或 ZX 平面对齐。指定一点定义剪切平面的位置。

(6) 三点：用三点定义剪切平面。

思 考 与 练 习

1. 根据所示图样，进行三维建模。

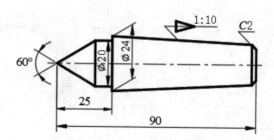

2. 根据所示图样，进行三维建模。

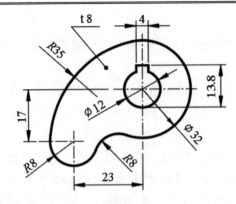

3. 根据所示图样，进行三维建模。

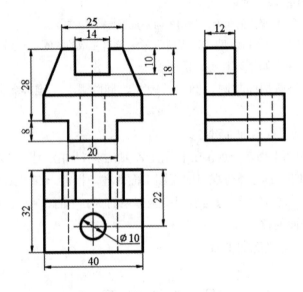

4. 根据所示图形，进行三维建模。

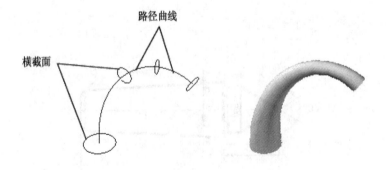

第 8 章 综 合 举 例

8.1 绘 制 圆 盘

画出如图 8-1 所示的图形，图纸幅面采用 A3 图纸，具体的尺寸大小见图中的标注。

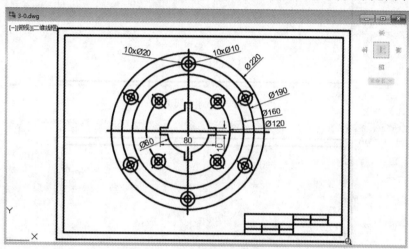

图 8-1 图形的绘制和编辑

8.1.1 绘制 A3 图纸边框线及标题栏

(1) 绘制 A3 图纸边框线。具体步骤如下：

命令：RECTANG↙ （绘制矩形—A3 图纸边界）
指定第一个角点或 [倒角(C)/标高(E)/圆角(F)/厚度(T)/宽度(W)]：0,0↙ （输入左下角点坐标）
指定另一个角点或 [面积(A)/尺寸(D)/旋转(R)]：420,297↙ （输入右上角点坐标）
命令：ZOOM↙ （调整图形占绘图窗口大小）
指定窗口的角点，输入比例因子 (nX 或 nXP)，或者
[全部(A)/中心(C)/动态(D)/范围(E)/上一个(P)/比例(S)/窗口(W)/对象(O)] <实时>：A↙ (A3 图纸全部充满绘图窗口)

结果如图 8-2 所示。

(2) 绘制图框线。具体步骤如下：

命令：OFFSET↙ （画平行线—图框线）
当前设置：删除源=否 图层=源 OFFSETGAPTYPE=0
指定偏移距离或 [通过(T)/删除(E)/图层(L)] <通过>： 10↙ （平行线间距为 10）
选择要偏移的对象，或 [退出(E)/放弃(U)] <退出>： （点取矩形）

指定要偏移的那一侧上的点，或 [退出(E)/多个(M)/放弃(U)] <退出>：(在矩形里面点一下)
选择要偏移的对象，或 [退出(E)/放弃(U)] <退出>：✓   (结束偏移)

结果如图 8-3 所示。

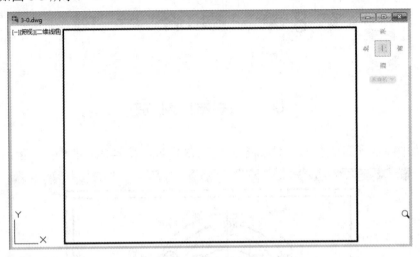

图 8-2　绘制图纸边界

图 8-3　绘制图框线

(3) 绘制标题栏。具体步骤如下：

命令：RECTANG✓   (绘制矩形—标题栏)
指定第一个角点或 [倒角(C)/标高(E)/圆角(F)/厚度(T)/宽度(W)]：(捕捉点取边框线的右下角点)
指定另一个角点或 [面积(A)/尺寸(D)/旋转(R)]：@-140,28✓   (矩形的长和宽分别为 140 和 28)
命令：　EXPLODE✓   (分解矩形，便于做平行线)
选择对象：找到 1 个   (点取标题栏的矩形)
选择对象：✓   (结束分解)

结果如图 8-4 所示。

(4) 绘制的平行线。具体步骤如下：

命令：OFFSET✓   (在标题栏中绘制横线的平行线)
当前设置: 删除源=否　图层=源　OFFSETGAPTYPE=0

指定偏移距离或 [通过(T)/删除(E)/图层(L)] <10.0000>：7　　　　　　　　（横线间距为7）

选择要偏移的对象，或 [退出(E)/放弃(U)] <退出>：(选择最上面的线)

指定要偏移的那一侧上的点，或 [退出(E)/多个(M)/放弃(U)] <退出>：(单击下方)

选择要偏移的对象，或 [退出(E)/放弃(U)] <退出>：(后面反复进行，直到把所有的横线绘制完)

结果如图 8-5 所示。

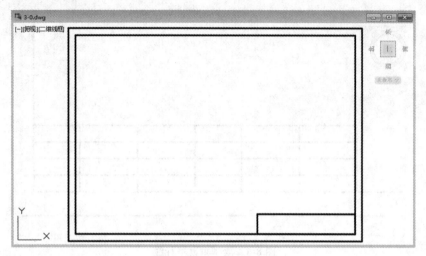

图 8-4　绘制标题栏框并分解

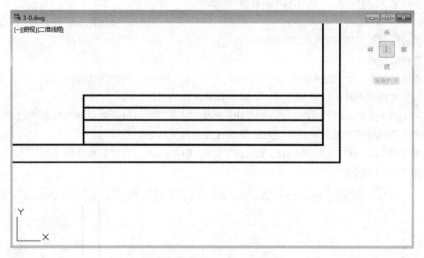

图 8-5　绘制水平平行线

(5) 绘制垂直平行线。具体步骤如下：

命令：OFFSET✓　　　　　　　　　　　　　　　　　　（在标题栏中绘制竖线的平行线）

当前设置：删除源=否　图层=源　OFFSETGAPTYPE=0

指定偏移距离或 [通过(T)/删除(E)/图层(L)] <7.0000>：70✓　　　　　（竖线间距为70）

选择要偏移的对象，或 [退出(E)/放弃(U)] <退出>：　　　　　　　（选择最左边的线）

指定要偏移的那一侧上的点，或 [退出(E)/多个(M)/放弃(U)] <退出>：(单击右边)

选择要偏移的对象，或 [退出(E)/放弃(U)] <退出>：✓　　（结束）

命令：OFFSET✓　　　　　　　　　　　　　　　　　（同上）

当前设置：删除源=否　图层=源　OFFSETGAPTYPE=0

指定偏移距离或 [通过(T)/删除(E)/图层(L)] <70.0000>：25✓   (竖线间距为25)

选择要偏移的对象，或 [退出(E)/放弃(U)] <退出>：   (选择最左边的线)

指定要偏移的那一侧上的点，或 [退出(E)/多个(M)/放弃(U)] <退出>：(单击右边)

选择要偏移的对象，或 [退出(E)/放弃(U)] <退出>：(后面反复进行，直到把所有的竖线绘制完)

结果如图 8-6 所示。

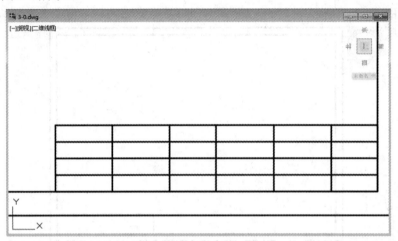

图 8-6　绘制垂直平行线

(6) 修剪条余的线段。具体步骤如下：

命令：TRIM✓   (修剪标题栏内多余的线)

当前设置：投影=UCS，边=无

选择剪切边...

选择对象或 <全部选择>：✓   (全部选择)

选择要修剪的对象，或按住 Shift 键选择要延伸的对象，或

[栏选(F)/窗交(C)/投影(P)/边(E)/删除(R)/放弃(U)]：   (反复点取要修剪的线段，直到完成)

选择要修剪的对象，或按住 Shift 键选择要延伸的对象，或

[栏选(F)/窗交(C)/投影(P)/边(E)/删除(R)/放弃(U)]：✓   (修剪命令结束)

结果如图 8-7 所示。

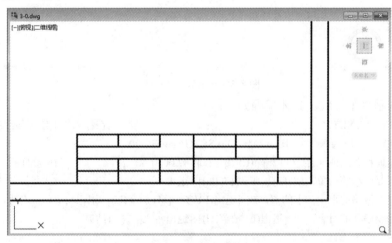

图 8-7　修剪多余的线段

(7) 删除多余的线段。具体步骤如下：

命令：ERASE↙ (删除标题栏内多余的线)

选择对象： (依次单击删除标题栏内多余的线)

选择对象：↙ (结束删除命令)

结果如图 8-8 所示。

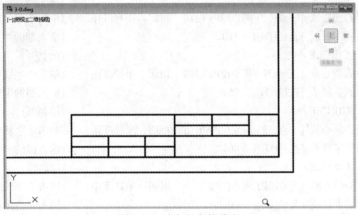

图 8-8 删除多余的线段

8.1.2 绘制中心十字线

打开"正交"方式，绘制中心十字线的具体步骤如下：

命令：LINE↙ (绘制直线)

指定第一点： (单击确定左面一点)

指定下一点或 [放弃(U)]： (单击确定右面一点)

指定下一点或 [放弃(U)]：↙ (结束)

命令：LINE↙ (绘制直线)

指定第一点： (单击确定上面一点)

指定下一点或 [放弃(U)]： (单击确定下面一点)

指定下一点或 [放弃(U)]：↙ (结束)

结果如图 8-9 所示。

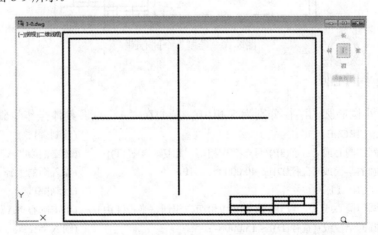

图 8-9 绘制中心十字线

8.1.3　绘制五个同心圆

　　执行画圆命令，以十字线交点为圆心，分别输入半径值 110、95、80、60、30，画出五个大的同心圆，结果如图 8-10 所示。具体操作步骤如下：

命令：CIRCLE↙	(绘制圆)
指定圆的圆心或 [三点(3P)/两点(2P)/相切、相切、半径(T)]：	(单击十字线的交点)
指定圆的半径或 [直径(D)]： 110↙	(输入圆的半径 110)
命令：CIRCLE↙	(绘制圆)
指定圆的圆心或 [三点(3P)/两点(2P)/相切、相切、半径(T)]：	(单击十字线的交点)
指定圆的半径或 [直径(D)]： 95↙	(输入圆的半径 95)
命令：CIRCLE↙	(绘制圆)
指定圆的圆心或 [三点(3P)/两点(2P)/相切、相切、半径(T)]：	(单击十字线的交点)
指定圆的半径或 [直径(D)]： 80↙	(输入圆的半径 80)
命令：CIRCLE↙	(绘制圆)
指定圆的圆心或 [三点(3P)/两点(2P)/相切、相切、半径(T)]：	(单击十字线的交点)
指定圆的半径或 [直径(D)]： 60↙	(输入圆的半径 60)
命令：CIRCLE↙	(绘制圆)
指定圆的圆心或 [三点(3P)/两点(2P)/相切、相切、半径(T)]：	(单击十字线的交点)
指定圆的半径或 [直径(D)]： 30↙	(输入圆的半径 30)

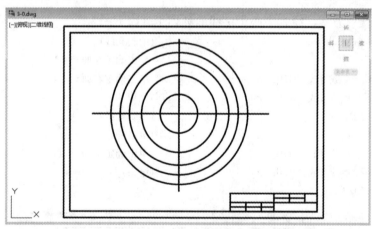

图 8-10　绘制五个同心圆

8.1.4　绘制小同心圆

　　上面两个小同心圆的半径分别为 5 和 10，圆心在"A"点。具体操作步骤如下：

命令：CIRCLE↙	(绘制圆)
指定圆的圆心或 [三点(3P)/两点(2P)/相切、相切、半径(T)]：	(单击圆心"A"点)
指定圆的半径或 [直径(D)] < 40.0000>： 10↙	(输入圆的半径 10)
命令：CIRCLE↙	(绘制圆)
指定圆的圆心或 [三点(3P)/两点(2P)/相切、相切、半径(T)]：	(单击圆心"A"点)
指定圆的半径或 [直径(D)] < 15.0000>： 5↙	(输入半径 5)

结果如图 8-11 所示。

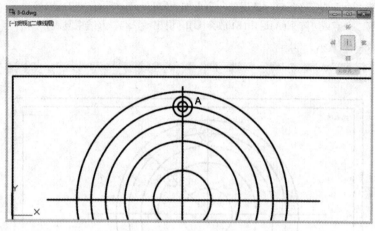

图 8-11　绘制小同心圆

8.1.5　绘制另一同心圆圆心所在的直线

以圆心为起点，向右上方 45°方向绘制一段长度为 100 的直线。具体操作步骤如下：

命令：LINE↙	（绘制直线）
指定第一点：	（单击大圆圆心）
指定下一点或 [放弃(U)]：@100<45↙	（绘制右上方向长度 100 的直线）
指定下一点或 [放弃(U)]：↙	（结束绘制直线）

结果如图 8-12 所示。

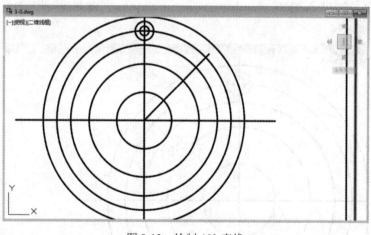

图 8-12　绘制 45°直线

8.1.6　复制另一个同心圆

将小同心圆从 A 点复制到 B 点。具体操作步骤如下：

命令：COPY↙	
选择对象：	（选取小同心圆）
选择对象：↙	（结束选择）

指定基点或 [位移(D)/模式(O)] <位移>:　　　　　　　　（点取 A 点）

指定第二个点或[阵列(A)] <使用第一个点作为位移>:　　　（点取 B 点）

指定第二个点或 [阵列(A)退出(E)/放弃(U)] <退出>:　↙　（结束复制）

结果如图 8-13 所示。

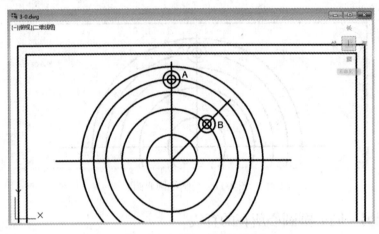

图 8-13　对同心圆作复制

8.1.7　打断"B"点处的直线

打断"B"点处的直线。具体操作步骤如下:

命令:BREAK↙

选择对象:　　　　　　　　　　　　　　　　　（选取线段上适当位置单击）

指定第二个打断点或[第一点(F)]:　　　　　　　（选取线段上适当位置单击）

如图 8-14 所示。

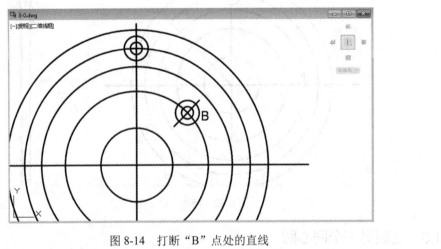

图 8-14　打断"B"点处的直线

8.1.8　绘制内部小圆的方槽

首先使用偏移命令按照尺寸大小绘制中心十字线的平行线,然后使用修剪命令剪掉多余的线段。

(1) 绘制竖直平行线。具体操作步骤如下：

　　命令：OFFSET↙

　　当前设置：删除源=否　图层=源　OFFSETGAPTYPE=0

　　指定偏移距离或 [通过(T)/删除(E)/图层(L)] <通过>：5↙　　　　　　　　(输入偏移距离 5)

　　选择要偏移的对象，或 [退出(E)/放弃(U)] <退出>：　　　　　　　　　(单击中间的竖直线)

　　指定要偏移的那一侧上的点，或 [退出(E)/多个(M)/放弃(U)] <退出>：(单击竖直线左侧)

　　选择要偏移的对象，或 [退出(E)/放弃(U)] <退出>：　　　　　　　　　(单击中间的竖直线)

　　指定要偏移的那一侧上的点，或 [退出(E)/多个(M)/放弃(U)] <退出>：(单击竖直线右侧)

　　选择要偏移的对象，或 [退出(E)/放弃(U)] <退出>：↙　　　　　　　　(结束)

结果如图 8-15 所示。

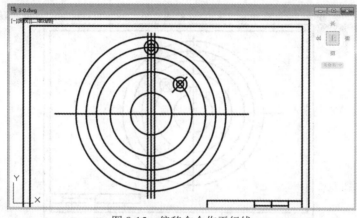

图 8-15　偏移命令作平行线

(2) 绘制水平平行线。具体步骤如下：

　　命令：OFFSET↙

　　当前设置：删除源=否　图层=源　OFFSETGAPTYPE=0

　　指定偏移距离或 [通过(T)/删除(E)/图层(L)] <通过>：40↙　　　　　　　(输入偏移距离 40)

　　选择要偏移的对象，或 [退出(E)/放弃(U)] <退出>：　　　　　　　　　(单击中间的水平线)

　　指定要偏移的那一侧上的点，或 [退出(E)/多个(M)/放弃(U)] <退出>：(单击水平线上侧)

　　选择要偏移的对象，或 [退出(E)/放弃(U)] <退出>：↙　　　　　　　　(结束)

结果如图 8-16 所示。

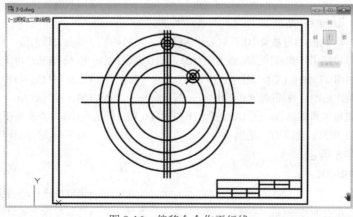

图 8-16　偏移命令作平行线

(3) 修剪多余线段。具体步骤如下：

　　命令：TRIM✓　　　　　　　　　　　　　　　　　　　　(修剪方槽多余的线)

　　当前设置：投影=UCS，边=无

　　选择剪切边…

　　选择对象或 <全部选择>：✓　　　　　　　　　　　　　(全部选择)

　　选择要修剪的对象，或按住 Shift 键选择要延伸的对象，或

　　[栏选(F)/窗交(C)/投影(P)/边(E)/删除(R)/放弃(U)]：　　(反复点取要修剪的线段,直到完成)

　　选择要修剪的对象，或按住 Shift 键选择要延伸的对象，或

　　[栏选(F)/窗交(C)/投影(P)/边(E)/删除(R)/放弃(U)]：✓　　(修剪命令结束)

结果如图 8-17 所示。

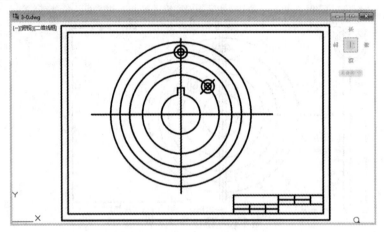

图 8-17　修剪方槽多余的线段

8.1.9　对上部的小同心圆做环形阵列

　　对上部的小同心圆做环形阵列并打断多余的直线，环绕一周的小同心圆有六个。具体步骤如下：

　　命令：ARRAYPOLAR✓

　　选择对象：　　　　　　　　　　　　　　　　　　　　　(选取外围的小同心圆)

　　选择对象：✓　　　　　　　　　　　　　　　　　　　　(回车确认)

　　类型=矩形　关联=是

　　指定阵列的中心点或[基点(B)/计数旋转轴(A)]：　　　　(单击大圆的圆心)

　　选择夹点以编辑阵列或[关联(AS)/基点(B)/项目(I)/项目间角度(A)/填充角度(F)/行(ROW)/层(L)/

　　旋转项目(ROT)/退出(X)] <退出>：I✓　　　　　　　　(选择项目选项)

　　输入阵列中的项目数或[表达式(E)] <6>：3✓　　　　　　(输入项目数 6)

　　选择夹点以编辑阵列或[关联(AS)/基点(B)/项目(I)/项目间角度(A)/填充角度(F)/行(ROW)/层(L)/

　　旋转项目(ROT)/退出(X)] <退出>：✓　　　　　　　　　(回车确认完成环形阵列)

结果如图 8-18 所示。

　　命令：BREAK✓

　　选择对象：　　　　　　　　　　　　　　　　　　　　　(选取线段上适当位置单击)

　　指定第二个打断点或[第一点(F)]：　　　　　　　　　　(选取线段上适当位置单击)

结果如图 8-19 所示。

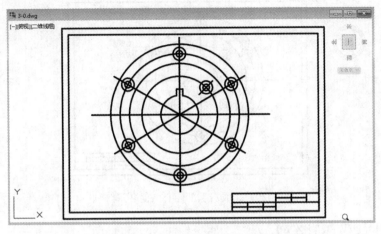

图 8-18 对上部同心圆做环形阵列

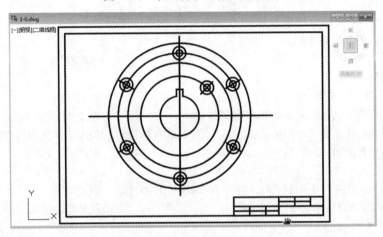

图 8-19 打断多余的线条

8.1.10 对右上部的小同心圆做环形阵列

对右上部的小同心圆做环形阵列，环绕一周的小同心圆有四个。具体步骤如下：

命令：ARRAYPOLAR↙

选择对象：   (选取内部的小同心圆)

选择对象：↙   (回车确认)

类型=矩形　关联=是

指定阵列的中心点或[基点(B)/计数旋转轴(A)]：   (单击大圆的圆心)

选择夹点以编辑阵列或[关联(AS)/基点(B)/项目(I)/项目间角度(A)/填充角度(F)/行(ROW)/层(L)/

旋转项目(ROT)/退出(X)] <退出>：I↙   (选择项目选项)

输入阵列中的项目数或[表达式(E)] <6>：6↙   (输入项目数 4)

选择夹点以编辑阵列或[关联(AS)/基点(B)/项目(I)/项目间角度(A)/填充角度(F)/行(ROW)/层(L)/

旋转项目(ROT)/退出(X)] <退出>：↙   (回车确认完成环形阵列)

结果如图 8-20 所示。

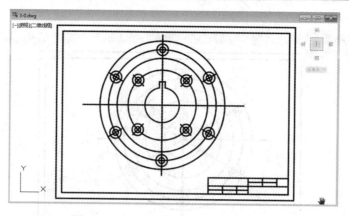

图 8-20   完成右上部同心圆的环形阵列

8.1.11   对方槽做环形阵列

对方槽做环形阵列，环绕一周的方槽有四个。具体步骤如下：

命令：ARRAYPOLAR✓

选择对象：   (选取方槽)

选择对象：✓   (回车确认)

类型=矩形   关联=是

指定阵列的中心点或[基点(B)/计数旋转轴(A)]：   (单击大圆的圆心)

选择夹点以编辑阵列或[关联(AS)/基点(B)/项目(I)/项目间角度(A)/填充角度(F)/行(ROW)/层(L)/

旋转项目(ROT)/退出(X)] <退出>：I✓   (选择项目选项)

输入阵列中的项目数或[表达式(E)] <6>：6✓   (输入项目数 4)

选择夹点以编辑阵列或[关联(AS)/基点(B)/项目(I)/项目间角度(A)/填充角度(F)/行(ROW)/层(L)/

旋转项目(ROT)/退出(X)] <退出>：✓   (回车确认完成环形阵列)

结果如图 8-21 所示。

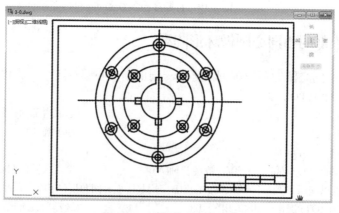

图 8-21   方槽做环形阵列

8.1.12   修剪方槽中多余的圆弧

使用修剪命令去掉小圆上多余的圆弧。具体步骤如下：

命令：TRIM↙

当前设置:投影=UCS，边=无

选择剪切边...

选择对象或 <全部选择>：　　　　　　　　　　　　　　　　(直接按"回车"键，全部选择)

选择要修剪的对象，或按住 Shift 键选择要延伸的对象，或者

[栏选(F)/窗交(C)/投影(P)/边(E)/删除(R)/]：　　　　　　(单击方槽中的圆弧)

选择要修剪的对象，或按住 Shift 键选择要延伸的对象，或

[栏选(F)/窗交(C)/投影(P)/边(E)/删除(R)/放弃(U)]：↙　　(结束修剪)

结果如图 8-22 所示。

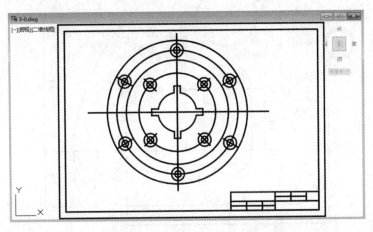

图 8-22　修剪方槽中多余的圆弧

8.1.13　对图形进行整理

上面的图形中还有一些多余的图线，需要使用打断命令进行整理。具体步骤如下：

命令：BREAK ↙　　　　　　　　　　　(使用"打断"命令)

选择对象：　　　　　　　　　　　　　　(单击确定要打断的第一点)

指定第二个打断点 或 [第一点(F)]：　　(单击确定要打断的第二点)

如此反复，直到结束。最后的结果如图 8-23 所示。

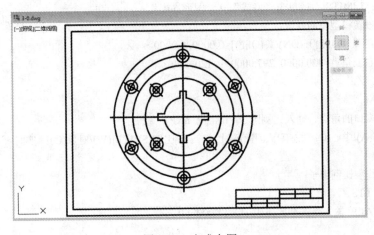

图 8-23　完成全图

8.2 圆 弧 连 接

画出如图 8-24 所示的图形。

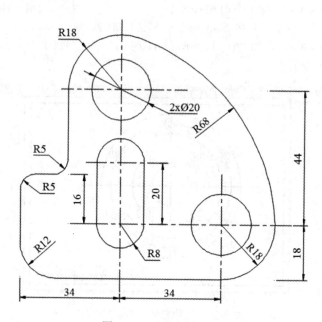

图 8-24　圆弧连接图形

8.2.1　设置图层和图幅

单击下拉菜单"格式"→"图层"项，打开"图层特性管理器"对话框。在该对话框中新建一个图层"图层 1"，设置线型为 CENTER，并利用"对象特性"工具栏，将"图层 1"设为当前层。

设置图幅的具体步骤如下：

命令：LIMITS↙ (或单击"格式"→"图形界限")

重新设置模型空间界限：

指定左下角点或[开(ON)/关(OFF)]<0.0000, 0.0000>：↙

指定右上角点<420.0000, 297.0000>：120, 100↙

命令：Z↙

ZOOM

指定窗口的角点，输入比例因子 (nX 或 nXP)，或者

[全部(A)/中心(C)/动态(D)/范围(E)/上一个(P)/比例(S)/窗口(W)/对象(O)] <实时>：A↙

调整线型比例因子：

命令：LTS↙

LTSCALE 输入新线型比例因子 <1.0000>：0.2↙

8.2.2 绘制中心线

执行画线命令 LINE，在屏幕的适当位置画出横竖中心线，如图 8-25 所示。用偏移命令，作出其他中心线。具体步骤如下：

命令：OFFSET↙(或单击 ⊏)

当前设置：删除源=否　图层=源　OFFSETGAPTYPE=0

指定偏移距离或 [通过(T)/删除(E)/图层(L)] <1.0000>: 20↙

选择要偏移的对象，或 [退出(E)/放弃(U)] <退出>:　　　　　　　　　(选择横中心线)

指定要偏移的那一侧上的点，或 [退出(E)/多个(M)/放弃(U)] <退出>:(在横中心线下方任意位置单击一下)

选择要偏移的对象，或 [退出(E)/放弃(U)] <退出>:↙

重复执行 OFFSET 命令两次，分别指定偏移距离为 44，34。作出另外两条中心线，用"夹持点编辑"将中心线缩短为适当的长度，得到如图 8-26 所示的图形。

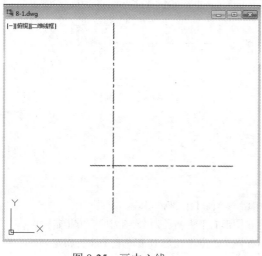

图 8-25　画中心线

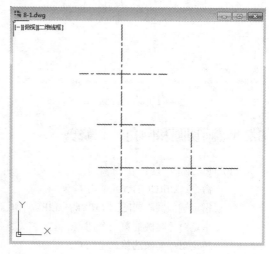

图 8-26　偏移中心线

8.2.3 画圆和直线

将 0 层换为当前层(0 层的线型为细实线)。

(1) 画圆。具体步骤如下：

命令：CIRCLE↙(或单击 ⊙)

指定圆的圆心或[三点(3P)/两点(2P)/相切、相切、半径(T)]:　　　(捕捉右侧中心线的交点)

指定圆的半径或[直径(D)]: 10↙

重复执行 CIRCLE 命令多次，分别捕捉圆心，并输入半径为 18，10，8，得到如图 8-27 所示的图形。

(2) 画直线。具体步骤如下：

命令：LINE↙(或单击 ╱)

指定第一点:　　　　　　　　　　　　　　　　　　　(捕捉图形上的 A 点)

指定下一点或[放弃(U)]: @68 < -180↙

指定下一点或[退出(E)/放弃(U)]: @34 < 90↙

指定下一点或[关闭(C)/退出(X)/放弃(U)]: @16＜0↙
　指定下一点或[关闭(C)/退出(X)/放弃(U)]:　　　　　　　　　(捕捉图形上的 B 点)
　指定下一点或[关闭(C)/退出(X)/放弃(U)]:↙

　　重复执行该命令,将两个小圆的最左点和最右点用竖直线连接起来,得到如图 8-28 所示的图形。

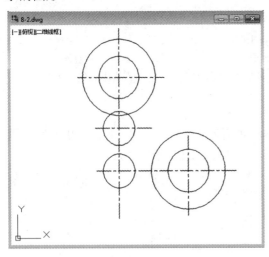

图 8-27　画圆

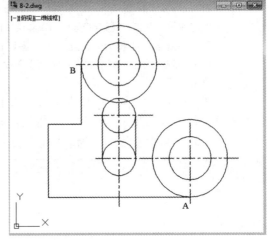

图 8-28　画直线

8.2.4　画切圆和圆角,并修剪

　　(1) 画切圆。具体步骤如下:
　　　命令:CIRCLE↙(或单击 ⊙)
　　　指定圆的圆心或[三点(3P)/两点(2P)/相切、相切、半径(T)]:　T↙
　　　指定对象与圆的第一个切点:　　　　　　　(在图形右下方半径为 18 圆周的右方指定一点)
　　　指定对象与圆的第二个切点:　　　　　　　(在图形上方半径为 18 圆周的右上方指定一点)
　　　指定圆的半径 ＜默认值＞:68↙

　　(2) 画圆角。具体步骤如下:
　　　命令:FILLET↙(或单击 ⌐)
　　　当前设置: 模式 ＝ 修剪,半径 ＝ 0.0000
　　　选择第一个对象或 [放弃(U)/多段线(P)/半径(R)/修剪(T)/多个(M)]: R↙
　　　指定圆角半径 ＜0.0000＞: 12↙
　　　选择第一个对象或 [放弃(U)/多段线(P)/半径(R)/修剪(T)/多个(M)]:　　(选择图形左下角的竖线)
　　　选择第二个对象,或按住 Shift 键选择对象以应用角点或 [半径(R)]: (选择图形左下角的横线)
　　重复执行 FILLET 命令,输入圆角半径为 5,得到如图 8-29 所示的图形。

　　(3) 修剪图形。具体步骤如下:
　　　命令:TRIM↙(或单击 ✂)
　　　当前设置:投影=UCS,边=无
　　　选择剪切边...
　　　选择对象或 ＜全部选择＞:↙
　　　选择要修剪的对象,或按住 Shift 键选择要延伸的对象,或

[栏选(F)/窗交(C)/投影(P)/边(E)/删除(R)/放弃(U)]: (修剪多余的线)
　选择要修剪的对象，或按住 Shift 键选择要延伸的对象，或
[栏选(F)/窗交(C)/投影(P)/边(E)/删除(R)/放弃(U)]: ✓
修剪完的图形如图 8-30 所示。

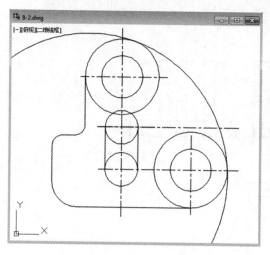

　　　　图 8-29　画切圆和圆角　　　　　　　　　　　图 8-30　修剪图形

8.2.5　标注尺寸

(1) 标注线性尺寸。具体步骤如下：

　命令：　　　　　　　　　　　　　　　　　　　　　　(单击 ⊢ 按钮)
　指定第一条尺寸界线原点或 <选择对象>:　　　　　　　(捕捉第一条尺寸界限上的点)
　指定第二条尺寸界线原点:　　　　　　　　　　　　　(捕捉第二条尺寸界限上的点)
　指定尺寸线位置或
　[多行文字(M)/文字(T)/角度(A)/水平(H)/垂直(V)/旋转(R)]:　(将尺寸移到合适的位置)
　标注文字 = 34✓

重复执行该命令，可标注 18、44、20、16 等线性尺寸。

(2) 标注半径尺寸。具体步骤如下：

　命令：　　　　　　　　　　　　　　　　　　　　　　(单击 ⦅ 按钮)
　选择圆弧或圆:　　　　　　　　　　　　　　　　　　(选择图形左下方的圆弧)
　标注文字: 12✓
　指定尺寸线位置或[多行文字(M)/文字(T)/角度(A)]:　　(将尺寸线定在合适的位置上)

重复执行该命令，可标注其余的半径尺寸。

(3) 标注直径尺寸。具体步骤如下：

　命令：　　　　　　　　　　　　　　　　　　　　　　(单击 ⦸ 按钮)
　选择圆弧或圆:　　　　　　　　　　　　　　　　　　(单击图形上方小圆的圆周)
　标注文字 = 20
　指定尺寸线位置或 [多行文字(M)/文字(T)/角度(A)]:　　(将尺寸线定在合适的位置上)

最终得到如图 8-24 所示的图形。

8.3　组合体的三视图

画出如图 8-31 所示的组合体三视图。

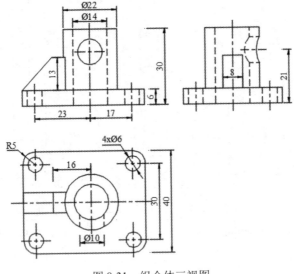

图 8-31　组合体三视图

8.3.1　设置图层、图幅和线型比例因子

(1) 设置图层。单击"格式"→"图层",在弹出的"图层特性管理器"对话框中,设"图层 0" 线型为实线 CONTINUOUS;设"图层 2"为中心线 CENTER;设"图层 3"为虚线 DASHED;"图层 0"为默认图层,如图 8-32 所示。

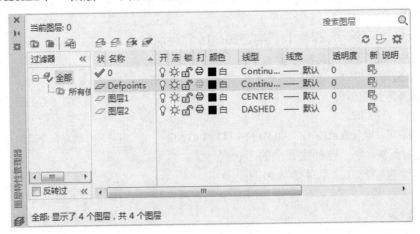

图 8-32　设置图层

(2) 设置模型空间界限。具体步骤如下:

　　命令:LIMITS✓

　　重新设置模型空间界限:

指定左下角点或[开(ON)/关(OFF)]<0.0000,0.0000>：✓

指定右上角点<420.0000,297.0000>：120,100✓

命令：Z✓

ZOOM

指定窗口的角点，输入比例因子 (nX 或 nXP)，或者

[全部(A)/中心(C)/动态(D)/范围(E)/上一个(P)/比例(S)/窗口(W)/对象(O)] <实时>: A✓

(3) 设置线型比例因子。具体步骤如下：

命令：LTS✓

LTSCALE 输入新线型比例因子 <1.0000>: 0.2✓

8.3.2 画俯视图

将"图层 1"换为当前层。

(1) 画俯视图的中心线。具体步骤如下：

命令：LINE✓(或单击 ╱)

指定第一点： (在屏幕适当位置单击一点作为俯视图横中心线的左端点)

指定下一点或[放弃(U)]：@60<0✓

指定下一点或[退出(E)/放弃(U)]: ✓

命令：LINE✓(或单击 ╱)

指定第一点： (在屏幕适当位置单击一点作为俯视图竖中心线的上端点)

指定下一点或[放弃(U)]：@50<270✓

指定下一点或[退出(E)/放弃(U)]: ✓

得到的图形如图 8-33 所示。

(2) 偏移中心线并画圆。具体步骤如下：

命令：OFFSET✓(或单击 ⊂)

当前设置: 删除源=否 图层=源 OFFSETGAPTYPE=0

指定偏移距离或 [通过(T)/删除(E)/图层(L)] <默认值>: 23✓

选择要偏移的对象，或 [退出(E)/放弃(U)] <退出>: (单击竖中心线)

指定要偏移的那一侧上的点，或 [退出(E)/多个(M)/放弃(U)] <退出>:(单击竖中心线左侧任一点)

选择要偏移的对象，或 [退出(E)/放弃(U)] <退出>:✓

重复执行该命令，分别输入偏移距离 17、15。

命令：CIRCLE✓(或单击 ⊙)

指定圆的圆心或 [三点(3P)/两点(2P)/切点、切点、半径(T)]: (单击圆心)

指定圆的半径或 [直径(D)] <默认值>: 3✓

重复执行该命令，分别输入圆的半径为 7、11，得到的图形如图 8-34 所示。

(3) 画外轮廓线。具体步骤如下：

命令：OFFSET✓(或单击 ⊂)

当前设置: 删除源=否 图层=源 OFFSETGAPTYPE=0

指定偏移距离或 [通过(T)/删除(E)/图层(L)] <默认值>: 28✓

选择要偏移的对象，或 [退出(E)/放弃(U)] <退出>: (单击竖中心线)

指定要偏移的那一侧上的点，或 [退出(E)/多个(M)/放弃(U)] <退出>:(单击竖中心线左侧任一点)

选择要偏移的对象，或 [退出(E)/放弃(U)] <退出>:✓

重复执行 OFFSET 命令，分别输入偏移距离为 23 和 20，选择外轮廓线，将它们变为

"0"层的实线，得到如图 8-35 所示的图形。

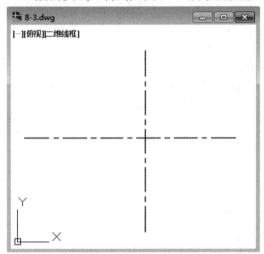

图 8-33　画俯视图的中心线

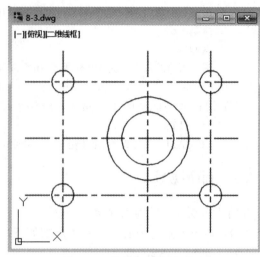

图 8-34　偏移中心线并画圆

(4) 倒圆角。具体步骤如下：

命令：FILLET↙(或单击 ⌐)

当前设置: 模式 = 修剪，半径 = 0.0000

选择第一个对象或 [放弃(U)/多段线(P)/半径(R)/修剪(T)/多个(M)]: R↙

指定圆角半径 <0.0000>: 5↙

选择第一个对象或 [放弃(U)/多段线(P)/半径(R)/修剪(T)/多个(M)]:　 (选择图形左下角的竖线)

选择第二个对象，或按住 Shift 键选择对象以应用角点或 [半径(R)]: (选择图形左下角的横线)

重复执行 FILLET 命令，输入圆角半径为 5，画出其余 3 个圆角，并修剪中心线，得到如图 8-36 所示的图形。

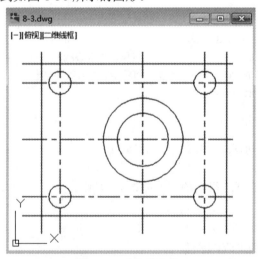

图 8-35　画外轮廓线

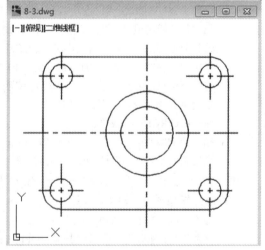

图 8-36　画圆角并修剪中心线

(5) 画筋板和孔结构的图线。具体步骤：重复执行偏移命令 OFFSET，分别输入偏移距离 4、16、5，得到如图 8-37 所示的图形。执行修剪命令 TRIM，剪去多余线，选择表达筋板结构的图线，将它们变为"0"层的实线，选择表达孔结构的图线，将它们变为"2"

层的虚线，得到如图 8-38 所示的图形。

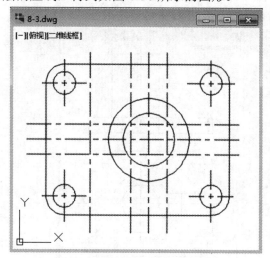

图 8-37 画筋板和孔结构的图线

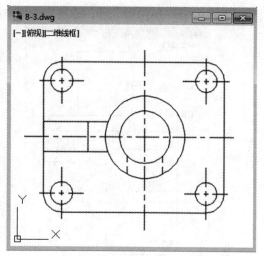

图 8-38 修剪图线完成俯视图

8.3.3 画主视图

打开状态栏中的"极轴追踪"、"对象捕捉"、"对象捕捉追踪"按钮。

(1) 画底板轮廓。具体步骤如下：

　　命令：LINE↙(或单击 ✐)

　　指定第一个点： 　　　　　　　　　　(根据长对正追踪俯视图右端点，在适当位置单击一点 A)

　　指定下一点或 [放弃(U)]: @6< 90↙

　　指定下一点或[退出(E)/放弃(U)]: @50< 180↙

　　指定下一点或[关闭(C)/退出(X)/放弃(U)]: @6< 270↙

　　指定下一点或[关闭(C)/退出(X)/放弃(U)]: C↙

(2) 画圆柱外轮廓。具体步骤如下：

　　命令：LINE↙

　　指定第一个点： 　　　　　　　　　　(根据长对正追踪 E 点，在主视图中捕捉 B 点)

　　指定下一点或 [放弃(U)]: @24< 90↙

　　指定下一点或[退出(E)/放弃(U)]: @22< 180↙

　　指定下一点或[退出(E)/放弃(U)]: @11< 270↙

　　指定下一点或[退出(E)/放弃(U)]: ↙

(3) 画筋板结构。具体步骤如下：

　　命令：LINE↙

　　指定第一个点： 　　　　　　　　　　(根据长对正追踪 F 点，在主视图中捕捉 C 点)

　　指定下一点或 [放弃(U)]: @13< 90↙

　　指定下一点或[退出(E)/放弃(U)]: 　　(向左根据长对正追踪 H 点，在主视图中单击 D 点)

　　指定下一点或[退出(E)/放弃(U)]: 　　(捕捉 K 点)

　　指定下一点或[退出(E)/放弃(U)]: ↙

得到的图形如图 8-39 所示。

(4) 画圆孔结构。根据长对正，用画线命令画出圆孔结构的正面投影。选择表达孔最左、最右素线投影的图线，将它们变为"2"层的虚线，选择表达孔结构中心位置的图线，将它们变为"1"层的中心线，得到如图 8-40 所示的图形。具体步骤如下：

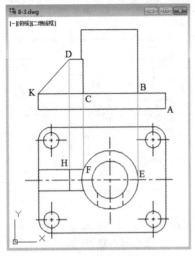

图 8-39　画底板、圆柱和筋板的外轮廓

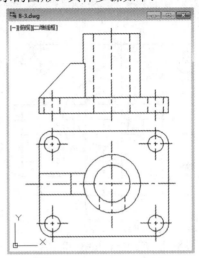

图 8-40　画竖直圆孔的投影

命令：OFFSET✓ (或单击 ⊂)

当前设置：删除源=否　图层=源　OFFSETGAPTYPE=0

指定偏移距离或 [通过(T)/删除(E)/图层(L)] <默认值>: 21✓

选择要偏移的对象，或 [退出(E)/放弃(U)] <退出>:　　　　　　　(单击主视图的底线)

指定要偏移的那一侧上的点，或 [退出(E)/多个(M)/放弃(U)] <退出>: (单击主视图底线上方的任一点)

选择要偏移的对象，或 [退出(E)/放弃(U)] <退出>:✓

选择偏移的图线，将它变为"1"层的中心线，用夹持点编辑将该中心线长度缩短。

命令：CIRCLE✓ (或单击 ⊙)

指定圆的圆心或 [三点(3P)/两点(2P)/切点、切点、半径(T)]：　　(捕捉圆心 P 点)

指定圆的半径或 [直径(D)] <默认值>：5✓

得到如图 8-41 所示的图形。

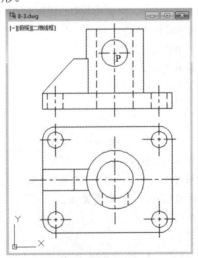

图 8-41　画圆孔的投影

8.3.4 画侧视图

(1) 画侧视图中心线。复制一个俯视图，将其放在俯视图图形的右边，用旋转命令将其旋转 90°，用夹持点编辑和对象追踪命令，画出侧视图的中心线；根据高平齐、宽相等，用画线命令，利用对象捕捉追踪功能，画出底盘和筋板的侧视图，如图 8-42 所示。

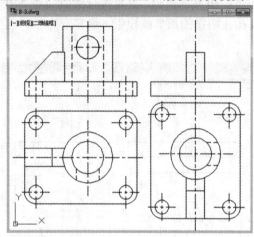

图 8-42　画中心线及底盘和筋板的侧视图

(2) 复制。具体步骤如下：

命令：COPY↙(或单击 ⊕⊕)

选择对象：　　　　　　　　　　　　　　　　　　　(选择主视图表示空心圆柱的图线)

选择对象：↙

当前设置：　复制模式 = 多个

指定基点或 [位移(D)/模式(O)] <位移>：　　　　(捕捉 M 点)

指定第二个点或 [阵列(A)] <使用第一个点作为位移>：　　(捕捉 N 点)

指定第二个点或 [阵列(A)/退出(E)/放弃(U)] <退出>：↙

重复执行该命令，画出小圆孔的侧视图，得到如图 8-43 所示的图形。

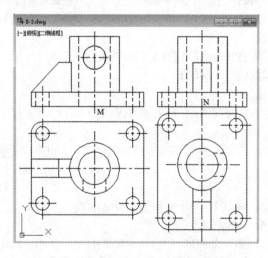

图 8-43　画空心圆柱和小圆孔的侧视图

(3) 画圆孔及相贯线。根据高平齐，用画线命令画出圆孔的侧视图，具体步骤如下：

命令: ARC✓(或单击 ⌒)

指定圆弧的起点或 [圆心(C)]:　　　　　　　　　(捕捉 1 点)

指定圆弧的第二个点或 [圆心(C)/端点(E)]:　　　　(捕捉 2 点)

指定圆弧的端点:　　　　　　　　　　　　　　　(捕捉 3 点)

这样就画出了孔孔相贯的相贯线投影，重复执行圆弧命令 ARC，用同样的方式画出另一条相贯线的投影；选取孔孔相贯的相贯线投影，将它变为"2"层的虚线，得到如图 8-44 所示的图形。

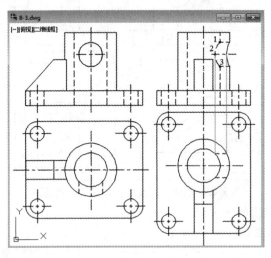

图 8-44　画圆孔及相贯线

8.3.5　标注尺寸

标注尺寸的具体步骤如下：

命令:　　　　　　　　　　　　　　　　　　　(单击 ⊢⊣ 按钮)

指定第一个尺寸界线原点或 <选择对象>:　　　　(捕捉主视图顶部的左端点)

指定第二条尺寸界线原点:　　　　　　　　　　(捕捉主视图顶部的右端点)

指定尺寸线位置或

[多行文字(M)/文字(T)/角度(A)/水平(H)/垂直(V)/旋转(R)]: T✓

输入标注文字 <默认值>: %%C22

指定尺寸线位置或

[多行文字(M)/文字(T)/角度(A)/水平(H)/垂直(V)/旋转(R)]:　(单击尺寸标注合适的位置)

命令:　　　　　　　　　　　　　　　　　　　(单击 ⊘ 按钮)

选择圆弧或圆:　　　　　　　　　　　　　　　(选择俯视图右上角的小圆)

标注文字 =6

指定尺寸线位置或 [多行文字(M)/文字(T)/角度(A)]:T✓

输入标注文字 <6>: 4x%%C6✓

指定尺寸线位置或 [多行文字(M)/文字(T)/角度(A)]: ✓　　(单击尺寸标注合适的位置)

反复执行标注尺寸命令，最终得到如图 8-31 所示的图形。

8.4 滑动轴承座三维实体的绘制

绘制如图 8-45 所表达的滑动轴承座三维实体图。

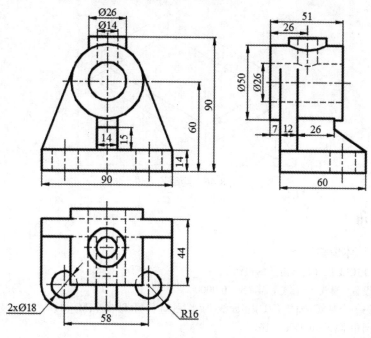

图 8-45 滑动轴承座三视图

8.4.1 设置图幅、改变视点、绘制长方体

(1) 设置图幅。具体步骤如下：

命令: LIMITS↙

重新设置模型空间界限:

指定左下角点或 [开(ON)/关(OFF)] <0.0000,0.0000>:↙

指定右上角点 <420.0000,297.0000>: 150,110↙

命令: Z↙

ZOOM

指定窗口的角点，输入比例因子 (nX 或 nXP)，或者

[全部(A)/中心(C)/动态(D)/范围(E)/上一个(P)/比例(S)/窗口(W)/对象(O)] <实时>: A↙

(2) 改变视点并绘制长方体。单击下拉菜单中的"视图"→"三维视图"→"西南等轴测"命令进行以下步骤：

命令:BOX↙ （或单击长方体按钮 ▱ ）

指定第一个角点或 [中心(C)]: （在绘图区适当位置指定一点）

指定其他角点或 [立方体(C)/长度(L)]: L↙

指定长度 <默认值>: 90↙

指定宽度 <默认值>: 60↙

指定高度或 [两点(2P)] <默认值>: 14✓

得到如图 8-46 所示的图形。

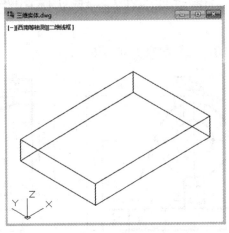

图 8-46　绘制长方体

8.4.2　倒圆角

倒圆角的具体步骤如下：

命令: FILLET✓ (或单击圆角按钮)

当前设置: 模式 = 修剪，半径 = 0.0000

选择第一个对象或 [放弃(U)/多段线(P)/半径(R)/修剪(T)/多个(M)]:R✓

指定圆角半径 <0.0000>: 16✓

选择第一个对象或 [放弃(U)/多段线(P)/半径(R)/修剪(T)/多个(M)]:　　　(单击左前角竖直棱线)

输入圆角半径或 [表达式(E)] <16.0000>:✓

选择边或 [链(C)/环(L)/半径(R)]:　　　　　　　　　　　　　(单击右前角竖直棱线)

选择边或 [链(C)/环(L)/半径(R)]:✓

已选定 2 个边用于圆角。

得到如图 8-47 所示的图形。

图 8-47　倒圆角

8.4.3 绘制圆柱

(1) 画圆。具体步骤如下：

命令: CIRCLE ✓ (或单击画圆按钮 ⊙)
指定圆的圆心或 [三点(3P)/两点(2P)/相切、相切、半径(T)]:(捕捉过渡圆角圆弧的圆心)
指定圆的半径或 [直径(D)]: 9✓

得到如图 8-48 所示的图形。

(2) 拉伸成圆柱。具体步骤如下：

命令: EXTRUDE✓ (或单击拉伸按钮 🔲)
当前线框密度： ISOLINES=4，闭合轮廓创建模式 = 实体
选择要拉伸的对象或 [模式(MO)]: _MO 闭合轮廓创建模式 [实体(SO)/曲面(SU)] <实体>: _SO
选择要拉伸的对象或 [模式(MO)]:   (选择圆)
选择要拉伸的对象或 [模式(MO)]: ✓
指定拉伸的高度或 [方向(D)/路径(P)/倾斜角(T)/表达式(E)] <默认值>: -14✓

(3) 复制圆柱。具体步骤如下：

命令: COPY✓ (或单击复制按钮 ✿)
选择对象: (选择圆柱)
选择对象: ✓
当前设置： 复制模式 = 多个
指定基点或 [位移(D)/模式(O)] <位移>:   (单击圆柱顶圆的圆心)
指定第二个点或 [阵列(A)] <使用第一个点作为位移>:   (单击底板右端圆弧的圆心)
指定第二个点或 [阵列(A)/退出(E)/放弃(U)] <退出>:✓

得到如图 8-49 所示的图形。

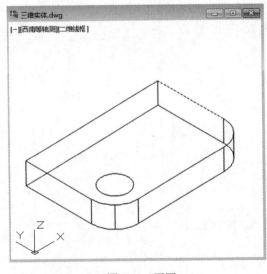

图 8-48　画圆

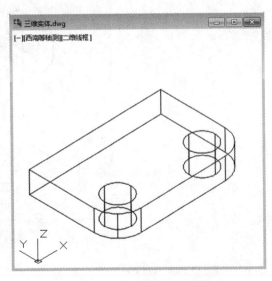

图 8-49　拉伸成圆柱并复制

(4) 差集。具体步骤如下：

命令: SUBTRACT ✓ (或单击差集按钮 🔲)
选择要从中减去的实体、曲面和面域...

选择对象:　　　　　　　(选择底板)

选择对象: ✓

选择要减去的实体、曲面和面域...

选择对象:　　　　　　　(选择一个圆柱)

选择对象:　　　　　　　(选择另一个圆柱)

选择对象: ✓

8.4.4　改变视点设置，并绘制同心圆

(1) 改变视点设置。先单击"视图"工具条中的"前视"按钮 📦，再单击"西南等轴测"按钮 ◈。

(2) 画竖直线。具体步骤如下:

　　命令: LINE✓(或单击直线按钮 ⟋)

　　指定第一点:　　　　(捕捉底板上棱线中点 A)

　　指定下一点或 [放弃(U)]: @60<90

　　指定下一点或 [放弃(U)]: ✓

(3) 画同心圆。具体步骤如下:

　　命令: CIRCLE ✓(或单击画圆按钮 ⊙)

　　指定圆的圆心或 [三点(3P)/两点(2P)/相切、相切、半径(T)]:　　(捕捉 B 点)

　　指定圆的半径或 [直径(D)] <默认值>: 13✓

重复执行画圆命令，绘制出半径为 25 的圆，得到的图形如图 8-50 所示。

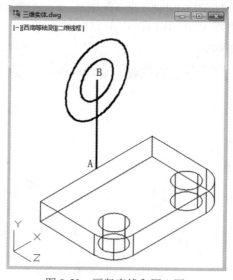

图 8-50　画竖直线和同心圆

8.4.5　画直线、圆弧

(1) 画直线。具体步骤如下:

　　命令:LINE ✓(或单击直线按钮 ⟋)

　　指定第一点:　　　　　　　(捕捉 D 点)

　　指定下一点或 [放弃(U)]:　　　(捕捉 E 点)

指定下一点或[退出(E)/放弃(U)]: (捕捉切点 F)

　　指定下一点或[关闭(C)/退出(X)/放弃(U)]: ✓

重复执行画线命令,分别捕捉端点 D 和切点 C,画出切线 DC。

(2) 画圆弧。具体步骤如下:

　　命令: ARC✓(或单击圆弧按钮)

　　指定圆弧的起点或 [圆心(C)]: (捕捉 C 点)

　　指定圆弧的第二个点或 [圆心(C)/端点(E)]: (捕捉 G 点)

　　指定圆弧的端点: (捕捉 F 点)

得到的图形如图 8-51 所示。

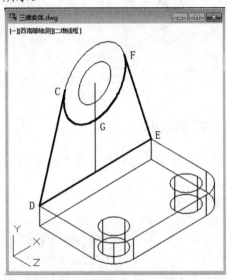

图 8-51　画直线和圆弧

8.4.6　定义面域并拉伸

(1) 定义面域。具体步骤如下:

　　命令: REGIN✓(或单击面域按钮)

　　选择对象: (选择直线 CD、DE、EF 和圆弧 FGC)

　　选择对象: ✓

　　已提取 1 个环。

　　已创建 1 个面域。

(2) 拉伸。具体步骤如下:

　　命令: EXTRUDE✓(或单击拉伸按钮)

　　当前线框密度: ISOLINES=4,闭合轮廓创建模式 = 实体

　　选择要拉伸的对象或 [模式(MO)]: _MO 闭合轮廓创建模式 [实体(SO)/曲面(SU)] <实体>: _SO

　　选择要拉伸的对象或 [模式(MO)]: (选择面域)

　　选择要拉伸的对象或 [模式(MO)]: ✓

　　指定拉伸的高度或 [方向(D)/路径(P)/倾斜角(T)/表达式(E)] <-14.0000>: 12✓

得到的图形如图 8-52 所示。

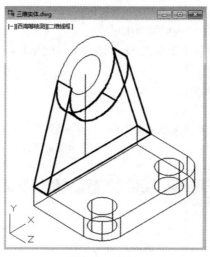

图 8-52　拉伸

8.4.7　改变视点设置，并绘制线框

(1) 改变视点设置。先单击"视图"工具条中的"左视"按钮 ⊞，再单击"西南等轴测"按钮 ◈。

(2) 绘制线框。具体步骤如下：

```
命令: LINE✓(或单击直线按钮  )
指定第一个点:                        (捕捉棱线中点 K)
指定下一点或 [放弃(U)]:               (捕捉棱线中点 A)
指定下一点或[退出(E)/放弃(U)]:         (捕捉小圆象限点 H)
指定下一点或[关闭(C)/退出(X)/放弃(U)]: @38<0✓
指定下一点或[关闭(C)/退出(X)/放弃(U)]: @18<270✓
指定下一点或[关闭(C)/退出(X)/放弃(U)]: C✓
```

得到的图形如图 8-53 所示。

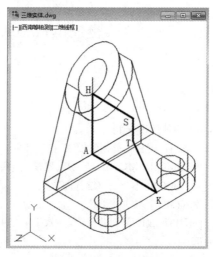

图 8-53　绘制线框

8.4.8 定义面域并拉伸

(1) 定义面域。具体步骤如下：

命令: REGION↙ (或单击面域按钮 ⬚)

选择对象: (选择线框 AHSTK)

选择对象: ↙

已提取 1 个环。

已创建 1 个面域。

(2) 拉伸。具体步骤如下：

命令: EXTRUDE↙ (或单击拉伸按钮 ⬚)

当前线框密度: ISOLINES=4，闭合轮廓创建模式 = 实体

选择要拉伸的对象或 [模式(MO)]: _MO 闭合轮廓创建模式 [实体(SO)/曲面(SU)] <实体>: _SO

选择要拉伸的对象或 [模式(MO)]:   (选择线框面域)

选择要拉伸的对象或 [模式(MO)]: ↙

指定拉伸的高度或 [方向(D)/路径(P)/倾斜角(T)/表达式(E)] <默认值>: -7↙

得到的图形如图 8-54 所示。

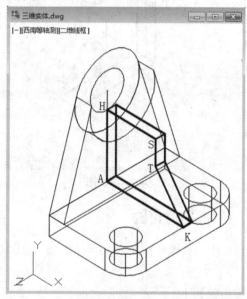

图 8-54 拉伸

(3) 拉伸面。具体步骤如下：

命令: SOLIDEDIT↙ (或单击拉伸面按钮 ⬚)

实体编辑自动检查: SOLIDCHECK=1

输入实体编辑选项 [面(F)/边(E)/体(B)/放弃(U)/退出(X)] <退出>: _face

输入面编辑选项

[拉伸(E)/移动(M)/旋转(R)/偏移(O)/倾斜(T)/删除(D)/复制(C)/颜色(L)/材质(A)/放弃(U)/退出(X)]

<退出>: _extrude

选择面或 [放弃(U)/删除(R)]:   (选择要拉伸板的左侧面)

选择面或 [放弃(U)/删除(R)/全部(ALL)]: ↙

指定拉伸高度或 [路径(P)]: 7

指定拉伸的倾斜角度 <0>:✓

已开始实体校验。

已完成实体校验。

输入面编辑选项

[拉伸(E)/移动(M)/旋转(R)/偏移(O)/倾斜(T)/删除(D)/复制(C)/颜色(L)/材质(A)/放弃(U)/退出(X)]
<退出>:✓

实体编辑自动检查:　SOLIDCHECK=1

输入实体编辑选项 [面(F)/边(E)/体(B)/放弃(U)/退出(X)] <退出>: ✓

得到的图形如图 8-55 所示。

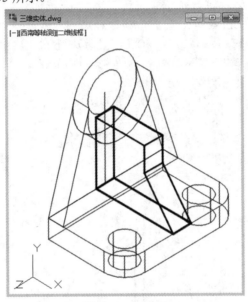

图 8-55　拉伸面

8.4.9　改变视点设置、拉伸圆并打孔

(1) 改变视点设置。先单击"视图"工具条中的"前视"按钮 ，再单击"西南等轴测"按钮 。

(2) 拉伸大小圆。具体步骤如下:

命令: EXTRUDE✓(或单击拉伸按钮)

当前线框密度: ISOLINES=4,闭合轮廓创建模式 = 实体

选择要拉伸的对象或 [模式(MO)]: _MO 闭合轮廓创建模式 [实体(SO)/曲面(SU)] <实体>: _SO

选择要拉伸的对象或 [模式(MO)]:　　(选择大圆)

选择要拉伸的对象或 [模式(MO)]:　　(选择小圆)

选择要拉伸的对象或 [模式(MO)]: ✓

指定拉伸的高度或 [方向(D)/路径(P)/倾斜角(T)/表达式(E)] <默认值>: 51✓

(3) 打孔。具体步骤如下:

命令: SUBTRACT✓　　　　　　　　(或单击差集按钮)

选择要从中减去的实体、曲面和面域...

选择对象: (选择大圆柱)

选择对象: ∠

选择要减去的实体、曲面和面域...

选择对象: (选择小圆柱)

选择对象: ∠

得到的图形如图 8-56 所示。

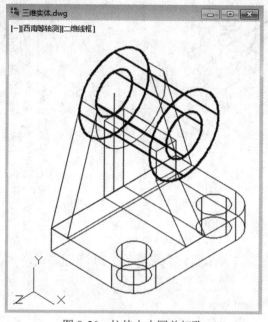

图 8-56　拉伸大小圆并打孔

8.4.10　改变视点设置、移动空心圆柱、画定位线

(1) 改变视点设置。先单击"视图"工具条中的"左视"按钮 ，再单击"西南等轴测"按钮 。

(2) 移动空心圆柱。具体步骤如下:

命令: MOVE∠ (或单击移动按钮)

选择对象: (选择空心圆柱)

选择对象: ∠

指定基点或 [位移(D)] <位移>:   (单击圆孔的圆心)

指定第二个点或 <使用第一个点作为位移>: @7<180∠

得到的图形如图 8-57 所示。

(3) 画定位线。具体步骤如下:

命令: LINE∠ (或单击直线按钮)

指定第一个点: (捕捉圆的象限点 U)

指定下一点或 [放弃(U)]: @26<0∠

指定下一点或[退出(E)/放弃(U)]: @5<90∠

指定下一点或[关闭(C)/退出(X)/放弃(U)]: ∠

得到的图形如图 8-58 所示。

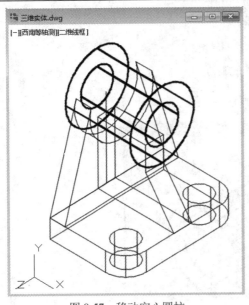

图 8-57　移动空心圆柱

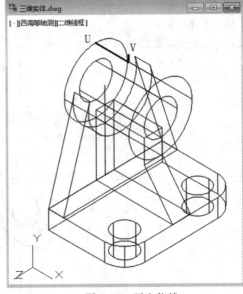

图 8-58　画定位线

8.4.11　改变视点设置、画圆

(1) 改变视点设置。先单击"视图"工具条中的"俯视"按钮 ⬜，再单击"西南等轴测"按钮 ◈ 。

(2) 画圆。具体步骤如下：

命令: CIRCLE ✓ (或单击画圆按钮 ⊙)

指定圆的圆心或 [三点(3P)/两点(2P)/相切、相切、半径(T)]:　　　　　　(捕捉 V 点)

指定圆的半径或 [直径(D)]: 7✓

重复使用画圆命令，输入半径为 13，得到的图形如图 8-59 所示。

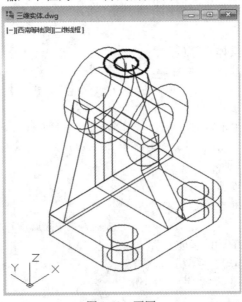

图 8-59　画圆

8.4.12 拉伸成圆柱并打孔

(1) 拉伸成圆柱。具体步骤如下：

命令:EXTRUDE↙(或单击拉伸按钮 ██)

当前线框密度： ISOLINES=4，闭合轮廓创建模式 = 实体

选择要拉伸的对象或 [模式(MO)]: _MO 闭合轮廓创建模式 [实体(SO)/曲面(SU)] <实体>: _SO

选择要拉伸的对象或 [模式(MO)]: (选择大圆)

选择要拉伸的对象或 [模式(MO)]: ↙

指定拉伸的高度或 [方向(D)/路径(P)/倾斜角(T)/表达式(E)] <默认值>: -15↙

重复执行拉伸命令，选择小圆，指定拉伸的高度为 –30，得到的图形如图 8-60 所示。

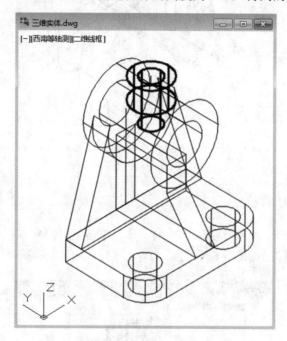

图 8-60 拉伸成圆柱

(2) 合并两空心圆柱。具体步骤如下：

命令: UNION↙(或单击并集按钮 ██)

选择对象: (选择小空心圆柱)

选择对象: (选择大空心圆柱)

选择对象: ↙

(3) 打孔。具体步骤如下：

命令:SUBTRACT ↙(或单击差集按钮 ██)

选择要从中减去的实体、曲面和面域...

选择对象: (选择大空心圆柱)

选择对象: ↙

选择要减去的实体、曲面和面域...

选择对象: (选择竖直小圆柱)

选择对象: ↙

得到的图形如图 8-61 所示。

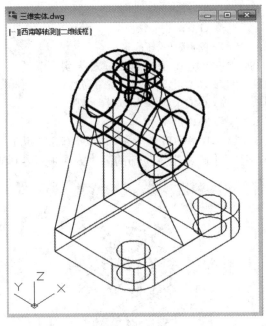

图 8-61　打孔

8.4.13　合并实体并着色

用并集命令 UNION 将所有实体合并为一体，单击下拉菜单"视图"→"视觉样式"→"真实"，得到的图形如图 8-62 所示。

图 8-62　着色

8.5 建筑施工图

建筑施工图是用来表达房屋等建筑物的规划位置、外部造型、内部布置、内外装修、细部构造、固定设施及施工要求等的图纸。它主要包括建筑平面图、建筑立面图、建筑剖面图和建筑详图。

8.5.1 建筑平面图

绘制图 8-63 所示的建筑平面图。

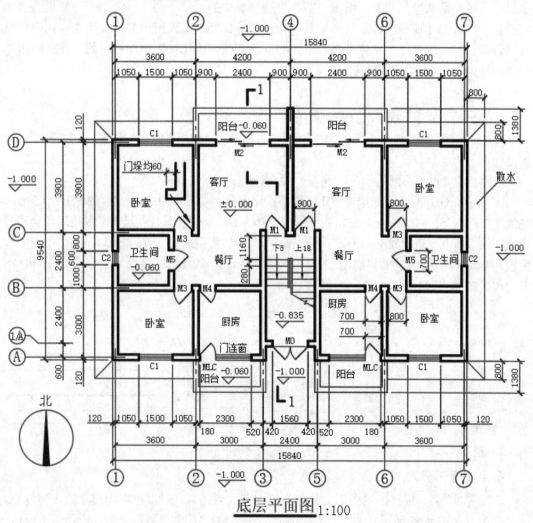

图 8-63　建筑平面图

1. 设置界面

界面包括背景、工作空间、菜单栏、选择卡、面板、状态行。

2. 设置单位

设置绘图单位，精度设为 0，其他为系统默认值。

3. 设置文字样式

(1) 单击下拉菜单"格式"→"文字样式"，打开"文字样式"对话框。

(2) 新建样式名为"MY-TEXT"，字体设为"宋体"。

4. 设置标注样式

(1) 单击下拉菜单"格式"→"标注样式"，打开"标注样式管理器"对话框。

(2) 创建名为"MY-1TO100"的新标注样式。在"新建标注样式：MY-1TO100"中，选择"线"选项卡，将其尺寸界线选项组中的"超出尺寸线""起点偏移量"均设为 2；选择"符号和箭头"选项卡，将其"箭头"选项组中的"第一个""第二个"均设为"建筑标记"；选择"调整"选项卡，将其"标注特征比例"选项组中的"使用全局比例"单选项设为 100，选择"主单位"选项卡，将其"测量单位比例"选项组中的"比例因子"单选项设为 1。其他设置为默认。

5. 设置图层

(1) 单击"图层"按钮，打开"图层特性管理器"对话框。

(2) 新建图层：1 细点画线、2 粗实线、3 中粗线、4.细实线、5 加粗线、6 辅助线 1、7 辅助线 2。

(3) 给各层设置不同的颜色、线型、线宽。

国家标准(GB)规定,建筑类专业手工图粗线宽度取 b = 1 mm,中粗线宽度取 0.5b = 0.5 mm,细线宽度取 0.25b = 0.25 mm,加粗线宽度取 1.4b = 1.4 mm。而计算机绘图,根据现场实践习惯,粗线宽度 b 一般设置 0.4 mm～0.6 mm。本例中,将粗线宽度设为 b=0.6 mm,中粗线宽度设为 0.5b = 0.3 mm,细线宽度设为 0.25b = 0.15 mm,加粗线宽度设为 1.4b = 0.8 mm。本例的图层如图 8-64 所示。

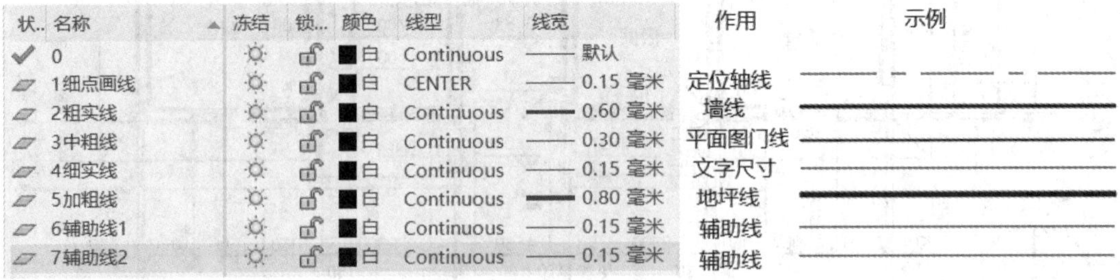

图 8-64　设置图层

6. 设置图形界限

(1) 设置图界。根据所绘图形实际大小确定其大致图界，习惯按实物尺寸的 2 倍设置。本例的图界如图 8-65 所示。单击菜单栏中的"格式"→"图形界限"命令后进行以下操作：

命令: LIMITS↙
重新设置模型空间界限:
指定左下角点或 [开(ON)/关(OFF)] <0.0000,0.0000>: 0,0↙
　　　　　　　　　　(键盘输入图界左下角坐标,注意不能用鼠标随意定点)

指定右上角点 <420.0000,297.0000>: 34000,24000✓

(输入图界右上角坐标, 建筑图数据则很大)

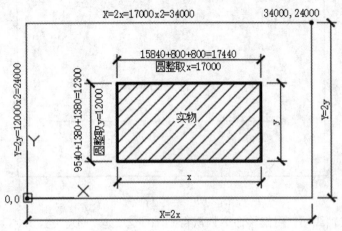

图 8-65 设置图界

(2) 绘制可见范围框。为了有边界感, 新手一般可以绘制一个与图界等大小相同的矩形来作为范围框, 便于参考布图。单击"绘图"工具栏的"矩形"命令 □ 后进行以下操作:

命令: RECTANG✓

指定第一个角点或 [倒角(C)/标高(E)/圆角(F)/厚度(T)/宽度(W)]: 0,0✓

指定另一个角点或 [面积(A)/尺寸(D)/旋转(R)]: 34000,24000✓　　(建筑施工图数据则很大)

7. 全显

让设置的图界或绘制的范围框在屏幕上最大显示, 如图 8-66 所示。

(1) 下拉菜单: "视图"→"缩放"→"全部"。

(2) 快捷方式: 快速双击鼠标中键。

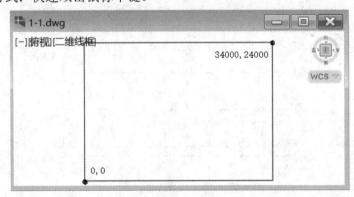

图 8-66 显示图界全部

8. 绘制轴线

(1) 绘制基准轴线。打开状态行的"正交"按钮, 调用直线命令, 绘制左下角的轴线 1-2、3-4, 结果如图 8-67 所示。

(2) 调整线型比例因子。调用 LTSCALE 命令, 设置线型比例因子为 30。

命令:LTSCALE✓

输入新线型比例因子 <1.0000>: 30✓

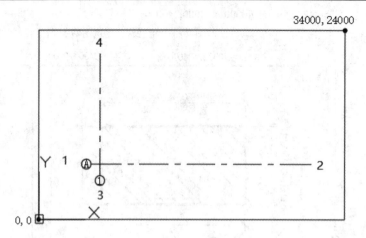

图 8-67　绘制基准线

(3) 偏移生成轴线网。用偏移命令依次得到轴线②、③、④，①/A、B、C、D，如图 8-68 所示。这里仅举例说明轴线①偏移 3600 形成轴线②。

命令：OFFSET↙

当前设置：删除源=否　图层=源　OFFSETGAPTYPE=0

指定偏移距离或 [通过(T)/删除(E)/图层(L)] <通过>: 3600

选择要偏移的对象，或 [退出(E)/放弃(U)] <退出>:选择轴线①

指定要偏移的那一侧上的点，或 [退出(E)/多个(M)/放弃(U)] <退出>:单击右侧

选择要偏移的对象，或 [退出(E)/放弃(U)] <退出>:↙

(4) 设置状态行的正交为"打开"，用夹点的拉伸操作，调整轴线的长短。

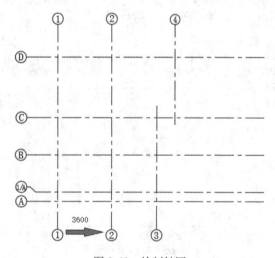

图 8-68　绘制轴网

9. 绘制墙和阳台

(1) 设置墙多线样式。单击下拉菜单"格式"→"多线样式"，打开"多线样式管理器"对话框。创建名为"Q240"的新多线样式，设置如图 8-69 所示。在"新建多线样式：Q240"中，将其封口选项组中的"起点""端点"均设为封口；将其"图元"选项组中的"正偏移""负偏移"均设为 120，其他设置为默认设置，最后选择该新建墙名为 Q240，

置为当前。

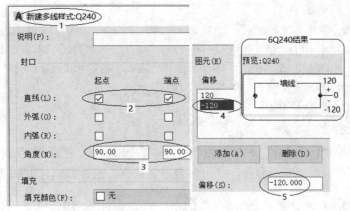

图 8-69 设置"墙"的多线样式

(2) 绘制墙线。设置状态行的"正交""追踪""捕捉"均为打开,且其"捕捉对象"为交点。单击"多线"按钮,设置"对正"为无,"比例"为 1。

这里仅以 1234 段和 567 段墙线为例(见图 8-70),利用"追踪"定位,直接把门窗洞空开留好。这种方法与"偏移"命令定位的传统方法相比,效率要高一些。

1234 段墙线顺序为 2-3-4。具体步骤如下:

命令: MLINE↙
当前设置: 对正 = 上,比例 = 20.00,样式 = Q240
指定起点或 [对正(J)/比例(S)/样式(ST)]: J↙
输入对正类型 [上(T)/无(Z)/下(B)] <上>: Z↙
当前设置: 对正 = 无,比例 = 20.00,样式 = Q240
指定起点或 [对正(J)/比例(S)/样式(ST)]: S↙
输入多线比例 <20.00>: 1↙
当前设置: 对正 = 无,比例 = 1,样式 = Q240
指定起点或 [对正(J)/比例(S)/样式(ST)]:移动鼠标到点 1 位置附近停留,直至显示追
踪到交点 1。注意是停留操作追踪点 1 作为参考点,而不是单击操作捕捉点 1
指定下一点: <正交 开> 1050↙ 从点 1 右移动鼠标,输入 1050 回车确定到点 2
指定下一点或 [放弃(U)]:捕捉交点 1
指定下一点或 [闭合(C)/放弃(U)]:4000↙ 3000+1000=4000,到点 4
指定下一点或 [放弃(U)]:↙

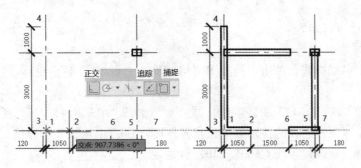

图 8-70 绘制墙线

567 段墙线顺序为 6-7。具体步骤如下:

命令: MLINE✓

当前设置: 对正 = 无, 比例 = 1, 样式 = Q240

指定起点或 [对正(J)/比例(S)/样式(ST)]:移动鼠标到点 5 位置附近停留,直至显示追踪到交点 5。

指定下一点: <正交 开> 1050✓   从点 5 左移动鼠标,输入 1050 到点 6

指定下一点:1230✓   1050+180=1230,到点 7

指定下一点或 [放弃(U)]:✓

10. 编辑墙线

单击下拉菜单 "修改(M)" → "对象(O)" → "多线(M)", 打开 "多线编辑工具" 对话框。选择 "角点结合" "T 形合并" "十字合并" 选框, 进行编辑, 如图 8-71 所示。

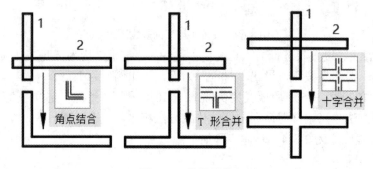

图 8-71   编辑墙线

11. 绘制门

(1) 设置状态行 "极轴" 的 "增量角" 为 45°, 调用中粗线, 用直线命令绘制门线 1-2。

(2) 调用细线, 用圆命令绘制门的开启圆, 用修剪命令修剪, 形成开启线, 如图 8-72 所示。

(3) 复制相同门。

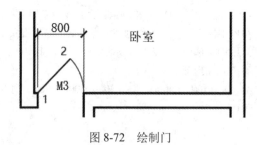

图 8-72   绘制门

12. 绘制窗

(1) 设置窗多线样式。单击下拉菜单 "格式" → "多线样式", 打开 "多线样式管理器" 对话框。

创建名为 "C60ofQ240" 的新多线样式, 设置如图 8-73 所示。在 "新建多线样式: C60ofQ240" 中, 窗属于外购件, 习惯设置其厚度为 60; 而墙按实际厚度尺寸设置, 当前为 240。最后选择该新建多线 C60ofQ240, 置为当前。

(2) 绘制窗线。设置状态行的 "正交" "捕捉" 均为打开, 且其 "捕捉对象" 为中点。

单击"多线"按钮，设置"对正"为无，"比例"1。

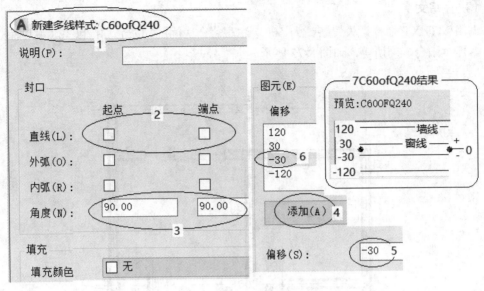

图 8-73　设置"窗"的多线样式

这里仅以 12 段窗线为例，如图 8-74 所示。具体步骤如下：

命令:MLINE↙

当前设置: 对正 = 上，比例 = 20.00，样式 = C60ofQ240

指定起点或 [对正(J)/比例(S)/样式(ST)]:J↙

输入对正类型 [上(T)/无(Z)/下(B)] <上>:Z↙

当前设置: 对正 = 无，比例 = 20.00，样式 = C60ofQ240

指定起点或 [对正(J)/比例(S)/样式(ST)]:S↙

输入多线比例 <20.00>:1↙

当前设置: 对正 = 无，比例 = 1，样式 = C60ofQ240

指定起点或 [对正(J)/比例(S)/样式(ST)]:捕捉点 1

指定下一点: 捕捉点 2

指定下一点或 [放弃(U)]:↙

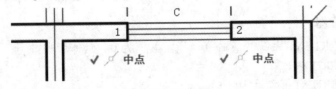

图 8-74　绘制窗

(3) 复制相同窗。具体步骤如下：

命令:COPY↙

选择对象: 找到 1 个

选择对象:↙

当前设置: 复制模式 = 多个

指定基点或 [位移(D)/模式(O)] <位移>:窗位置 1

指定第二个点或 [阵列(A)] <使用第一个点作为位移>:窗位置 2

指定第二个点或 [阵列(A)/退出(E)/放弃(U)] <退出>: ↙

13. 注写文字

调用 MTEXT 命令，设置字高为 500，注写每个房间的功能名称：卧室、主卧室、厨房、客厅、阳台、厕所等，如图 8-75 所示。

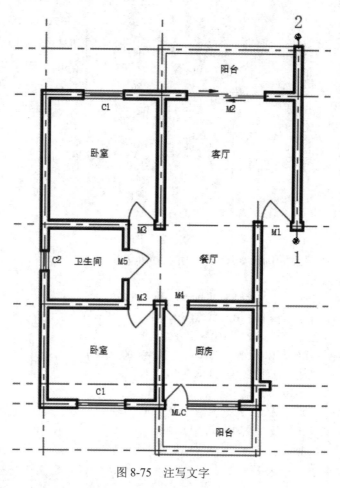

图 8-75　注写文字

14. 镜像平面图

(1) 调用 MIRRTEXT 系统变量命令，指定其值为 0。具体步骤如下：

命令: MIRRTEXT↙

输入 MIRRTEXT 的新值 <0>:0↙

(2) 选择图 8-75 中墙线的 1、2 两点作为镜像线的两端点，得到平面图的右一半，结果如图 8-76 所示。具体步骤如下：

命令:MIRROR↙

选择对象:窗选左一半: 找到 64 个

选择对象:↙

指定镜像线的第一点:捕捉点 1

指定镜像线的第二点:捕捉点 2

要删除源对象吗? [是(Y)/否(N)] <否>:↙

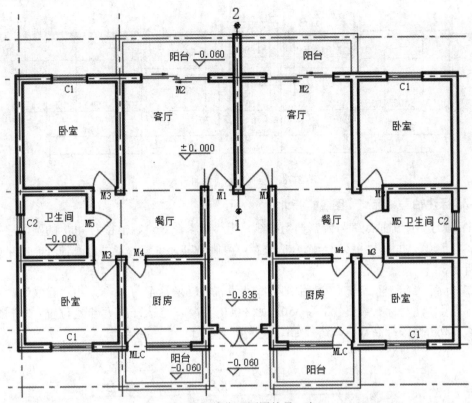

图 8-76 镜像平面图的另一半

15. 绘制楼梯

(1) 用偏移命令定位，绘制楼梯定位线。

(2) 用修剪、擦除命令，整理楼梯线，结果如图 8-77 所示。

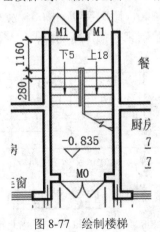

图 8-77 绘制楼梯

16. 绘制散水、标注尺寸

(1) 绘制散水。用偏移命令定位，修剪、擦除命令整理，形成散水线。

(2) 标注尺寸。用"线性标注""连续标注""快速标注"标出相应的尺寸，用"编辑标注文字"等命令对标注作适当调整，结果如图 8-78 所示。

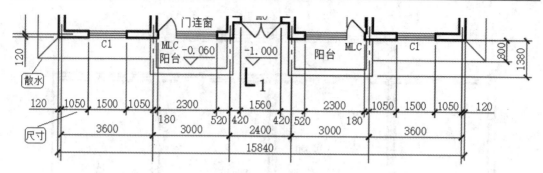

图 8-78　绘制散水、标注尺寸

17. 标注轴号、标高、图名、指北针

(1) 轴号。绘制轴线编号圆，调用细线，用"圆"命令绘制半径为 400 的圆。注写轴号，字高 500，如 A，并移动至圆合适位置。复制到其他位置，双击修改轴号，结果如图 8-80 所示。

(2) 标高。绘制标高符号，调用细实线，设置极轴增量角为 45°，用"直线"命令绘制标高符号。注写标高数值，字高 350，如 3.000，并移动至标高符号合适位置。复制到其他位置，双击修改标高数值，结果如图 8-79 所示。

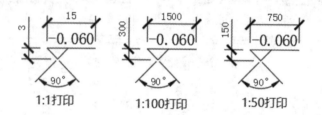

图 8-79　绘制标高符号

(3) 图名。设置图名字高为 700，比例字高为 500。注写图名、图号。

(4) 指北针。绘制十字线，绘制直径为 120 的圆。偏移竖直线左右各 150，连线形成指针，填充，擦除多余图线。

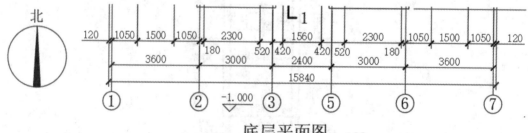

底层平面图 1:100

图 8-80　标注轴号、图名、指北针

18. 补充完善

根据需要，补充完善视图，适当调整标注、文字等，并注上必要的文字说明，结果如图 8-81 所示。

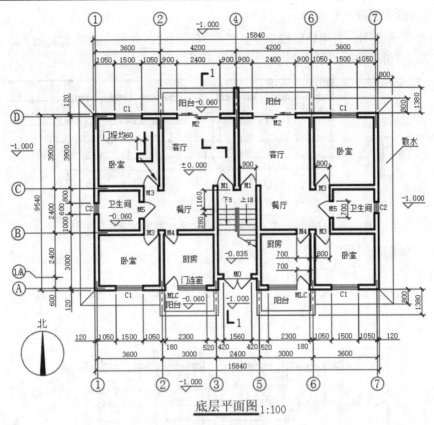

底层平面图 1:100

图 8-81 整理完成

8.5.2 建筑立面图

绘制图 8-82 所示的建筑立面图。

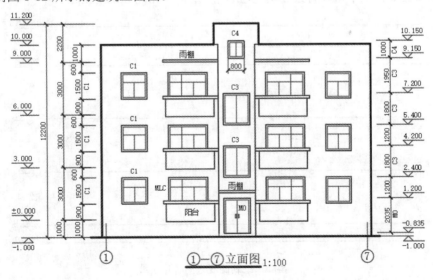

①—⑦立面图 1:100

图 8-82 建筑立面图

1. 分离参考图形

打开底层平面图，调用辅助线图层，绘制直线 1-2，修剪、擦除其北侧多余图线，保留南侧图线，如图 8-83 所示。

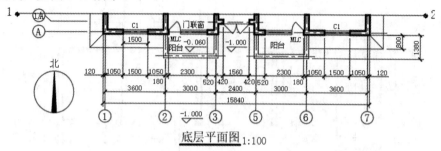

图 8-83　打开平面图，分离出绘制立面图需要参考的结构部分

2. 调用辅助线图层

绘制高度方向的正负零线 3-4，如图 8-84 所示。

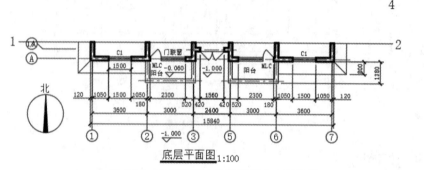

图 8-84　绘制高度方向基准线——正负零

用偏移命令，上下偏移直线 3-4，完成高度定位，如图 8-85 所示。

图 8-85　绘制高度方向各定位线

用直线命令，从平面图向上引线 5-6、7-8 等，完成左右定位线，如图 8-86 所示。

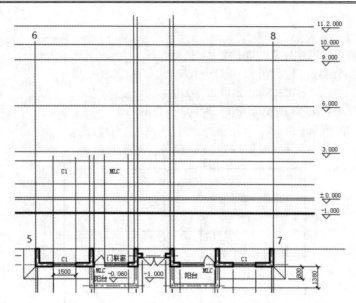

图 8-86 绘制长度方向各定位线

3. 调用不同图层

打开状态行"捕捉"命令，分别绘制地坪线、最外轮廓线、一层门窗洞线、门窗线、阳台线，如图 8-87 所示。

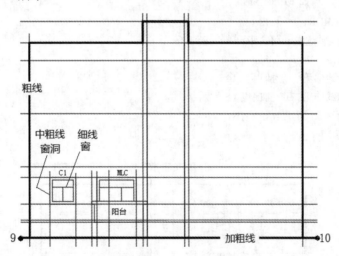

图 8-87 绘制立面大外形、一层部分的门窗阳台

例 8-1 绘制室外地平线。设置图层"5 加粗线"为当前层同，步骤如下：

命令:LINE↙

指定第一个点:捕捉点 9

指定下一点或 [放弃(U)]:捕捉点 10

指定下一点或[退出(E)/放弃(U)]:↙

4. 复制一层门窗、阳台到其他层

命令:COPY↙

选择对象:窗选对象: 找到 23 个

选择对象:↙

当前设置： 复制模式 = 多个

指定基点或 [位移(D)/模式(O)] <位移>:捕捉点 11

指定第二个点或 [阵列(A)] <使用第一个点作为位移>:捕捉点 12

指定第二个点或 [阵列(A)/退出(E)/放弃(U)] <退出>:捕捉点 13

指定第二个点或 [阵列(A)/退出(E)/放弃(U)] <退出>:↙

结果如图 8-88 所示。

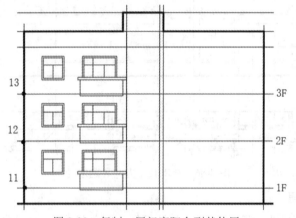

图 8-88　复制一层门窗阳台到其他层

5. 镜像门窗、阳台到另一侧

命令: MIRROR↙

选择对象: 窗选左一门窗阳台半: 找到 69 个

选择对象:↙

指定镜像线的第一点:捕捉点 14

指定镜像线的第二点:捕捉点 15

要删除源对象吗？ [是(Y)/否(N)] <否>:↙

结果如图 8-89 所示。

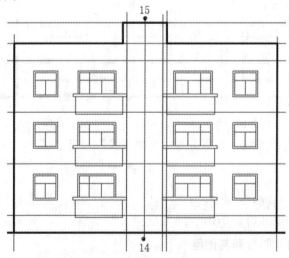

图 8-89　镜像门窗阳台到另一侧

6. 补充完善

补充完善其他结构，如楼梯间门窗。最后关闭辅助线图层 ，结果如图 8-90 所示。

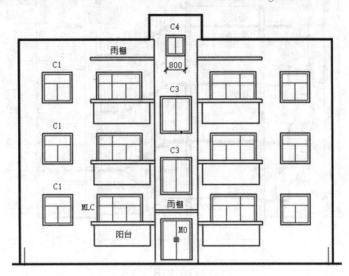

图 8-90 补充完善其他结构

7. 注写文字

注写文字，标注尺寸，整理完成，结果如图 8-91 所示。

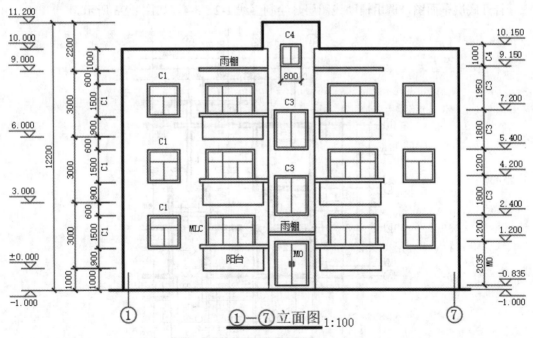

图 8-91 标注整理完成

8.5.3 建筑剖面图

绘制如图 8-92 所示的建筑剖面图。

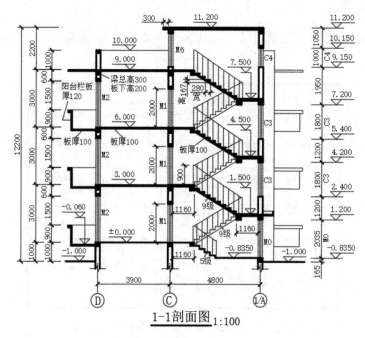

图 8-92　建筑剖面图

1. 绘制分离线

打开底层平面图，调用辅助线图层，绘制直线 1-2、3-4，如图 8-93 所示。

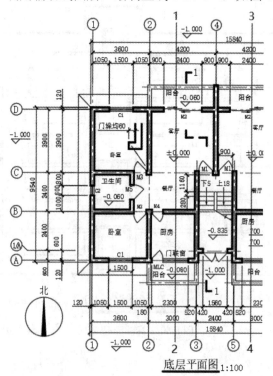

图 8-93　打开平面图，绘制分离线

2. 分离需要参考的结构

修剪、擦除直线 1-2、3-4 两侧，保留中间部分，再旋转 90°，如图 8-94 所示。具体步骤如下：

命令:ROTATE↙

UCS 当前的正角方向： ANGDIR=逆时针 ANGBASE=0

选择对象:窗选对象: 找到 178 个

选择对象:↙

指定基点:目测鼠标定点

指定旋转角度，或 [复制(C)/参照(R)] <0>:90↙

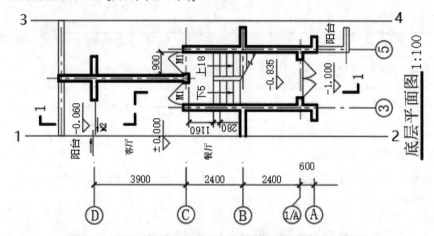

图 8-94 分离出绘制剖面图中需要参考的结构部分，再旋转 90°

3. 绘制正负零线

调用辅助线图层，绘制高度方向的正负零线 5-6，如图 8-95 所示。

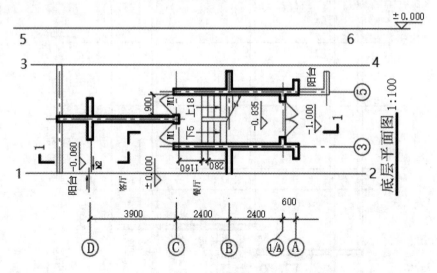

图 8-95 绘制高度方向基准线:正负零线

4. 绘制高度方向定位线

调用辅助线图层，用偏移命令，上下偏移直线 5-6，完成高度定位，如图 8-96 所示。

图 8-96   绘制高度方向各定位线

5. 绘制长度方向定位线

调用辅助线图层，用直线命令，从平面图向上引线 7-8、9-10 等等，完成左右定位。如图 8-97 所示。

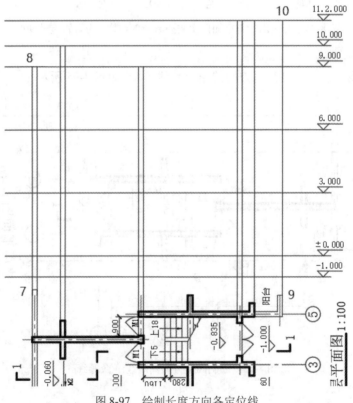

图 8-97   绘制长度方向各定位线

(1) 单击状态行"正交"→"对象捕捉"命令，绘制引线 7-8。具体步骤如下：

　命令:LINE↙

　指定第一个点:捕捉点 7

　指定下一点或 [放弃(U)]: 目测定点 8

　指定下一点或[退出(E)/放弃(U)]: ↙

(2) 绘制引线 9-10。具体步骤如下：

　命令: LINE↙

　指定第一个点:捕捉点 9

　指定下一点或 [放弃(U)]:目测定点 10

　指定下一点或[退出(E)/放弃(U)]:↙

6. 整理定位线

偏移做出其他高度定位线，并修剪，便于绘制剖面结构，如图 8-98 所示。

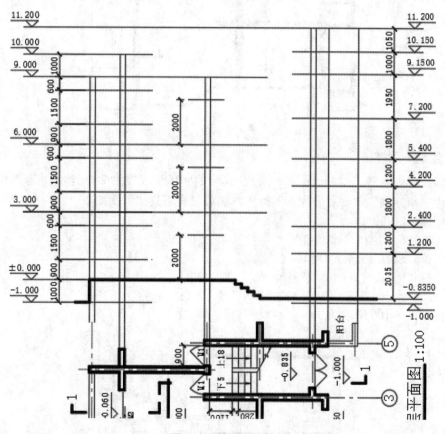

图 8-98　整理定位线

7. 绘制墙、板、窗、阳台

打开捕捉，调用不同图层，用直线、矩形、或多段线命令，连线形成各剖面结构。最后关闭辅助线图层 ，并填充，具体步骤如下：

　命令: HATCH↙

　拾取内部点或 [选择对象(S)/放弃(U)/设置(T)]: 选择对象

正在选择所有对象...

正在选择所有可见对象...

正在分析所选数据...

结果如图 8-99 所示。

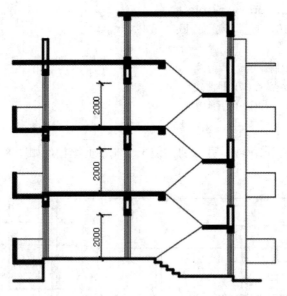

图 8-99　绘制墙、板、窗、阳台

8. 绘制一层楼梯

作偏移线确定踏步起点，绘制一个踏步：高度为 167，宽度为 280。单击状态行中的"正交"→"对象捕捉"命令后进行以下操作，然后复制。具体步骤如下：

　　命令:LINE↙

　　指定第一个点:捕捉踏步起点

　　指定下一点或 [放弃(U)]:167↙　　踏步高度

　　指定下一点或[退出(E)/放弃(U)]:280↙　　踏步宽度

　　指定下一点或[关闭(C)/退出(X)/放弃(U)]:↙

结果如图 8-100 所示。

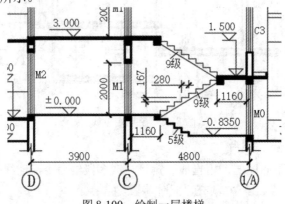

图 8-100　绘制一层楼梯

9. 复制楼梯

复制楼梯到其他层，并填充，如图 8-101 所示。

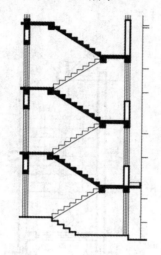

图 8-101 复制楼梯到其他层

10. 补充完善

补充完善其他结构，如楼梯扶手等。关闭辅助线图层。注写文字，标注尺寸，结果如图 8-102 所示。

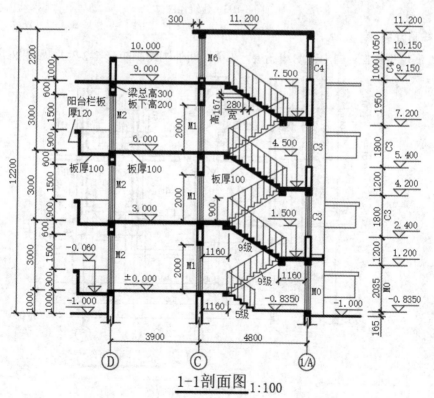

图 8-102 标注整理完成

8.5.4　建筑详图

绘制如图 8-103 所示的建筑详图。

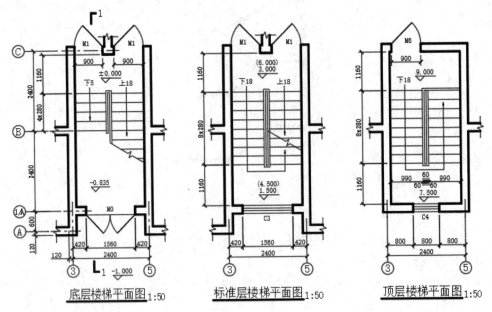

图 8-103　建筑详图

1. 绘制分离线

打开底层平面图，调用辅助线图层，在楼梯间外围绘制矩形 1-2-3-4，如图 8-104 所示。

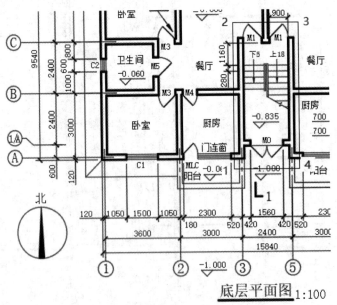

图 8-104　打开平面图，绘制分离线

绘制分离图形的具体步骤如下：

命令:RECTANG↙

指定第一个角点或 [倒角(C)/标高(E)/圆角(F)/厚度(T)/宽度(W)]:点 1

指定另一个角点或 [面积(A)/尺寸(D)/旋转(R)]: 点 3

2. 分离需要参考的结构

用修剪、擦除等命令，把楼梯间分离出来。如图 8-105 所示。

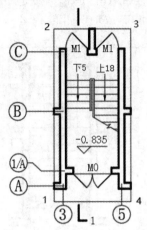

图 8-105 分离出绘制详图中需要参考的结构部分

3. 补充完善底层楼梯

调用不同图层，补充完善其细部结构，包括断裂线，如图 8-106 所示。

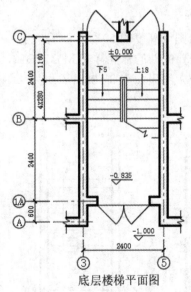

底层楼梯平面图

图 8-106 补充完善底层楼梯详图

4. 复制楼梯

复制形成楼梯其他楼层平面图，补充完善其细部结构，如图 8-107 所示。打开状态行中的"正交"命令后进行以下操作：

命令:COPY↙

选择对象: 窗选对象: 找到 114 个

选择对象:↙

当前设置: 复制模式 = 多个

指定基点或 [位移(D)/模式(O)] <位移>:目测定点 1

指定第二个点或 [阵列(A)] <使用第一个点作为位移>:正交定点 2

第二个点或 [阵列(A)/退出(E)/放弃(U)] <退出>:正交定点 3

指定第二个点或 [阵列(A)/退出(E)/放弃(U)] <退出>:↙

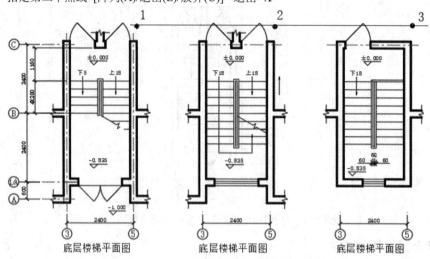

图 8-107　复制形成其他楼层楼梯详图

5. 补充完善其他楼层楼梯

设置文字高度为打印输出图纸高度的 50 倍，注写文字。在原来平面图 MY-1TO100 标注样式的基础上，设置详图需要的新的标注样式 MY-1TO50，设置标注比例因子为 50，其他不动，标注尺寸。整理完成，结果如图 8-108 所示。

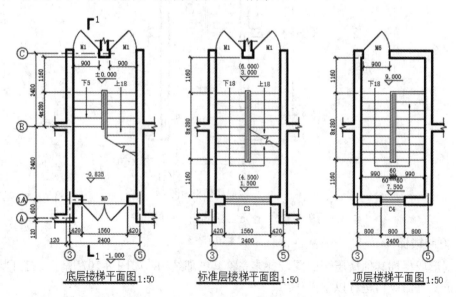

图 8-108　补充完善其他楼层楼梯详图，标注，整理完成

附录 上机练习题

1. 绘制如附图 1 所示的菱形，其边长为 80 mm，内角分别为 60° 和 120°。
2. 绘制如附图 2 所示的三角形图案，其中最大的三角形边长为 200 mm。

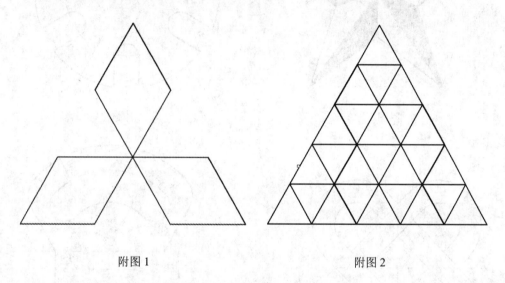

附图 1   附图 2

3. 绘制如附图 3 所示的平面图形，其中圆弧直径为 60。
4. 绘制如附图 4 所示的平面图形，每个正方体的边长为 30。

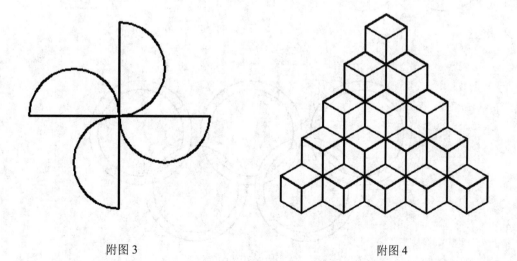

附图 3   附图 4

5. 绘制如附图 5 所示的平面图形，正五边形外接圆的直径为 160。

6. 绘制如附图 7、附图 8、附图 9、附图 10、附图 11 所示的圆弧连接平面图形。

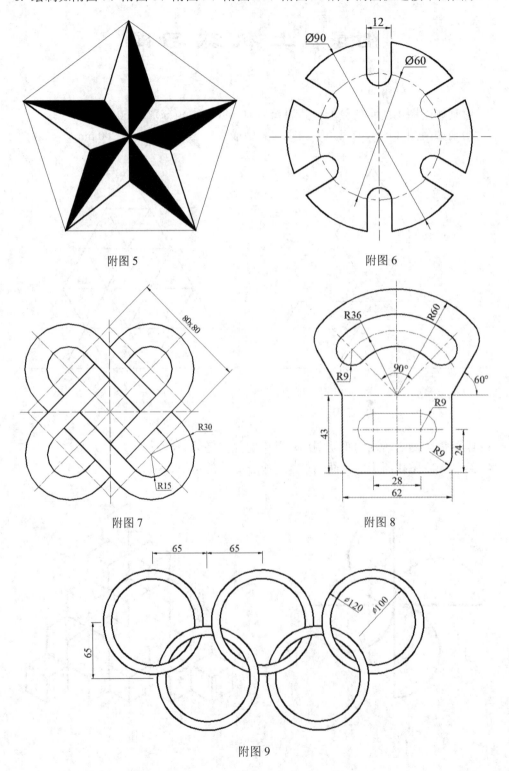

附图 5

附图 6

附图 7

附图 8

附图 9

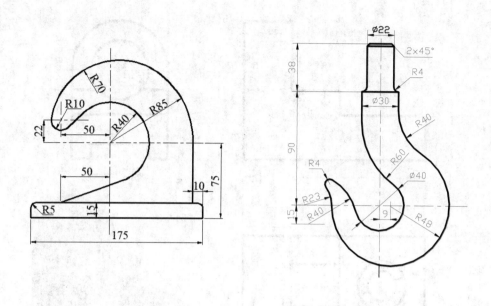

附图 10　　　　　　　　　　　　附图 11

7. 绘制如附图 12、附图 13 所示三视图，并标注尺寸，根据视图表达的结构绘制三维立体图。

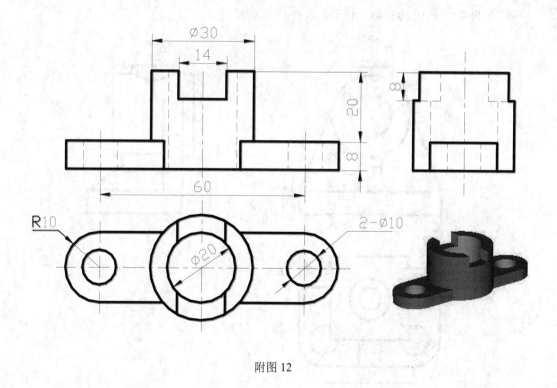

附图 12

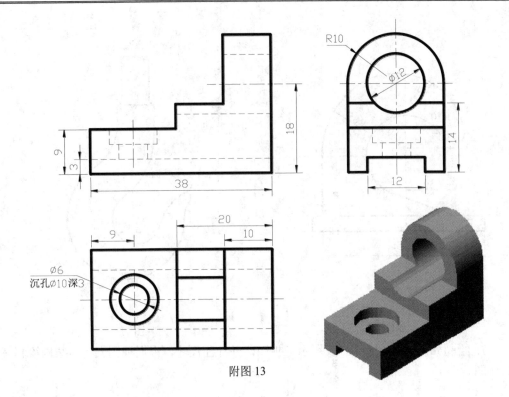

附图 13

8. 绘制如附图 14 所示的三视图，并标注尺寸。

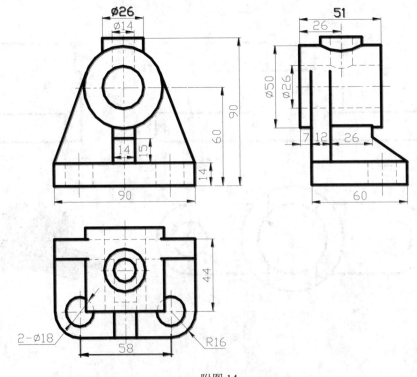

附图 14

9. 绘制如附图 15、附图 16 所示的剖视图，并标注尺寸。

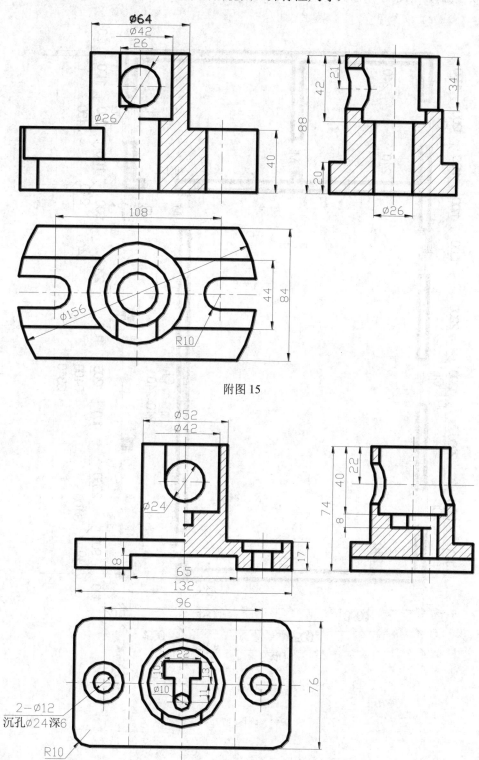

附图 15

附图 16

10. 绘制如附图 17 所示的建筑平面图。

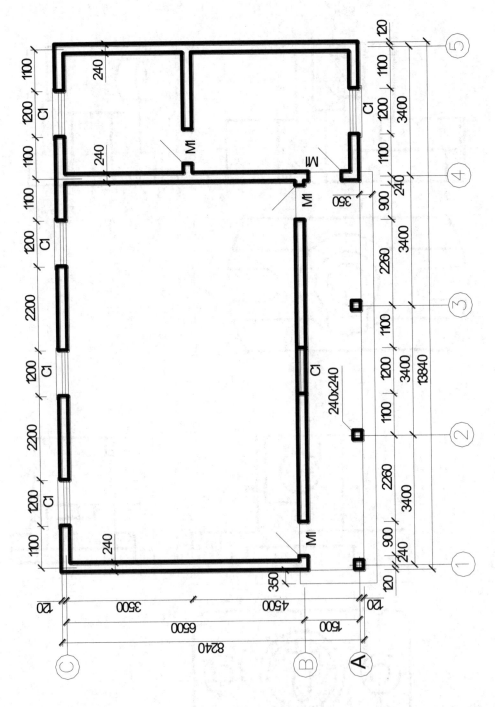

附图 17

11. 绘制如附图18所示的楼梯节点详图。

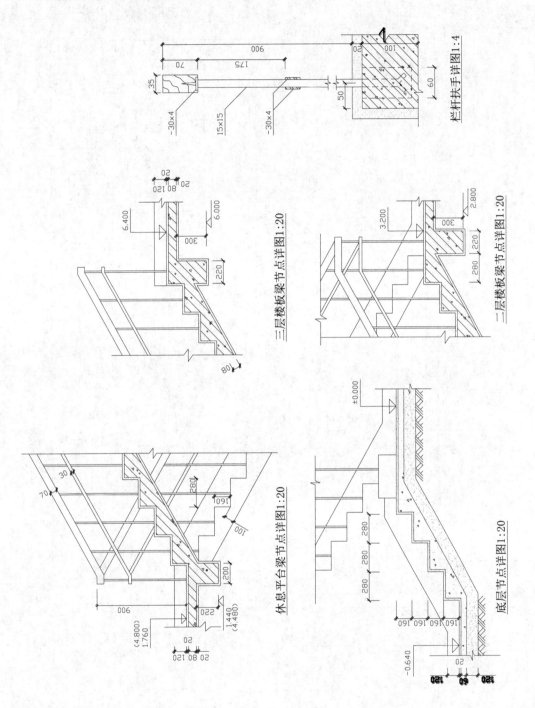

附图18

12. 绘制如附图 19 所示的楼梯剖面图。

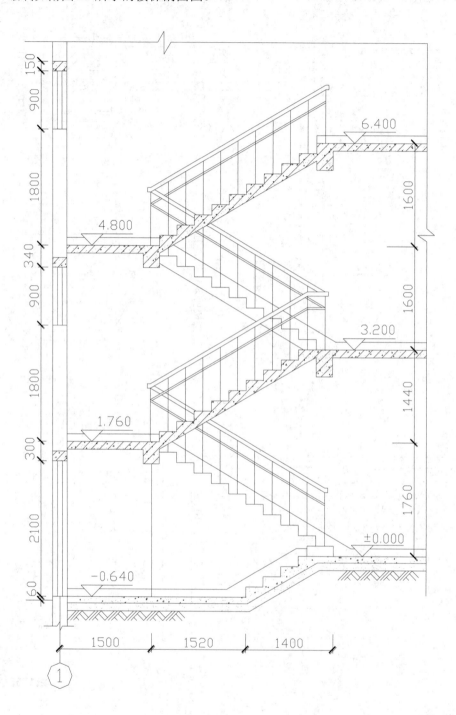

附图 19

参 考 文 献

[1] 刘玉红，周佳.AutoCAD2018 基础设计. 北京：清华大学出版社，2019.

[2] 张多峰.AutoCAD 工程图应用教程. 北京：中国水利水电出版社，2007.

[3] 姜春峰，武小红，魏春雪.AutoCAD 2020 中文版基础教程. 北京：中国青年出版社，2019.09

[4] CAD/CAM/CAE 技术联盟.AutoCAD 2020 中文版机械设计从入门到精通. 北京：清华大学出版社，2020.

[5] 谢泳，李勇.AutoCAD 基础绘图与实训教程. 徐州：中国矿业大学出版社，2018.

[6] 天工在线.AutoCAD 2020 从入门到精通. 北京：中国水利水电出版社，2019.

[7] 钟日铭.AutoCAD2020 中文版入门进阶精通. 北京：机械工业出版社，2019.

[8] 胡春红.AutoCAD 2020 中文版入门、精通与实战. 北京：电子工业出版社，2019.